四川省工程建设地方标准

混凝土结构工程施工工艺规程

DB51/T 5046-2014

代替　DB51/T 5046-2007

Technical specification of construction for concrete engineering

主编单位：四川建筑职业技术学院
四川华西集团有限公司
四川省建设工程质量安全监督总站
批准部门：四川省住房和城乡建设厅
施行日期：2015年2月1日

西南交通大学出版社

2015　成都

图书在版编目（ＣＩＰ）数据

混凝土结构工程施工工艺规程 / 四川建筑职业技术
学院，四川华西集团有限公司，四川省建设工程质量安全
监督总站主编. 一成都：西南交通大学出版社，2015.3
　（四川省工程建设地方标准）
　ISBN 978-7-5643-3753-7

　Ⅰ. ①混… Ⅱ. ①四… ②四… ③四… Ⅲ. ①混凝土
结构 - 混凝土施工 - 技术操作规程 Ⅳ. ①TU755-65

中国版本图书馆 CIP 数据核字（2015）第 034099 号

四川省工程建设地方标准

混凝土结构工程施工工艺规程

主编单位　四川建筑职业技术学院
　　　　　四川华西集团有限公司
　　　　　四川省建设工程质量安全监督总站

责 任 编 辑	胡晗欣
封 面 设 计	原谋书装
出 版 发 行	西南交通大学出版社 （四川省成都市金牛区交大路 146 号）
发行部电话	028-87600564　028-87600533
邮 政 编 码	610031
网 　 　 址	http://www.xnjdcbs.com
印 　 　 刷	成都蜀通印务有限责任公司
成 品 尺 寸	140 mm × 203 mm
印 　 　 张	17
字 　 　 数	439 千字
版 　 　 次	2015 年 3 月第 1 版
印 　 　 次	2015 年 3 月第 1 次
书 　 　 号	ISBN 978-7-5643-3753-7
定 　 　 价	70.00 元

关于发布四川省工程建设地方标准

《混凝土结构工程施工工艺规程》的通知

川建标发〔2014〕641号

各市州及扩权试点县住房城乡建设行政主管部门，各有关单位：

由四川建筑职业技术学院修编的《混凝土结构工程施工工艺规程》，已经我厅组织专家审查通过，现批准为四川省推荐性工程建设地方标准，编号为：DB51/T 5046—2014，自2015年2月1日起在全省实施。原地方标准《混凝土结构工程施工工艺规程》DB51/T 5046—2007于本标准实施之日起同时作废。

该标准由四川省住房和城乡建设厅负责管理，四川建筑职业技术学院负责技术内容解释。

四川省住房和城乡建设厅

2014年12月1日

前　言

《混凝土结构工程施工工艺规程》DB 51/T 5046－2014 是根据四川省住房和城乡建设厅川建标发〔2012〕5 号文件要求，由四川建筑职业技术学院、四川华西集团有限公司、四川省建设工程质量安全监督总站会同有关单位共同修订完成的。

本规程在修订过程中，修订组进行了较为广泛的调查研究，总结了四川省混凝土结构工程施工工艺的经验，参考了省内外相关资料，经多次征求意见后修订定稿。

本规程共分 21 章和 8 个附录。主要技术内容是：总则，术语，基本规定，模板及支架，铝合金模板，定型组合模板及大模板，清水混凝土模板，扣件式钢管脚手架，附着升降脚手架，钢筋加工，钢筋安装，钢筋焊接，滚轧直螺纹钢筋连接接头，现浇结构，装配式结构，泵送混凝土，高强混凝土，大体积混凝土，清水混凝土，预应力混凝土，钢管混凝土等。

本规程修订的主要技术内容是：1）增加了模板及支架的荷载及变形值规定，模板及支架的设计计算，高大模板支架的设计与构造要求；2）增加了铝合金模板内容；3）补充了定型组合模板及大模板立放时自稳角计算，对拉螺栓的承载力和变形计算；4）修改了扣件式钢管脚手架、型钢悬挑脚手架、卸料平台架构造和施工工艺的部分条文，取消了碗扣式钢管脚手架施工工艺内容；5）增加了附着升降脚手架的设计计算，调整了附着升降脚手架施工工艺的部分条文；6）增加了钢筋加工预埋件钢筋埋弧螺柱焊，调整了钢筋加工部分条文；7）修改了钢筋安装混凝土保护层厚度、钢筋锚固长度、绑扎钢筋搭接长度的有关规定；8）增加了钢筋电阻点焊，补充和调整了钢筋焊接质量标准、成品保护、安全环保措施的有关规定；9）修改了滚轧直螺纹钢筋机械连接接头抗拉强度、变形性能及接头型式检验、现场检验与验收的有关规定；10）增加了现浇结构混凝土配合比，修改了混凝土强度检验评定标准，补偿收缩混凝土施工的有关规定；11）修改了装配式结构预制构件制作、预制构件安装的有关规定，增加了带饰面预制构件制作内容；12）修改了泵送混凝土部分条文，增加了混凝土性能要求；13）增加了高强混凝土性能要求及附录 H "倒置坍落度筒排空试验方法"，补充和修改了高强混凝土施工工艺部分条文；14）增加了大体积混凝土原材料要求、配合比设计，修改了大体积混凝土部分条文；15）增加了清水混凝土表面处理，调整了清水混凝土部分条文；16）修改了预应力混凝土部分条文；17）调整了钢管混凝土施工工艺部分条文，增加了钢管混凝土分项工程质量验收，钢管混凝土工程质量验收。

本规程由四川省住房和城乡建设厅负责管理，由四川建筑职业技术学院负责解释。

在实施过程中，望相关单位注意积累资料和经验，若有意见或建议，请函告四川建筑职业技术学院（地址：四川省德阳市嘉陵江西路 4 号；邮编：618000；联系人：陈文元；联系电话：13890291268；邮箱：277089629@qq.com）。

本规程主编单位：四川建筑职业技术学院

四川华西集团有限公司

　　　　　　　　　　　四川省建设工程质量安全监督总站
本 规 程 参 编 单 位：四川省第三建筑工程公司
　　　　　　　　　　　四川省第四建筑工程公司
　　　　　　　　　　　四川省第七建筑工程公司
　　　　　　　　　　　四川省第十五建筑有限公司
　　　　　　　　　　　四川省建筑科学研究院
本规程主要起草人员：陈文元　李　辉　陈跃熙　周　密
　　　　　　　　　　　邵力群　余志明　席宗毅　唐忠茂
　　　　　　　　　　　康　革　付亚斌　鲁兆红　颜有光
　　　　　　　　　　　刘　洋　秦永高　向小华　吴大友
　　　　　　　　　　　王　倩
本规程主要审查人员：黄光洪　刘明康　张　静　吴　体
　　　　　　　　　　　王其贵　章一萍　刘海宏

目　次

1 总 则

1.0.1 为了贯彻执行国家现行标准《建筑工程施工质量验收统一标准》GB 50300、《混凝土结构工程施工质量验收规范》GB 50204，加强建筑工程施工质量及安全管理，规范我省模板及脚手架、钢筋、混凝土工程施工，提高建筑工程施工技术水平，特制定本规程。

1.0.2 本规程适用于四川省建筑工程的模板及脚手架、钢筋、混凝土工程施工、质量控制及安全管理。

1.0.3 模板及脚手架、钢筋、混凝土工程施工、质量控制除应执行本规程外，尚应符合国家现行有关标准、规范的规定。

2 术 语

2.0.1 面板 surface slab

直接接触新浇混凝土的承力板,包括拼装的板和加肋楞带板。面板的种类有钢、木、胶合板、塑料、铝板等。

2.0.2 支架 support

支撑面板用的楞梁、立柱、连接件、斜撑、剪刀撑和水平拉条等构件的总称。

2.0.3 连接件 pitman

面板与楞梁的连接、面板自身的拼接、支架结构自身的连接和其中二者相互间连接所用的零配件。包括卡销、螺栓、扣件、卡具、拉杆等。

2.0.4 模板体系 shuttering

由面板、支架和连接件三部分系统组成的体系,可简称为"模板"。

2.0.5 小梁 minor beam

直接支承面板的小型楞梁,又称次楞或次梁。

2.0.6 主梁 main beam

直接支承小楞的结构构件,又称主楞。一般采用钢、木梁或钢桁架。

2.0.7 配模 matching shuttering

在施工设计中所包括的模板排列图、连接件和支承件布置图,以及细部结构、异形模板和特殊部位详图。

2.0.8 早拆模板体系 early unweaving shuttering

在模板支架立柱的顶端,采用柱头的特殊构造装置来保证国家现行标准所规定的拆模原则下,达到早期拆除部分模板的体系。

2.0.9 定型组合模板 combination stereotype formwork

以几种定型尺寸的模板,可以组拼成柱、梁、板、墙的大型模板,整体吊装就位;也可采用散拼散拆方法施工的模板。

2.0.10 大模板 large-area formwork

模板尺寸和面积较大且有足够承载能力,整装整拆的大型模板。

2.0.11 自稳角 angle of self-stebilization

大模板竖向停放时,靠自重作用平衡风荷载保持自身稳定所倾斜的角度。

2.0.12 清水混凝土模板 fair-faced concrete formwork

能达到清水混凝土质量要求和外观效果的模板。

2.0.13 钢筋电阻点焊 resistance spot welding of reinforcing steel bar

将两钢筋(丝)安放成交差叠接形式,压紧于两电极之间,利用电阻热熔化母材金属,加压形成焊点的一种压焊方法。

2.0.14 钢筋闪光对焊 flash butt welding of reinforcing steel bar

将两钢筋以对接形式水平安放在对焊机上,利用电阻热使接触点金属熔化,产生强烈闪光和飞溅,迅速施加顶锻力完成的一种压焊方法。

2.0.15 箍筋闪光对焊 flash butt welding of stirrup

将待焊箍筋两端以对接形式安放在对焊机上,利用电阻热使接触点金属熔化,产生强烈闪光和飞溅,迅速施加顶锻力,焊接形成封闭环式箍筋的一种压焊方法。

2.0.16 钢筋焊条电弧焊 shielded metal arc welding of reinforcing steel bar

以焊条作为一极,钢筋为另一极,利用焊接电流通过产生的电弧热进行焊接的一种熔焊方法。

2.0.17 钢筋二氧化碳气体保护电弧焊 carbon-dioxide arc welding of reinforcing steel bar

以焊丝作为一极，钢筋为另一极，并以二氧化碳气体作为电弧介质，保护金属熔滴、焊接熔池和焊接区高温金属的一种熔焊方法。二氧化碳气体保护电弧焊简称 CO_2 焊。

2.0.18 钢筋窄间隙电弧焊 narrow-gap arc welding of reinforcing steel bar

将两钢筋安放成水平对接形式，并置于铜模内，中间留有少量间隙，用焊条从接头根部引弧，连续向上焊接完成的一种电弧焊方法。

2.0.19 钢筋电渣压力焊 electroslag pressure welding of reinforcing steel bar

将两钢筋安装成竖向对接形式，通过直接引弧法或间接引弧法，利用焊接电流通过两钢筋端面间隙，在焊剂层下形成电弧过程和电渣过程，产生电弧热和电阻热，熔化钢筋，加压完成的一种压焊方法。

2.0.20 钢筋气压焊 gas pressure welding of reinforcing steel bar

采用氧乙炔火焰或氧液化石油气火焰（或其他火焰），对两钢筋对接处加热，使其达到热塑性状态（固态）或熔化状态（熔态）后，加压完成的一种压焊方法。

2.0.21 钢筋机械连接 rebar mechanical splicing

通过钢筋与连接件的机械咬合作用或钢筋端面的承压作用，将一根钢筋中的力传递至另一根钢筋的连接方法。

2.0.22 滚扎直螺纹钢筋连接接头 rolled parallel thread splicing of rebars

将钢筋端部用滚轧工艺加工成直螺纹，并用相应的连接套筒将两根钢筋相互连接的钢筋接头。

2.0.23 混凝土结构 concrete structure

以混凝土为主制成的结构，包括素混凝土结构、钢筋混凝土结构和预应力混凝土结构等，按施工方法可分为现浇结构和装配式结构。

2.0.24 现浇结构 cast-in-situ concrete structure

系现浇混凝土结构的简称，是在现场支模并整体浇筑而成的混凝土结构。

2.0.25 装配式结构 prefabricated concrete structure

系装配式混凝土结构的简称，是以预制构件为主要受力构件经装配、连接而成的混凝土结构。

2.0.26 施工缝 construction joint

按设计要求或施工需要分段浇筑，先浇筑的混凝土达到一定强度后继续浇筑混凝土所形成的接缝。

2.0.27 后浇带 post-cast strip

为适应环境温度变化、混凝土收缩、结构不均匀沉降等因素影响，在梁、板（包括基础底板）、墙等结构中预留的具有一定宽度且经过一定时间后再浇筑的混凝土带。

2.0.28 补偿收缩混凝土 shrinkage-compensating concrete

由膨胀剂或膨胀水泥配制的自应力为 0.2～1.0 MPa 的混凝土。

2.0.29 膨胀加强带 expansive strengthening band

通过在结构预设的后浇带部位浇筑补偿收缩混凝土，减少或取消后浇带和伸缩缝、延长构件连续浇筑长度的一种技术措施，可分为连续式、间歇式和后浇式三种。

连续式膨胀加强带是指膨胀加强带部位的混凝土与两侧相邻

混凝土同时浇筑；间歇式膨胀加强带是指膨胀加强带部位的混凝土与一侧相邻的混凝土同时浇筑，而另一侧是施工缝；后浇式膨胀加强带与常规后浇带的浇筑方式相同。

2.0.30 等效龄期 equivalent age time

混凝土在自然养护期间温度不断变化，在这一段时间内其养护的效果，与在标准条件下养护达到的效果相同所需的时间。

2.0.31 缺陷 defect

建筑工程施工质量中不符合规定要求的检验项或检验点，按其程度可分为严重缺陷和一般缺陷。

2.0.32 严重缺陷 serious defect

对结构构件的受力性能或安装使用性能有决定性影响的缺陷。

2.0.33 一般缺陷 common defect

对结构构件的受力性能或安装使用性能无决定性影响的缺陷。

2.0.34 结构性能检验 inspection of structural performance

针对结构构件的承载力、挠度、裂缝控制性能等各项指标所进行的检验。

2.0.35 泵送混凝土 pumping concrete

可通过泵压作用沿输送管道强制流动到目的地并进行浇筑的混凝土。

2.0.36 预拌混凝土 ready-mixed concrete

水泥、集料、水以及根据需要掺入的外加剂、矿物掺合料等组分按一定比例，在搅拌站经计量、拌制后出售的并采用运输车，在规定时间内运至使用地点的混凝土拌和物。

2.0.37 大体积混凝土 mass concrete

混凝土结构物实体最小尺寸不小于 1 m 的大体积混凝土，或预计会因混凝土中胶凝材料水化引起的温度变化和收缩而导致有害裂缝产生的混凝土。

2.0.38 抗渗混凝土 impermeable concrete

抗渗等级等于或大于 P6 级的混凝土。

2.0.39 清水混凝土 fair-faced concrete

直接利用混凝土成型后的自然质感作为饰面效果的混凝土工程。

2.0.40 钢管混凝土 concrete-filled steel tubular

是指钢结构工程中在钢管柱内浇筑混凝土的施工。

3 基 本 规 定

3.1 施 工 管 理

3.1.1 承担混凝土结构工程施工的施工单位应具备相应的资质，并应建立相应的质量管理体系、施工安全管理制度、施工质量控制和检验制度。

3.1.2 施工前，应由建设单位组织设计、施工、监理等单位对设计文件进行交底和会审。由施工单位完成的深化设计文件应经原设计单位确认。

3.1.3 施工单位应根据设计文件和施工组织设计的要求制订具体的施工方案，并应经监理单位审核批准后组织实施。

3.1.4 施工单位应保证施工资料真实、有效、完整和齐全。施工项目技术负责人应组织施工全过程的资料编制、收集、整理和审核，并应及时存档、备案。

3.1.5 混凝土结构工程施工前，施工单位应对施工现场可能发生的危害、灾害与突发事件制订应急预案。应急预案应进行交底和培训，必要时应进行演练。

3.1.6 混凝土结构子分部工程质量验收：

混凝土结构子分部工程可划分为模板及支架、脚手架、钢筋、预应力、混凝土、现浇结构和装配式结构等分项工程。各分项工程可根据与施工方式相一致且便于控制施工质量的原则，按工作班、楼层、结构缝或施工段划分为若干检验批。

1 检验批质量验收均应在施工单位自检合格的基础上进行；

2 参加检验批质量验收的各方人员应具备相应的资质；

3 检验批的质量应按主控项目和一般项目验收；

4 隐蔽工程在隐蔽前应由施工单位通知监理单位进行验收，并应形成验收文件，验收合格后方可继续施工；

5 对混凝土结构子分部工程的质量验收，应在钢筋、预应力、混凝土、现浇结构或装配式结构等相关分项工程验收合格的基础上，进行质量控制资料检查及观感质量验收；并应对涉及结构安全、节能、环境保护和主要使用功能的材料、试件、施工工艺进行见证检测或结构实体检验；

6 分项工程的质量验收应在所含检验批验收合格的基础上，进行质量验收记录检查。

3.1.7 检验批的质量验收应包括如下内容：

1 实物检查：

1）对原材料、构配件和器具等产品的进场复验，应按进场的批次和产品的抽样检验方案执行；

2）对混凝土强度、预制构件结构性能等，应按国家现行有关标准和《混凝土结构工程施工质量验收规范》GB 50204 规定的抽样检验方案执行；

3）对《混凝土结构工程施工质量验收规范》GB 50204 中采用计数检验的项目，应按抽查总点数的合格点率进行检查。

2 资料检查：包括原材料、构配件和器具等的产品合格证（中文质量合格证明文件、规格、型号及性能检测报告等）及进场复验报告、施工过程中重要工序的自检和交接检记录、抽样检验报告、见证检测报告、隐蔽工程验收记录等。

3 结构实体检验：对涉及混凝土结构安全的重要部位应进行结构实体检验。结构实体检验应在监理工程师（建设单位项目专业技术负责人）见证下，由施工项目技术负责人组织实施。承担结构实体检验的试验室应具有相应的资质。

3.1.8 检验批合格质量应符合下列规定：

1 主控项目的质量经抽样检验合格；

2 一般项目的质量经抽样检验合格；当采用计数检验时，除有专门要求外，一般项目的合格点率应达到 80%及以上，且不得有严重缺陷；

3 具有完整的施工操作依据和质量验收记录。

对验收合格的检验批，宜作出合格标志。

3.1.9 检验批、分项工程、混凝土结构子分部工程的质量验收应按《四川省工程建设统一用表》的规定记录，质量验收程序和组织应符合国家标准《建筑工程施工质量验收统一标准》GB 50300 的规定。

3.2 模板及脚手架工程

3.2.1 模板及其支架应根据工程结构形式、荷载大小、地基土类别、施工设备和材料供应等条件进行设计。模板及其支架应具有足够的承载力、刚度和稳定性，能可靠地承受浇筑混凝土的重量、侧压力以及施工荷载。

3.2.2 对于危险性较大的分部分项工程，应按本规程第3.2.3 条的规定编制安全专项施工方案；对于超过一定规模危险性较大的分部分项工程，应按本规程第 3.2.4 条的规定编制安全专项施工方案，组织专家论证。实行施工总承包的，应由施工总承包单位、相关专业承包单位技术负责人签字后方可组织实施。

3.2.3 搭设高度 5 m 及以上、搭设跨度 10 m 及以上、施工总荷载 10 kN/m² 及以上、集中线荷载 15 kN/m 及以上、高度大于支撑水平投影宽度且相对独立无联系构件的模板支撑工程；搭设高度 24 m 及以上落地式钢管脚手架工程、吊篮脚手架工程、自制卸料平台、移动操作平台工程，施工前应编制专项施工方案。

专项施工方案应由施工单位专业技术人员及监理工程师进行审核，审核合格，由施工单位技术负责人、总监理工程师签字。

3.2.4 滑模、爬模、飞模等工具式模板工程；搭设高度 8 m 及以上、搭设跨度 18 m 及以上、施工总荷载 15 kN/m² 及以上、集中线荷载 20 kN/m 及以上高大模板支撑系统；搭设高度 50 m 及以上落地式钢管脚手架工程、附着式整体和分片提升脚手架工程、型钢悬挑式脚手架工程，施工单位应根据国家现行有关标准编制专项施工方案，并应组织 5 人及以上符合相关专业要求的专家组进行专项论证审查。

专项方案论证后，专家组必须提出书面论证审查报告并签字；施工单位应根据专项论证审查报告对专项施工方案进行完善；施工单位技术负责人、总监理工程师签字后，方可实施。专家组书面论证审查报告应作为专项施工方案的附件，在实施过程中，施工单位应严格按照专项方案组织施工。

3.2.5 模板及其支架应能够保证工程结构和构件各部分形状尺寸和相互位置的正确性；构造简单、装拆方便，便于钢筋绑扎安装和混凝土的浇筑、养护；模板接缝不应漏浆。

3.2.6 在浇筑混凝土之前，应对模板工程进行验收。模板安装和浇筑混凝土时,应对模板及其支架进行监测,发现异常情况时,应按施工技术方案及时进行处理。

3.2.7 模板及其支架拆除的顺序及安全措施应按施工技术方案执行。

3.2.8 模板与混凝土的接触面应涂刷隔离剂。不宜采用油质类等影响结构或者妨碍装饰工程施工的隔离剂。严禁隔离剂污染钢筋和混凝土接槎处。

3.2.9 搭设脚手架和模板支架必须由专业架子工担任,并按现行国家标准《特种作业人员安全技术考核管理规则》GB 5036 考核合格后,持证上岗。

3.2.10 脚手架和模板支架搭设前,应向搭设和使用人员进行技术和安全交底。

3.2.11 脚手架和模板支架搭设前,应对架管和构配件按国家现行标准的相应规定进行检查验收,不合格产品不得使用。

3.2.12 脚手架和模板支架搭拆顺序严格按照施工方案进行,应形成稳定的基本构架。

3.2.13 脚手架和模板支架搭设完毕或分段搭设完毕后,应按国家现行标准的相应规定进行检查验收,合格后方可交付使用。对于附着升降脚手架应进行架体提升试验、防坠装置制动可靠性试验等调试工作,合格后方可办理使用手续。

3.2.14 脚手架搭拆和使用过程中,必须加强安全管理和定期维修保养工作,定期检查立杆基础沉降情况,出现问题立即采取措施。

3.2.15 脚手架在使用过程中,应在明显部位悬挂安全警示标志,标明架体堆放荷载极限值、安全出口等。

3.3 钢 筋 工 程

3.3.1 当钢筋的品种、级别或规格需作变更时，应办理设计变更文件。

3.3.2 钢筋工程施工应符合《混凝土结构工程施工质量验收规范》GB 50204 的相关规定，并应符合设计要求。

3.3.3 检验批合格质量应符合本规程第 3.1.8 条的规定。

3.3.4 在浇筑混凝土前，应进行钢筋隐蔽工程验收，其内容包括：

    1 纵向受力钢筋的品种、规格、数量、位置、保护层厚度、锚固长度等；

    2 钢筋的连接方式、接头位置、接头数量、接头面积百分率、绑扎搭接接头的搭接长度等；

    3 箍筋、横向钢筋的品种、规格、数量、间距等；

    4 预埋件的规格、数量、位置等。

3.3.5 钢筋安装分项工程检验批验收记录应按《四川省工程建设统一用表》的规定记录，质量验收程序和组织应符合现行国家标准《建筑工程施工质量验收统一标准》GB 50300 的规定。

3.3.6 钢筋焊接质量及验收应符合《钢筋焊接及验收规程》JGJ 18 的规定。

3.3.7 滚轧直螺纹钢筋连接接头质量及验收应符合《钢筋机械连接技术规程》JGJ 107、《滚轧直螺纹钢筋连接接头》JG 163 的规定。

3.4 混凝土工程

3.4.1 混凝土结构工程施工前，应根据结构类型、特点和施工条件，确定施工工艺，并应做好各项准备工作。

3.4.2 对体型复杂、高度或跨度较大、转换层部位、地基情况复杂及施工环境条件特殊的混凝土结构工程，宜进行施工过程监测，并应及时调整施工控制措施。

3.4.3 在混凝土结构工程施工过程中，对重要工序和关键部位应加强质量检查或进行测试，并应作出详细记录，同时宜留存图像资料。

3.4.4 在混凝土结构工程施工过程中，应及时进行自检、互检和交接检，其质量不应低于现行国家标准《混凝土结构工程施工质量验收规范》GB 50204 有关规定。对检查中发现的质量问题，应按国家现行标准的有关规定及时处理。

3.4.5 混凝土结构工程施工使用的材料、产品和设备，应符合国家现行有关标准、设计文件和施工方案的规定。

3.4.6 材料、半成品和成品进场时，应对其规格、型号、外观和质量证明文件进行检查，并应按现行国家标准《混凝土结构工程施工质量验收规范》GB 50204 等的有关规定进行检查验收。

3.4.7 混凝土结构工程施工前，施工单位应制订检测和试验计划，并应经监理（建设）单位批准后实施。监理（建设）单位应根据检测和试验计划制订见证计划。

3.4.8 施工中为各种检验目的制作的试件应具有真实性和代表性，并应符合下列规定：

1 试件均应及时进行唯一性标识；

2 同条件养护试件、有抗渗要求的试件、有特殊要求的试件等，应按现场实际条件或有特殊要求的方法制作、养护。

3.4.9 大体积混凝土的强度、抗渗等级和裂缝控制，应符合设计要求和国家现行有关标准的规定。

3.4.10 预应力工程的施工应由具有相应资质等级的预应力专业施工单位承担。

3.4.11 混凝土使用的外加剂应符合下列规定：

1 选用外加剂时，应根据混凝土的性能要求、施工工艺及气候条件，结合原材料性能、配合比及对水泥的适应性等因素，试验确定其品种和掺量。

2 混凝土外加剂的各项技术指标要求应符合《混凝土外加剂》GB 8076、《混凝土外加剂应用技术规范》GB 50119 、《混凝土泵送剂》JC 473、《混凝土防冻剂》JC 475 等有关规范的规定。

3.4.12 施工现场应设置满足需要的平面和高程控制点作为确定结构位置的依据，其精度应符合规划、设计要求和施工需要，并应防止扰动。

3.4.13 混凝土结构工程施工应采取有效的环境保护措施；施工中的安全措施、劳动保护、防火要求等，应符合国家现行有关标准的规定。

4 模板及支架

4.1 一般规定

4.1.1 适用范围

适用于工业与民用建筑及一般构筑物现浇混凝土结构的模板工程施工。

4.1.2 竹、木胶合模板板材要求

1 竹、木胶合模板的面板及次楞和主楞的规格、种类可按表 4.1.2-1 参考选用。

表 4.1.2-1 竹、木胶合模板的面板及龙骨规格、种类参考表

部 位	名 称	规 格/mm	备 注
面 板	防水木胶合板、防水竹胶合板、复合纤维板	12、15、18	宜做防水处理
次 楞	木枋、木梁	50×80、50×100、100×100	
主 楞	型钢、钢管等	计算确定	

2 胶合模板板材表面应平整光滑，具有防水、耐磨、耐酸碱的保护膜，并应有保温性能好、易脱模和可两面使用等特点。板材厚度不应小于 12 mm，并应符合现行国家标准《混凝土模板用胶合板》GB/T 17656 的规定。

3 各层板的原材含水率不应大于 15%，且同一胶合模板各层原材间的含水率差别不应大于 5%。

4 胶合模板应采用耐水胶，其胶合强度不应低于木材或竹

材顺纹抗剪和横纹抗拉的强度，并应符合环境保护的要求。

5 进场的胶合模板除应具有出厂质量合格证外，还应保证外观及尺寸合格。

6 竹胶合模板技术性能应符合表 4.1.2-2 的规定。

表 4.1.2-2　竹胶合模板技术性能

项　目		平均值	备　注
静曲强度 σ /（N/mm²）	3层	113.30	$\sigma = (3PL)/(2bh^2)$ 式中　P——破坏荷载； 　　　L——支座距离（240 mm）； 　　　b——试件宽度（20 mm）； 　　　h——试件厚度（胶合模板 h =15 mm）
	5层	105.50	
弹性模量 E /（N/mm²）	3层	·10584	$E = 4(\Delta PL^5)/(\Delta fbh^3)$ 式中　L, b, h 同上，其中 3 层 $\Delta P/\Delta f$ =211.6 ，　5层 $\Delta P/\Delta f$ =197.7
	5层	9898	
冲击强度 A /（J/cm²）	3层	8.30	$A = Q/(b \times h)$ 式中　Q——折损耗功； 　　　b——试件宽度； 　　　h——试件厚度
	5层	7.95	
胶合强度 τ /(N/mm²)	3层	3.52	$\tau = P/(b \times l)$ 式中　P——剪切破坏荷载（N）； 　　　b——剪面宽度（20 mm）； 　　　l——切面长度（28 mm）
	5层	5.03	
握钉力 M /(N/mm）		241.10	$M = P/h$ 式中　P——破坏荷载（N）； 　　　h——试件厚度（mm）

7 常用木胶合模板的厚度宜为 12 mm、15 mm、18 mm，其技术性能应符合下列规定：

1）不浸泡，不蒸煮：剪切强度 1.4～1.8 N/mm²；

2）室温水浸泡：剪切强度 1.2 ~ 1.8 N/mm²；

3）沸水煮 24 h：剪切强度 1.2 ~ 1.8 N/mm²；

4）含水率：5% ~ 13%；

5）密度：450 ~ 880 kg/m³；

6）弹性模量：4.5×10^3 ~ 11.5×10^{3} N/mm²。

8 常用复合纤维模板的厚度宜为 12 mm、15 mm、18 mm，其技术性能应符合下列规定：

1）静曲强度：横向 28.22 ~ 32.3 N/mm²；纵向 52.62 ~ 67.21 N/mm²；

2）垂直表面抗拉强度：大于 1.8 N/mm²；

3）72 h 吸水率：小于 5%；

4）72 h 吸水膨胀率：小于 4%；

5）耐酸碱腐蚀性：在 1%苛性钠中浸泡 24 h，无软化及腐蚀现象；

6）耐水气性能：在水蒸气中喷蒸 24 h 表面无软化及明显膨胀；

7）弹性模量：大于 6.0×10^3 N/mm²。

4.1.3 可调托撑螺杆外径不得小于 36 mm；螺杆与支托板焊接应牢固，焊缝高度不得小于 6 mm；可调托撑螺杆与螺母旋合长度不得少于 5 扣，螺母厚度不得小于 30 mm。

4.1.4 可调托撑受压承载力设计值不应小于 40 kN，支托板厚不应小于 5 mm。

4.1.5 模板及支架的设计、安装及拆除施工应符合国家现行标准《建筑施工模板安全技术规范》JGJ 162 的规定。

4.2 施 工 准 备

4.2.1 技术准备

1 依据施工图对各分部混凝土结构模板进行设计，绘制模板加工图和安装图（包括模板平面布置图、剖面图、组装图、节点大样图、零件加工图等），编写操作工艺要求及说明。

2 审查模板结构设计与施工说明书中的荷载、计算方法、节点构造和安全措施，设计审批手续应齐全。

3 根据施工方案和模板设计要求进行全面的安全技术交底，操作班组应熟悉模板安装图与施工说明书，并应做好模板安装作业的分工准备。

4.2.2 材料准备

1 根据工程特点、计划合同工期及现场环境等，准备好各种规格的模板及零配件、支模架料等，并应按规格分别堆放。

2 应对模板和配件进行挑选、检查，不合格者应剔除。

3 备齐操作所需的一切安全防护设施和器具。

4.2.3 主要机具及工具准备

木工电锯、木工电刨、手电钻、铁木榔头、扳手、水平尺、钢卷尺、托线板、经纬仪、水准仪、轻便爬梯、脚手板、撬杠等。

4.2.4 作业条件

1 施工前应平整场地，按施工方案要求准备好模板、支模架料以及其他材料堆放的场所。

2 施工现场应有可靠的能满足模板安装和检查需要的测量控制点。

3 现场使用的模板、配件及支模架料应按规格、数量逐项清点和检查，未经修复的部件和支模架料不得使用。

4 竖向模板的安装底面应平整坚实，清理干净，并采取可靠的定位措施。

5 根据图纸要求，放好轴线和模板边线，定好水平控制标高。

4.3 荷载及变形值规定

4.3.1 荷载标准值

1 永久荷载标准值应符合下列规定：

1）模板及支架自重标准值（G_{1k}）应根据模板设计图计算确定。有梁楼板及无梁楼板的模板及支架自重标准值可按表4.3.1-1采用。

表4.3.1-1 楼板模板及支架自重标准值（kN/m²）

模板构件名称	胶合三夹板	胶合五夹板	木模板	定型组合钢模板
无梁楼板的模板及小梁	0.18	0.20	0.30	0.50
有梁楼板模板（包含梁的模板）	0.38	0.40	0.50	0.75
楼板模板及支架（楼层高度为4m以下）	0.63	0.65	0.75	1.10

2）新浇筑混凝土自重标准值（G_{2k}）宜根据混凝土实际重力密度 γ_c 确定，普通混凝土可取 24 kN/m³。

3）钢筋自重标准值（G_{3k}）应根据工程设计图确定。一般梁板结构每立方米钢筋混凝土的钢筋自重标准值：楼板可取1.1 kN，梁可取 1.5 kN。

4）当采用内部振捣器时，新浇筑混凝土作用于模板的侧压力标准值（G_{4k}），可按下列公式分别计算，并取其中的较小值：

$$F = 0.22\gamma_c t_0 \beta_1 \beta_2 V^{\frac{1}{2}} \qquad (4.3.1\text{-}1)$$

$$F = \gamma_c H \qquad (4.3.1\text{-}2)$$

式中　F——新浇混凝土对模板的侧压力计算值（kN/m²）；

　　　γ_c——混凝土的重力密度（kN/m³）；

　　　V——混凝土的浇筑速度，取混凝土浇筑高度（厚度）与浇筑时间的比值（m/h）；

　　　t_0——新浇混凝土的初凝时间（h），可按试验确定；当缺乏试验资料时，可采用 $t_0 = 200/(T+15)$ 计算（T 为混凝土的温度 ℃）；

　　　β_1——外加剂影响修正系数，不掺外加剂时取 1.0，掺具有缓凝作用的外加剂时取 1.2；

　　　β_2——混凝土坍落度影响修正系数，当坍落度小于 30 mm 时，取 0.85；坍落度为 50～90 mm 时，取 1.00；坍落度为 110～150 mm 时，取 1.15；

　　　H——混凝土侧压力计算位置处至新浇混凝土顶面的总高度（m）；混凝土侧压力的计算分布图形如图 4.3.1 所示，图中 $h = F/\gamma_c$，h 为有效压头高度。

图 4.3.1　混凝土侧压力计算分布图形

h—有效压头高度；H—模板内混凝土总高度；F—最大侧压力

2 可变荷载标准值应符合下列规定：

1）施工人员及设备荷载标准值（Q_{1k}），当计算模板和直接支承模板的小梁时，均布活荷载可取 2.5 kN/m²，再用集中荷载 2.5 kN 进行验算，比较两者所得的弯矩值取其大值；当计算直接支承小梁的主梁时，均布活荷载标准值可取 1.5 kN/m²；当计算支架立柱及其他支承结构构件时，均布活荷载标准值可取 1.0 kN/m²。

注：1 对大型浇筑设备，如上料平台、混凝土输送泵等按实际情况计算；采用布料机上料进行浇筑混凝土时，活荷载标准值取 4 kN/m²；

2 混凝土堆积高度超过 100 mm 以上者按实际高度计算；

3 模板单块宽度小于 150 mm 时，集中荷载可分布于相邻的 2 块板面上。

2）振捣混凝土时产生的荷载标准值（Q_{2k}），对水平面模板可采用 2 kN/m²，对垂直面模板可采用 4 kN/m²，且作用范围在新浇筑混凝土侧压力的有效压头高度之内。

3）倾倒混凝土时，对垂直面模板产生的水平荷载标准值（Q_{3k}）可按表 4.3.1-2 采用。

表 4.3.1-2　倾倒混凝土时产生的水平荷载标准值（kN/m²）

向模板内供料方法	水 平 荷 载
溜槽、串筒、导管或泵管下料	2
容量小于 0.2 m³ 的运输器具	2
容量为 0.2～0.8 m³ 的运输器具	4
容量大于 0.8 m³ 的运输器具	6

4）风荷载标准值应按现行国家标准《建筑结构荷载规范》GB 50009 的有关规定确定，其中基本风压可按 10 年一遇的风压取值，并取风振系数 $\beta_z = 1$。

4.3.2 荷载设计值

1 计算模板及支架结构或构件的强度、稳定性和连接强度时，应采用荷载设计值（荷载标准值乘以荷载分项系数）。计算正常使用极限状态的变形时，应采用荷载标准值。

2 荷载分项系数应按表 4.3.2 采用。

表 4.3.2 荷载分项系数

荷 载 类 别	分项系数 γ_i
模板及支架自重标准值（ G_{1k} ）	永久荷载分项系数： （1）当其效应对结构不利时：由可变荷载效应控制的组合，应取 1.2；由永久荷载效应控制的组合，应取 1.35 （2）当其效应对结构有利时：一般情况应取 1.0 （3）对结构的倾覆、滑移验算，应取 0.9 可变荷载分项系数： 一般情况下应取 1.4；对标准值大于 4 kN/m² 的活荷载应取 1.3
新浇混凝土自重标准值（ G_{2k} ）	
钢筋自重标准值（ G_{3k} ）	
新浇混凝土对模板的侧压力标准值（ G_{4k} ）	
施工人员及施工设备荷载标准值（ Q_{1k} ）	
振捣混凝土时产生的荷载标准值（ Q_{2k} ）	
倾倒混凝土时产生的荷载标准值（ Q_{3k} ）	
风荷载（ ω_k ）	1.4

4.3.3 荷载组合

1 对于承载能力极限状态，应按荷载效应的基本组合采用，并应按下列设计表达式进行设计：

$$\gamma_0 S \leqslant R \qquad (4.3.3-1)$$

式中 γ_0——结构重要性系数，其值按 0.9 采用；

S——模板及支架按荷载效应基本组合计算的设计值；

R——模板及支架结构构件的承载力设计值，应按国家现行有关标准确定。

对于基本组合，荷载效应组合的设计值 S 应从下列组合值中取最不利值确定：

1）由可变荷载效应控制的组合：

$$S = \gamma_G \sum_{i=1}^{n} G_{ik} + \gamma_{Q1} Q_{1k} \qquad （4.3.3\text{-}2）$$

$$S = \gamma_G \sum_{i=1}^{n} G_{ik} + 0.9 \sum_{i=1}^{n} \gamma_{Qi} Q_{ik} \qquad （4.3.3\text{-}3）$$

式中 γ_G——永久荷载分项系数，应按本规程表 4.3.2 采用；

γ_{Qi}——第 i 个可变荷载分项系数，其中 γ_{Q1} 为可变荷载 Q_1 的分项系数，应按本规程表 4.3.2 采用；

G_{ik}——按各永久荷载标准值 G_k 计算的荷载效应值；

Q_{ik}——按可变荷载标准值计算的荷载效应值，其中 Q_{1k} 为诸可变荷载效应中起控制作用者；

n——参与组合的可变荷载数。

2）由永久荷载效应控制的组合：

$$S = \gamma_G G_{ik} + \sum_{i=1}^{n} \gamma_{Qi} \psi_{ci} Q_{ik} \qquad （4.3.3\text{-}4）$$

式中 ψ_{ci}——可变荷载 Q_i 的组合值系数，当按本规程中规定的各可变荷载采用时，其组合值系数可为 0.7。

注：1 基本组合中的设计值仅适用于荷载与荷载效应为线性的情况；

2 当对 Q_{1k} 无明显判断时，轮次以各可变荷载效应为 Q_{1k} ，选其中最不利的荷载效应组合；

3 当考虑以竖向的永久荷载效应控制的组合时，参与组合的可变荷载仅限于竖向荷载。

2 对于正常使用极限状态应采用标准组合，并应按下列设计表达式进行设计：

$$S \leqslant C \qquad (4.3.3\text{-}5)$$

式中 C ——结构或结构构件达到正常使用要求的规定限值，应符合本规程第 4.3.4 条第 1 款和第 2 款的规定。

对于标准组合，荷载效应组合设计值 S 应按下式采用：

$$S = \sum_{i=1}^{n} G_{ik} \qquad (4.3.3\text{-}6)$$

3 参与计算模板及支架荷载效应组合的各项荷载的标准值组合，可按表 4.3.3 确定。

表 4.3.3 模板及支架荷载效应组合的各项荷载标准值组合

项 目		参与组合的荷载类别	
		计算承载力	验算挠度
1	平板和薄壳的模板及支架	$G_{1k} + G_{2k} + G_{3k} + Q_{1k}$	$G_{1k} + G_{2k} + G_{3k}$
2	梁和拱模板的底模及支架	$G_{1k} + G_{2k} + G_{3k} + Q_{2k}$	$G_{1k} + G_{2k} + G_{3k}$
3	梁、拱、柱（边长不大于 300 mm）、墙（厚度不大于 100 mm）的侧面模板	$G_{4k} + Q_{2k}$	G_{4k}
4	大体积结构、柱（边长大于 300 mm）、墙（厚度大于 100 mm）的侧面模板	$G_{4k} + Q_{3k}$	G_{4k}

注：验算挠度应采用荷载标准值；计算承载力应采用荷载设计值。

4.3.4 变形值规定

1 当验算模板及支架的刚度时，其最大变形值不应超过下列容许值：

1）对结构表面外露的模板，为模板构件计算跨度的 1/400；

2）对结构表面隐蔽的模板，为模板构件计算跨度的 1/250；

3）支架的压缩变形或弹性挠度，为相应的结构计算跨度的 1/1 000。

2 组合钢模板结构及构配件的最大变形值不应超过表 4.3.4 的规定。

表 4.3.4　组合钢模板及构配件的容许变形值

构　件　名　称	容许变形值/mm
钢模板的面板	≤1.5
单块钢模板	≤1.5
钢楞	$L/500$ 或 ≤3.0
柱箍	$B/500$ 或 ≤3.0
桁架、钢模板结构体系	$L/1\ 000$
支撑系统累计	≤4.0

注：L 为计算跨度，B 为柱宽。

3 模板结构构件的长细比应符合下列规定：

1）受压构件长细比：支架立柱及桁架，不应大于 150；拉条、缀条、斜撑及剪刀撑，不应大于 200；

2）受拉构件长细比：钢杆件和木杆件，均不应大于 250。

4.4 模板及支架的设计计算

4.4.1 模板及支架的设计应包括下列内容：

1 模板及支架的选型及构造设计；模板及支架上的荷载及其效应计算；模板及支架的承载力、刚度验算；模板及支架的抗倾覆验算。

2 绘制配板设计图、支架布置图、细部构造和异形模板大样图。

3 制定模板安装及拆除的程序和方法。

4 编制模板及配件的规格、数量汇总表和周转使用计划。

5 编制模板施工安全、防火技术措施及设计、施工说明书。

4.4.2 模板中的木构件设计应符合现行国家标准《木结构设计规范》GB 50005 的规定，其中受压立杆应满足计算要求，且其梢径不应小于 80 mm。

4.4.3 采用扣件式钢管作支架立柱时，应符合下列规定：

1 连接扣件和钢管立杆底座应符合现行国家标准《钢管脚手架扣件》GB 15831 的规定。

2 承重的支架柱，其荷载应直接作用于立杆的轴线上，严禁承受偏心荷载，并应按单立杆轴心受压计算；钢管的初始弯曲率不应大于 1/1 000，其壁厚应按实际检查结果计算。

3 单根立杆的轴力标准值不宜大于 12 kN，高大模板支架单根立杆的轴力标准值不宜大于 10 kN。

4 支架的高宽比不宜大于 3；当高宽比大于 3 时，应加强整体稳固性措施。

4.4.4 面板计算

面板可按简支跨计算，应验算跨中和悬臂端的最不利抗弯强度和挠度，并应符合下列规定：

1 抗弯强度计算：

1）钢面板抗弯强度应按下式计算：

$$\sigma = \frac{M_{max}}{W_n} \leqslant f \qquad (4.4.4\text{-}1)$$

式中　M_{max}——最不利弯矩设计值，取均布荷载与集中荷载分别作用时计算结果的大值；

　　　W_n——净截面抵抗矩，按国家现行标准《建筑施工模板安全技术规范》JGJ 162 的规定采用；

　　　f——钢材的抗弯强度设计值，按国家现行标准《建筑施工模板安全技术规范》JGJ 162 的规定采用。

2）木面板抗弯强度应按下式计算：

$$\sigma_m = \frac{M_{max}}{W_m} \leqslant f_m \qquad (4.4.4\text{-}2)$$

式中　W_m——木板毛截面抵抗矩；

　　　f_m——木材的抗弯强度设计值，按国家现行标准《建筑施工模板安全技术规范》JGJ 162 的规定采用。

3）胶合板面板抗弯强度应按下式计算：

$$\sigma_j = \frac{M_{max}}{W_j} \leqslant f_{jm} \qquad (4.4.4\text{-}3)$$

式中　W_j——胶合板毛截面抵抗矩；

　　　f_{jm}——胶合板的抗弯强度设计值，按国家现行标准《建筑施工模板安全技术规范》JGJ 162 的规定采用。

2 挠度应按下列公式进行验算：

$$v = \frac{5q_g L^4}{384EI_x} \leqslant [v] \qquad (4.4.4\text{-}4)$$

$$v = \frac{5q_g L^4}{384EI_x} + \frac{PL^3}{48EI_x} \leqslant [v] \qquad (4.4.4\text{-}5)$$

式中　q_g——永久均布线荷载标准值；

　　　P——永久集中荷载标准值；

　　　E——弹性模量；

　　　I_x——截面惯性矩；

　　　L——面板计算跨度；

　　　$[v]$——容许挠度，钢模板应按本规程第 4.3.4 条第 2 款的规定采用；木和胶合板面板应按本规程第 4.3.4 条第 1 款的规定采用。

4.4.5　支承楞梁计算

支承楞梁计算时，次楞一般为 2 跨以上连续楞梁，可按国家现行标准《建筑施工模板安全技术规范》JGJ 162 的规定计算，当跨度不等时，应按不等跨连续楞梁或悬臂楞梁设计；主楞可根据实际情况按连续梁、简支梁或悬臂梁设计；同时次、主楞梁均应进行最不利抗弯强度与挠度计算，并应符合下列规定：

1　次、主楞梁抗弯强度计算：

1）次、主钢楞梁抗弯强度应按下式计算：

$$\sigma = \frac{M_{max}}{W} \leqslant f \qquad (4.4.5\text{-}1)$$

式中　M_{max}——最不利弯矩设计值，应从均布荷载产生的弯矩设计值 M_1、均布荷载与集中荷载产生的弯矩设

值 M_2 和悬臂端产生的弯矩设计值 M_3 三者中，选取计算结果较大者；

W ——截面抵抗矩，按国家现行标准《建筑施工模板安全技术规范》JGJ 162 的规定采用；

f ——钢材的抗弯强度设计值，按国家现行标准《建筑施工模板安全技术规范》JGJ 162 的规定采用。

2）次、主铝合金楞梁抗弯强度应按下式计算：

$$\sigma = \frac{M_{\max}}{W} \leqslant f_{lm} \tag{4.4.5-2}$$

式中　f_{lm} ——铝合金抗弯强度设计值，按国家现行标准《建筑施工模板安全技术规范》JGJ 162 的规定采用。

3）次、主木楞梁抗弯强度应按下式计算：

$$\sigma = \frac{M_{\max}}{W} \leqslant f_{m} \tag{4.4.5-3}$$

式中　f_{m} ——木材抗弯强度设计值，按国家现行标准《建筑施工模板安全技术规范》JGJ 162 的规定采用。

2　次、主楞梁抗剪强度计算：

1）在主平面内受弯的钢实腹构件，其抗剪强度应按下式计算：

$$\tau = \frac{VS_0}{It_w} \leqslant f_v \tag{4.4.5-4}$$

式中　V ——计算截面沿腹板平面作用的剪力设计值；

S_0 ——计算剪力应力处以上毛截面对中和轴的面积矩；

I ——毛截面惯性矩；

t_w ——腹板厚度；

f_v——钢材的抗剪强度设计值，按国家现行标准《建筑施工模板安全技术规范》JGJ 162 的规定采用。

2）在主平面内受弯的木实截面构件，其抗剪强度应按下式计算：

$$\tau = \frac{VS_0}{Ib} \leqslant f_v \qquad (4.4.5\text{-}5)$$

式中 V——计算截面沿木实截面作用的剪力设计值；

S_0——计算剪力应力处以上毛截面对中和轴的面积矩；

I——毛截面惯性矩；

b——构件的截面宽度；

f_v——木材顺纹抗剪强度设计值，按国家现行标准《建筑施工模板安全技术规范》JGJ 162 的规定采用。

3 挠度验算

1）简支楞梁应按下列公式进行验算：

$$v = \frac{5q_g L^4}{384EI_x} \leqslant [v] \qquad (4.4.5\text{-}6)$$

$$v = \frac{5q_g L^4}{384EI_x} + \frac{PL^3}{48EI_x} \leqslant [v] \qquad (4.4.5\text{-}7)$$

式中 q_g——永久均布线荷载标准值；

P——永久集中荷载标准值；

E——弹性模量；

I_x——截面惯性矩；

L——楞梁计算跨度；

$[v]$——容许挠度，钢楞梁应按本规程表 4.3.4 采用；木楞梁应按本规程第 4.3.4 条第 1 款的规定采用。

2）连续楞梁应按国家现行标准《建筑施工模板安全技术规范》JGJ 162 的规定验算。

4.4.6 对拉螺栓计算

对拉螺栓应确保内、外侧模能满足设计要求的强度、刚度和整体性。对拉螺栓强度应按下列公式计算：

$$N = abF_s \qquad\qquad (4.4.6-1)$$

$$N_t^b = A_n f_t^b \qquad\qquad (4.4.6-2)$$

$$N_t^b > N \qquad\qquad (4.4.6-3)$$

式中　N——对拉螺栓最大轴力设计值；

N_t^b——对拉螺栓轴向拉力设计值，按本规程表 4.4.6 采用；

a——对拉螺栓横向间距；

b——对拉螺栓竖向间距；

F_s——新浇混凝土作用于模板上的侧压力、振捣混凝土对垂直模板产生的水平荷载或倾倒混凝土时作用于模板上的侧压力设计值：$F_s = 0.95(\gamma_G F + \gamma_Q Q_{3k})$ 或 $F_s = 0.95(\gamma_G G_{4k} + \gamma_Q Q_{3k})$，其中 0.95 为荷载值折减系数；

A_n——对拉螺栓净截面面积，按本规程表 4.4.6 采用；

f_t^b——螺栓的抗拉强度设计值，按国家现行标准《建筑施工模板安全技术规范》JGJ 162 的规定采用。

表 4.4.6　对拉螺栓轴向拉力设计值（N_t^b）

螺栓直径 /mm	螺栓内径 /mm	净截面面积 /mm²	重量 /（N/m）	轴向拉力设计值 N_t^b /kN
M12	9.85	76	8.9	12.9
M14	11.55	105	12.1	17.8
M16	13.55	144	15.8	24.5
M18	14.93	174	20.0	29.6
M20	16.93	225	24.6	38.2
M22	18.93	282	29.6	47.9

4.4.7　木、钢立柱计算

木、钢立柱应承受模板结构的垂直荷载，其计算应符合下列规定：

1 木立柱计算：

1）强度计算：

$$\sigma_c = \frac{N}{A_n} \le f_c \qquad （4.4.7\text{-}1）$$

2）稳定性计算：

$$\frac{N}{\varphi A_0} \le f_c \qquad （4.4.7\text{-}2）$$

式中 N ——轴心压力设计值（N）；

A_n ——木立柱受压杆件的净截面面积（mm²）；

f_c ——木材顺纹抗压强度设计值（N/mm²），按国家现行标准《建筑施工模板安全技术规范》JGJ 162 的规定采用；

A_0 ——木立柱跨中毛截面面积（mm^2），当无缺口时，$A_0 = A$；

φ ——轴心受压杆件稳定系数，按下列各式计算：

当树种强度等级为 TC17、TC15 及 TB20 时：

$$\lambda \leqslant 75 \qquad \varphi = \frac{1}{1 + \left(\dfrac{\lambda}{80}\right)^2} \qquad （4.4.7\text{-}3）$$

$$\lambda > 75 \qquad \varphi = \frac{3\,000}{\lambda^2} \qquad （4.4.7\text{-}4）$$

当树种强度等级为 TC13、TC11、TB17 及 TB15 时：

$$\lambda \leqslant 91 \qquad \varphi = \frac{1}{1 + \left(\dfrac{\lambda}{65}\right)^2} \qquad （4.4.7\text{-}5）$$

$$\lambda > 91 \qquad \varphi = \frac{2\,800}{\lambda^2} \qquad （4.4.7\text{-}6）$$

$$\lambda = \frac{L_0}{i} \qquad （4.4.7\text{-}7）$$

$$i = \sqrt{\frac{I}{A}} \qquad （4.4.7\text{-}8）$$

注：木材树种的强度等级按国家现行标准《建筑施工模板安全技术规范》JGJ 162 的规定采用。

式中　λ ——长细比；

L_0 ——木立柱受压杆件的计算长度（mm），按两端铰接计算，$L_0 = L$，L 为单根木立柱的实际长度；

i——木立柱受压杆件的回转半径（mm）；

I——受压杆件毛截面惯性矩（mm^4）；

A——受压杆件毛截面面积（mm^2）。

2 扣件式钢管立柱计算：

1）采用对接扣件连接的立柱顶端插入可调托撑的钢管立柱应按单杆轴心受压杆件计算，其计算应符合下式规定：

$$\frac{N}{\varphi A} \leqslant f \qquad （4.4.7-9）$$

式中 N——轴心压力设计值（N）；

φ——轴心受压杆件稳定系数，应根据构件长细比（λ）和钢材屈服强度（f_y）按《建筑施工模板安全技术规范》JGJ 162 的规定采用；

λ——受压杆件长细比，$\lambda = \dfrac{l_0}{i}$；

l_0——计算长度（mm）；按纵横向水平拉杆的最大步距采用，最大步距不应大于 1.8 m，步距相同时应采用底层步距；

i——钢管截面回转半径（mm），$\phi 48.3 \times 3.6$ 钢管，$i = 1.59$ cm；

A——钢管立柱的毛截面面积（mm^2），$\phi 48.3 \times 3.6$ 钢管，$A = 5.06$ cm^2；

f——钢管的抗压强度设计值，$f = 205$ N/mm^2。

2）室外露天支模组合风荷载时，立柱计算应符合下式要求：

$$\frac{N_w}{\varphi A} + \frac{M_w}{W} \leqslant f \qquad （4.4.7-10）$$

$$N_w = 0.9\left(1.2\sum_{i=1}^{n} N_{Gik} + 0.9 \times 1.4\sum_{i=1}^{n} N_{Qik}\right) \qquad （4.4.7\text{-}11）$$

$$M_w = \frac{0.9 \times 1.4\omega_k l_a h^2}{10} \qquad （4.4.7\text{-}12）$$

式中 $\sum\limits_{i=1}^{n} N_{Gik}$ ——各永久荷载标准值对立杆产生的轴向力之和;

$\sum\limits_{i=1}^{n} N_{Qik}$ ——各可变荷载标准值对立杆产生的轴向力之和,

另加 $\dfrac{M_w}{l_b}$ 的值;

ω_k ——风荷载标准值,按本规程第 4.3.1 条第 2 款第 4) 项的规定计算;

h ——纵横水平拉杆的计算步距;

l_a ——立柱迎风面的间距;

l_b ——与迎风面垂直方向的立柱间距。

4.4.8 支架抗倾覆验算

支架应按混凝土浇筑前和混凝土浇筑时两种工况进行抗倾覆验算。支架的抗倾覆验算应满足下式要求:

$$\gamma_0 M_0 \leqslant M_r \qquad （4.4.8）$$

式中 M_0 ——支架的倾覆力矩设计值,按荷载基本组合计算,其中永久荷载的分项系数取 1.35,可变荷载的分项系数取 1.4;

M_r ——支架的抗倾覆力矩设计值,按荷载基本组合计算,其中永久荷载的分项系数取 0.9,可变荷载的分项系数取 0。

4.4.9 立柱底地基承载力应按下列公式计算：

$$p = \frac{N}{A} \leqslant m_f f_{ak} \qquad (4.4.9)$$

式中 p ——立柱底垫木的底面平均压力；

N ——上部立柱传至垫木顶面的轴向力设计值；

A ——垫木底面面积；

f_{ak} ——地基土承载力特征值，应按现行国家标准《建筑地基基础设计规范》GB 50007 的规定或工程地质报告提供的数据采用；

m_f ——立柱垫木地基土承载力折减系数，应按表4.4.9采用。

表 4.4.9 地基土承载力折减系数 m_f

地基土类别	折 减 系 数	
	支承在原土上时	支承在回填土上时
碎石土、砂土、多年填积土	0.8	0.4
粉土、黏土	0.9	0.5
岩石、混凝土	1.0	—

注：1 立柱基础应有良好的排水措施，支安垫木前应适当洒水将原土表面夯实夯平；
　　2 回填土应分层夯实，其各类回填土的干重度应达到所要求的密实度。

4.5 模板及支架安装施工工艺

4.5.1 设计审批手续应齐全，应进行全面的安全技术交底，操作班组应熟悉设计与施工说明书，并应做好模板安装作业的分工准备。参加作业人员应经过专门技术培训，考核合格后方可上岗。

4.5.2 模板及支架安装应符合下列规定：

1 模板安装应按设计与施工说明书顺序拼装。木杆、钢管、门架等支架立柱不得混用。

2 竖向模板和支架立柱支承部分安装在基土上时，应加设垫板，垫板应有足够强度和支承面积，且应中心承载。基土应坚实，并应有排水措施。对冻胀性土应有防冻融措施。

3 当满堂或共享空间模板支架立柱高度超过 8 m 时，若地基土达不到承载要求，无法防止立柱下沉，则应先施工地面下的工程，再分层回填夯实基土，浇筑地面混凝土垫层，达到强度后方可支模。

4 模板及支架在安装过程中，必须设置有效防倾覆的临时固定设施。

5 现浇多层或高层房屋和构筑物，安装上层模板及其支架应符合下列规定：

1）下层楼板应具有承受上层施工荷载的承载能力，否则应加设支撑支架；

2）上层支架立柱应对准下层支架立柱，并应在立柱底铺设垫板；

3）当采用悬臂吊模板、桁架支模方法时，其支撑结构的承载能力和刚度必须符合设计构造要求。

6 当层间高度大于 5 m 时，应选用桁架支模或钢管立柱支模。当层间高度小于或等于 5 m 时，可采用木立柱支模。

7 当支架立柱成一定角度倾斜，或其支架立柱的顶表面倾斜时，应采取可靠措施确保支点稳定，支撑底脚必须有防滑移的可靠措施。

8 施工时，在已安装好的模板上的实际荷载不应超过设计值。已承受荷载的支架和连接件，不得随意拆除或移动。

9 对梁和板安装二次支撑前，其上不得有施工荷载，支撑的位置必须正确。

10 后浇带的模板及支架应独立设置。

11 安装模板时，安装所需各种配件应置于工具箱或工具袋内，严禁散放在模板或脚手板上；安装所用工具应系挂在作业人员身上或置于所配带的工具袋中，不得掉落。

12 当模板安装高度超过 3 m 时，必须搭设脚手架，除操作人员外，脚手架下不得站其他人。

4.5.3 木立柱支撑的构造与安装应符合下列规定：

1 木立柱应选用整料；木立柱底部应设垫木，顶部应设支撑头。

2 木立柱底部可采用垫块垫高，但不得采用单码砖垫高，垫高高度不得超过 300 mm。木立柱底部与垫木之间应设置硬木对角楔调整标高，并应用铁钉将其固定在垫木上。

3 所有单立柱支撑应在底垫木和梁底模板的中心，并应与底部垫木和顶部梁底模板紧密接触，且不得承受偏心荷载。

4 木立柱支撑应设置扫地杆、水平拉杆、剪刀撑，扫地杆、水平拉杆、剪刀撑采用搭接，并应与木立柱钉牢。

5 当仅为单排立柱时，应在单排立柱的两边每隔 3 m 加设斜支撑，且每边不得少于 2 根，斜支撑与地面的夹角应为 60°。

4.5.4 扣件式钢管立柱支撑的构造与安装应符合下列规定：

1 支撑梁和板的立柱，其纵横向间距应相等或成倍数。

2 钢管立柱底部应设垫板或底座，垫板厚度不应小于 50 mm；顶部应设可调托撑，U 形托撑与楞梁两侧间如有间隙，必须楔紧；可调托撑螺杆外径不应小于 36 mm，螺杆插入立杆内的长度不应小于 150 mm，伸出钢管顶部不应大于 300 mm，可调托撑伸出顶层水平杆的悬臂长度不应大于 500 mm。

3 在立柱底距地面 200 mm 处，沿纵横水平方向应按纵下横上设置扫地杆；在每一步距处沿纵横水平方向应设置水平拉杆；可调托撑的立柱顶端应沿纵横水平方向设置水平拉杆。所有水平拉杆的端部均应与四周建筑物顶紧顶牢，无处可顶时，应在水平拉杆端部和中部沿竖向设置连续式剪刀撑。

4 钢管立柱的扫地杆、水平拉杆、剪刀撑应采用ϕ48.3 mm×3.6 mm钢管，用扣件与钢管立柱扣牢。钢管扫地杆、水平拉杆应采用对接，剪刀撑应采用搭接，搭接长度不应小于1 m，并应采用不少于2个旋转扣件分别在离杆端不小于100 mm处进行固定。

5 当立柱底部不在同一高度时，高处的纵向扫地杆应与低处此高度的纵向水平杆拉通设置，立柱距边坡上方边缘不应小于500 mm。

6 立柱接长严禁搭接，必须采用对接扣件连接，相邻两立柱的对接接头不得在同步内，且对接接头沿竖向错开的距离不宜小于500 mm，各接头中心距主节点不宜大于步距的1/3。

7 严禁将上段的钢管立柱与下段钢管立柱错开固定在水平拉杆上。

8 满堂模板和共享空间模板支架立柱，在外侧周圈应设置由下至上的竖向连续式剪刀撑；中间在纵横向设置由下至上的竖向连续式剪刀撑的间距不宜大于8 m，其宽度宜为4~6 m，并在剪刀撑部位的顶部、扫地杆处设置水平剪刀撑（图4.5.4-1）。剪刀撑杆件的底部应与地面顶紧，夹角宜为45°~60°。当建筑层高在8~20 m时，除应满足上述规定外，还应在纵横向相邻的两竖向连续式剪刀撑之间增加之字斜撑，在有水平剪刀撑的部位，应在每个剪刀撑中间处增加一道水平剪刀撑（图4.5.4-2）。当建筑层高超过20 m时，在满足以上规定的基础上，应将所有之字斜撑全部改为连续式剪刀撑（图4.5.4-3）。

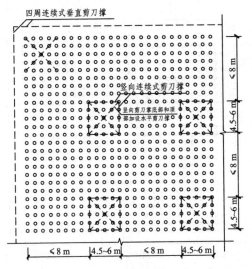

图 4.5.4-1 剪刀撑布置图（一）

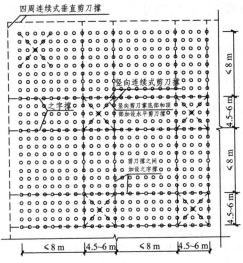

图 4.5.4-2 剪刀撑布置图（二）

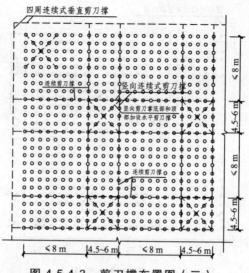

图 4.5.4-3 剪刀撑布置图（三）

9 当支架立柱高度超过 5 m 时，应在立柱周圈外侧和中间有结构柱的部位，按水平间距 6~9 m、竖向间距 2~3 m 与建筑结构设置一个固结点。

10 扣件螺栓拧紧扭力矩值不应小于 40 N·m，且不应大于 65 N·m。

4.5.5 悬挑结构立柱支撑的安装应符合下列要求：

1 多层悬挑结构模板的上下立柱应保持在同一条垂直线上。

2 多层悬挑结构模板的立柱应连续支撑，并不得少于 3 层。

4.5.6 梁式或桁架式支架的构造与安装应符合下列规定：

1 采用伸缩式桁架时，其搭接长度不得小于 500 mm，上下弦连接销钉规格、数量应按设计规定，并应采用不少于 2 个 U 形卡或钢销钉销紧，2 个 U 形卡距或销距不得小于 400 mm。

2 安装的梁式或桁架式支架的间距设置应与模板设计图一致。

3 支承梁式或桁架式支架的建筑结构应具有足够强度，否则，应另设立柱支撑。

4 若桁架采用多榀成组排放,在下弦折角处必须加设水平撑。

4.5.7 模板构造与安装

1 基础模板安装

1) 工艺流程:

抄平、放线→安装基础模板→安装背楞及支撑→校正固定

2) 抄平、放线:将控制模板标高的水平控制点引测至基坑(槽)壁上,在混凝土垫层上弹出轴线和基础外边线。

3) 阶梯形独立基础:根据图纸尺寸制作每一阶梯模板,支模顺序由下至上逐层向上安装。先安装底层阶梯模板,用斜撑和水平撑撑稳,核对模板墨线及标高,配合绑扎钢筋及垫块;在安装上阶模板时,上阶模板可采用轿杠架设在两端支架上,重新核对各部位标高尺寸,并用斜撑、水平撑以及拉杆固定撑牢;最后检查拉杆是否稳固,校核基础模板几何尺寸及轴线位置。

4) 杯形独立基础:与阶梯形独立基础不同之处是增加一个杯芯模,杯芯模上大下小斜度按工程设计要求制作,杯芯模安装前应钉成整体,轿杠钉于两侧,杯芯模安完后应全面校核轴线和标高。

杯形基础支模时应防止中心线不准、杯口模板位移、混凝土浇筑时芯模浮起、拆模时芯模拆不出等现象。浇筑混凝土时,在芯模四周应对称均匀下料、对称均匀振捣。

5) 混凝土条形基础:先在基槽底弹出中心线,基础边线,再把侧模板和端头模板对准边线和中心线,用水平仪抄测校正侧模板顶面水平,经检测无误后,用斜撑、水平撑及拉撑钉牢。

混凝土条形基础支模时模板上口应钉木带,以控制条形基础上口宽度,并通长拉线,保证上口平直,隔一定间距,将上段模板下口支撑在钢筋支架上。

6) 地面以下支模应先检查土壁的稳定情况,当有裂纹及

塌方危险迹象时，应采取安全防范措施后，方可下人作业。

7）距基坑（槽）上口边缘 1 m 内不得堆放模板。向基坑（槽）内运料应使用起重机、溜槽或绳索；运下的模板严禁立放在基坑（槽）土壁上。

2　柱模板安装

1）工艺流程：

弹线→找平、定位→安装柱模板→安装拉杆或斜撑→校正垂直度→检查验收

2）采用木模板或竹、木胶合板作柱模板时，按图纸尺寸制作柱侧模板，按放线位置钉好压脚板再安装柱模板，两垂直方向加斜拉顶撑，校正垂直度及柱顶对角线。

3）采用组合钢模板时，按设计标高抹好水泥砂浆找平层，按放线位置在离地 50～80 mm 处的主筋上焊接定位支杆，在柱内侧四面顶住模板，或采用柱盘定位方法，以防模板位移。内外定位正确无误后再支柱模板，模板之间用 U 形卡连接卡紧，转角位置用连接角模连接两侧模板。

4）柱箍及间距应根据柱模尺寸、侧压力的大小等因素进行设计确定。柱边长大于等于 800 mm 时，宜增设对拉螺栓或对拉扁钢。

5）柱模一般采用拉杆（或斜撑）或用钢管井字支架固定。拉杆每边设 2 根，固定于事先预埋在楼板内的钢筋环上，拉杆或斜撑与地面夹角宜为 45°～60°，预埋的钢筋环与柱距离宜为 3/4 柱高。

6）成排柱支模时，先立两端柱模，校直与复核位置无误后，顶部拉通线，再立中间柱模。

3　剪力墙模板安装

1）工艺流程：

找平、定位→安装洞口模板→安装一侧模板→安装另一侧模板→安装拉杆或斜撑→校正垂直度、紧固穿墙螺栓→检查验收

2）按洞口位置线安装门窗洞口模板、安装预埋件。

3）按位置线安装一侧模板就位，然后安装拉杆或斜撑，安装 PVC 套管和穿墙螺栓，穿墙螺栓规格和间距在模板设计时应明确规定。

4）清扫模内杂物，再安装另一侧模板，调整拉杆或斜撑，使模板垂直，紧固穿墙螺栓。

5）墙模板宜将木枋作竖肋，双根 $\phi48.3 \times 3.6$ 钢管或双根槽钢作水平背楞。

6）墙模板立缝、角缝宜设于木枋和胶合板所形成的企口位置，以防漏浆和错台。

7）模板安装完毕，应检查扣件、对拉螺栓是否紧固，拉杆或斜撑是否牢固，模板拼缝及下口是否严密，特别是门窗洞边的模板支撑是否牢固。

8）安装电梯井内墙模前，必须在板底下 200 mm 处牢固地满铺一层脚手板。

9）有防水要求的墙体，其模板对拉螺栓中部应设止水片，止水片应与对拉螺栓环焊。

4　梁模板安装

1）工艺流程：

抄平、弹线（轴线、水平线）→搭设支撑架→支柱头模板→铺梁底模板→拉线找平（起拱）→绑扎梁钢筋→安装侧模板→安装侧向支撑或对拉螺栓→检查梁口模板尺寸→与相邻模板连接

2）按设计标高调整梁底支架标高，安装梁底模板，拉线找平。当梁底模板跨度大于 4 m 时，跨中梁底处应按设计要求起拱；如设计无要求时，起拱高度为梁跨度的 1/1 000 ~ 3/1 000。主

次梁交接时，先主梁起拱，后次梁起拱。

3）在梁底模板上绑扎钢筋，检验合格后，清除杂物，根据墨线安装梁侧模板，安装梁卡具或上下锁口楞及外竖楞，附以斜撑。梁侧模板制作高度应根据梁高及楼板模板确定。

4）当梁高超过 750 mm 时，梁侧模板宜加穿对拉螺栓或对拉扁钢。

5）梁柱模板交接处，一般可采用角模拼接，当角模尺寸不符合要求时，宜专门设计配板。

5　楼板模板安装

1）工艺流程：

支架搭设→安装主楞梁、次楞梁，或钢桁架→铺设楼板模板→校正标高→检查验收

2）根据模板的排列图，架设支柱和主、次楞梁。支柱与主、次楞梁的间距，应根据楼板混凝土重量与施工荷载的大小，在模板设计中确定，支柱排列应考虑留设施工通道。

3）拉通线调节支柱高度，先将主楞梁找平，再架设次楞梁，并按设计要求起拱。

4）采用竹、木胶合板作楼板模板时，一般采用整张铺设，局部小块拼补的方法，模板拼缝应设置在主、次楞梁上。主楞梁常采用木枋或 ϕ48.3 × 3.6 双钢管，其跨度取决于支架立柱间距；次楞梁一般采用 50 mm × 100 mm 木枋(立放)，间距 300 ~ 400 mm 为宜，其跨度由主楞梁间距确定。楼板模板压在梁侧模上时，角位模板应通线钉固。

5）采用组合钢模板作楼板模板时，主楞梁可采用 ϕ48.3 × 3.6 双钢管、冷扎轻型卷边槽钢、轻型可调桁架等，其跨度经计算确定；次楞梁可采用 ϕ48.3 × 3.6 双钢管或木枋，其间距不大于 600 mm，保证每一块模板长度内有两根楞梁。应尽量采用大规格

模板，以减少模板拼缝，模板端头缝设于楞梁跨中时，应增设 L 插销，楼板模板与梁侧模及墙模相交处连接阴角模固定。

6）铺模板时可从四周铺起，在中间收口，模板的拼缝应严密不漏浆。楼板模板铺完后，应认真检查支架是否牢固。模板梁面、板面应清扫干净。

7）采用钢桁架作支撑结构时，一般应预先支好梁、墙模板，然后将钢桁架按模板设计要求支设在梁侧模板通长的型钢或木方上，调平固定后再铺设楼板模板。

6 其他结构模板安装

1）构造柱、圈梁模板应选用 30 mm 厚以上的木模板，背楞断面为 50 mm × 80 mm，间距不大于 500 mm 的木枋。构造柱模板宽度应比构造柱断面宽 100 mm 以上。

2）构造柱支撑可采用 φ48.3 × 3.6 钢管扣件或 50 mm × 120 mm 木枋加箍的方法，在墙体预留孔穿钢管或木枋箍，用扣件或铁钉固定，木楔楔紧模板。

3）圈梁模板可在圈梁下 120 mm 处挑出 53 mm × 115 mm 的砖垛或预埋 φ25 的短钢筋支承，工具式夹具固定。

4）安装悬挑结构模板时，应搭设脚手架或悬挑工作台，并应设置防护栏杆和安全网。作业处的下方不得有人通行或停留。

5）烟囱、水塔及其他高大构筑物的模板，应编制专项施工方案和安全技术措施，并应详细地向操作人员进行交底后方可安装。

4.6 模板及支架的拆除

4.6.1 拆除模板的顺序和方法，应按照模板设计的规定进行。模板拆除的原则是：先拆非承重模板，后拆承重部分模板；先支的后拆，后支的先拆；自上而下拆除模板。

4.6.2 拆除模板的混凝土强度应按本规程第 4.8.3 条、第 4.8.4 条的有关规定执行。

4.6.3 基础模板拆除时，应先检查基坑（槽）土壁的安全状况，发现有松软、龟裂等不安全因素时，应采取安全防范措施后，方可进行作业。拆除的模板和支撑杆件应随拆随运，不得在离坑（槽）上口边缘 1 m 以内堆放。

4.6.4 柱模板拆除时，先拆除拉杆或斜撑，卸掉柱箍和对拉螺栓，再拆除连接模板的 U 形卡或 L 形插销，然后用撬棍轻轻撬动模板，使模板与混凝土脱离。

4.6.5 墙模板拆除时，先拆除穿墙螺栓等附件，再拆除拉杆或斜撑，用撬棍轻轻撬动模板，使模板离开墙体，将模板逐块传下堆放或运走。

4.6.6 楼板、梁模板拆除

1 先拆除梁侧模板，再拆除楼板模板。拆除楼板模板时，应先拆除水平拉杆，然后拆除支柱，每根主楞梁留 1~2 根支柱先不拆；

2 操作人员站在已拆除模板的空当，再拆除余下的支柱，使主楞梁自由落下；

3 用钩子将模板钩下，或用撬棍轻轻撬动模板，使模板脱离，待该段模板全部脱模后，集中堆放或运走；

4 楼层较高，支模采用双层排架时，先拆除上层排架，使主、次楞梁和模板落在底层排架上，上层模板全部运出后，再拆下层排架；

5 梁底模板拆除时，先拆除梁托架，再拆除梁底模。拆除跨度较大的梁下支柱时，应先从跨中开始，分别向两端拆除。

4.6.7 后浇带处模板和支撑必须在后浇带混凝土强度等级达到设计要求后方可拆除。

4.7 高大模板支架的设计、构造与安装要求

4.7.1 对大空间、大跨度及大荷载的高大模板支撑体系支设前必须按本规程第 3.2.3 条、第 3.2.4 条的规定编制安全专项施工方案，施工单位应组织专家组进行专项论证审查。

4.7.2 高大模板支架和转换层模板支架的支模方法与所采用的浇筑方案有关，常用的支模方法有 3 种：满堂扣件钢管支架支模；钢桁架支模；增设钢或混凝土临时支柱，配合钢管排架或钢桁架支模。

4.7.3 模板支架的设计计算项目：

1 受压杆件稳定性验算：包括型钢柱、单肢立杆和支架整体稳定性验算；

2 直接承受模板荷载并将其传给立杆的水平杆件（水平杆、型钢梁、桁架等）及其连接件的验算：包括承压、受弯以及扣件抗滑验算等；

3 对下层梁板承载力进行验算，若承载力不足，应在下面各层设置满堂支撑体系，上层支架立柱对准下层支架立柱，将荷载传递至地下室底板或硬化的混凝土地坪上；

4 立柱支座、基础及地基承载力验算。

4.7.4 模板支架的设计要求：

1 承重的支架立柱，立杆顶部应设置可调托撑或采取其他构造措施，使其荷载直接作用于立杆的轴线上。

2 强度和稳定性计算时，应有足够的安全储备；

3 立杆的基础和地基应有足够的承载力，且在受荷后不得

出现超过 10 mm（或设计限定值）的沉降。下层为楼板时，应验算其承载力或采取其他加强措施；

4 支架的结构和构造中不得出现低于验算条件的薄弱部位；

5 根据结构形式和荷载大小设置必需的斜杆、剪刀撑、加强性杆件，同时应与建筑结构进行刚性连接，确保支架体系具有稳定的结构；

6 严格控制施工中实施荷载及其分布不超过设计值。

4.7.5 立杆构造及其平面布置设计要求：

1 支架的立杆可视设计荷载情况采用单立杆、双立杆及型钢柱；

2 立杆之间必须按步距满设双向水平杆，确保其在两个方向均具有足够的刚度；

3 采用双立杆时，一般应采用同一方向的双杆布置，以适应水平杆的设置要求；

4 当梁板荷载相差较大时，梁下和板下可采用不同的立杆间距，但只宜在一个方向变距，以确保水平杆件的连续设置要求。

4.7.6 高大模板支架和转换层模板支架采用扣件式钢管作支撑体系时，支架的构造与安装要求应符合本规程第 4.5.4 条的规定，并应在支架的四周和中部与结构柱和剪力墙按水平间距 6~9 m、竖向间距 2~3 m 进行刚性连接。

4.7.7 高大模板支架体系垂直度偏差不宜大于架高的 1/200，且不宜大于 100 mm。

4.7.8 搭设前对所有钢管、扣件等应认真检查，发现有裂纹、严重锈蚀、弯曲变形者不得使用。搭设过程中应随时吊线或用经纬仪检查，保证架体垂直度符合要求。

4.7.9 若位于转换层大梁的下层楼板无结构梁时，在计算确保楼板局部承载力符合要求的前提下，底部扫地杆应尽量降低，同时于扫地杆下部按不大于 500 mm 的间距用木楔填塞加固，以使下层楼板均匀受力。

4.7.10 高大模板支架应按先浇筑柱、墙混凝土，后浇筑梁板混凝土的顺序进行，浇筑过程应符合专项施工方案要求，确保支撑系统受力均匀，避免引起高大模板支撑系统的失稳倾斜。

4.7.11 在大空间大跨度模板支撑体系的专项施工方案设计中，应计算架体受荷后的沉降变形值，以确定预先起拱值，以减少混凝土浇筑时产生的变形值。

4.7.12 高大模板支架和转换层模板支架应在支架支设、混凝土浇筑、养护整个过程中进行沉降变形观测，使模板支架的沉降不超过设计限定值。

4.7.13 高大模板支架在使用过程中，应设有专人监护施工，当发现异常情况时，应立即停止施工，并应迅速撤离作业面上人员。应在采取确保安全的措施后，查明原因，作出判断和处理。

4.8 质 量 标 准

4.8.1 模板安装主控项目

1 安装现浇结构的上层模板及其支架时，下层楼板应具有承受上层荷载的承载能力，或加设支架；上、下层支架的立柱应对准，并铺设垫板。

检查数量：全数检查。

检验方法：对照模板设计文件和施工技术方案观察。

2 在涂刷模板隔离剂时，不得沾污钢筋与混凝土接槎处。

检查数量：全数检查。

检验方法：观察。

4.8.2 模板安装一般项目

1 模板安装应满足下列要求：

1）模板的接缝不应漏浆；在浇筑混凝土前，木模板应浇水湿润，但模板内不应有积水；

2）模板与混凝土的接触面应清理干净并涂刷隔离剂，但不得采用影响结构性能或妨碍装饰工程施工的隔离剂；

3）浇筑混凝土前，模板内的杂物应清理干净；

4）对清水混凝土工程及装饰混凝土工程，应使用能达到设计效果的模板。

检查数量：全数检查。

检验方法：观察。

2 对跨度不小于 4 m 的现浇钢筋混凝土梁、板，其模板应按设计要求起拱；当设计无具体要求时，起拱高度宜为跨度的 1/1 000 ~ 3/1 000。

检查数量：在同一检验批内，对梁，应抽查构件数量的 10%，且不少于 3 件；对板，应按有代表性的自然间抽查 10%，且不少于 3 间；对大空间结构，板可按纵、横轴线划分检查面，抽查 10%，且不少于 3 面。

检验方法：水准仪或拉线、钢尺检查。

3 固定在模板上的预埋件、预留孔和预留洞均不得遗漏，且应安装牢固，其偏差应符合表 4.8.2-1 的规定。

检查数量：在同一检验批内，对梁、柱和独立基础，应抽查构件数量的 10%，且不少于 3 件；对墙和板，应按有代表性的自然间抽查 10%，且不少于 3 间；对大空间结构，墙可按相邻轴线间高度 5 m 左右划分检查面，板可按纵横轴线划分检查面，抽查 10%，且均不少于 3 面。

检验方法：钢尺检查。

表 4.8.2-1　预埋件和预留孔洞的允许偏差

项　目		允许偏差/mm
预埋钢板中心线位置		3
预埋管、预留孔中心线位置		3
插　筋	中心线位置	5
	外露长度	+10, 0
预埋螺栓	中心线位置	2
	外露长度	+10, 0
预留洞	中心线位置	10
	尺　寸	+10, 0

注：检查中心线位置时，应沿纵、横两个方向量测，并取其中的较大值。

4　现浇结构模板安装的偏差应符合表 4.8.2-2 的规定。

检查数量：在同一检验批内，对梁、柱和独立基础，应抽查模板数量的 10%，且不少于 3 件；对墙和板，应按有代表性的自然间抽查 10%，且不少于 3 间；对于大空间结构，墙可按相邻轴线间高度 5 m 左右划分检查面，板可按纵、横轴线划分检查面，抽查 10%，且均不少于 3 面。

表 4.8.2-2 现浇结构模板安装的允许偏差及检验方法

项 目		允许偏差/mm	检验方法
轴 线 位 置		5	钢尺检查
底模上表面标高		±5	水准仪或拉线、钢尺检查
截面内部尺寸	基 础	±10	钢尺检查
	柱、墙、梁	+4，-5	钢尺检查
层高垂直度	不大于 5 m	6	经纬仪或吊线、钢尺检查
	大于 5 m	8	经纬仪或吊线、钢尺检查
相邻两板表面高低差		2	钢尺检查
表面平整度		5	2 m靠尺和塞尺检查

注：检查轴线位置时，应沿纵、横两个方向量测，并取其中的较大值。

4.8.3 模板拆除主控项目

1 底模及其支架拆除时的混凝土强度应符合设计要求；当设计无具体要求时，混凝土强度应符合表 4.8.3 的规定。

检查数量：全数检查。

检验方法：检查同条件养护试件强度试验报告。

表 4.8.3 底模拆除时的混凝土强度要求

构件类型	构件跨度/m	达到设计的混凝土立方体抗压强度标准值的百分率/%
板	≤2	≥50
	>2，≤8	≥75
	>8	≥100
梁、拱、壳	≤8	≥75
	>8	≥100
悬臂构件	—	≥100

2 对后张法预应力混凝土结构构件，侧模宜在预应力张拉前拆除；底板支架的拆除应按施工技术方案执行，当无具体要求时，不应在结构构件建立预应力前拆除。

检查数量：全数检查。

检验方法：观察。

3 后浇带模板的拆除和支顶应按施工技术方案执行。

检查数量：全数检查。

检验方法：观察。

4.8.4 模板拆除一般项目

1 侧模拆除时的混凝土强度应能保证其表面及棱角不受损伤。

检查数量：全数检查。

检验方法：观察。

2 模板拆除时，不应对楼层形成冲击荷载。拆除的模板和支架宜分散堆放并及时清运。

检查数量：全数检查。

检验方法：观察。

4.9 成 品 保 护

4.9.1 拆模时不得用大锤硬砸或用撬棍硬撬，以免损坏构件。

4.9.2 模板搬运时应轻拿轻放，不准碰撞柱、墙、梁、板等混凝土，以防模板变形和损坏构件。

4.9.3 模板安装时不得用重物冲击已安装好的模板及支撑。

4.9.4 模板支好后，应保持模内清洁，防止掉入砖头、砂浆、木屑等杂物。

4.9.5 不得在模板平台上行车和堆放大量材料和重物。

4.9.6 在模板上进行钢筋、铁件等焊接工作时，必须用石棉板或薄钢板隔离。

4.9.7 拆下的模板应及时清理粘结物，修理并涂刷隔离剂，分类堆放整齐。拆下的连接件及配件及时收集，集中管理。

4.10 安全环保措施

4.10.1 从事模板作业的人员，应经安全技术培训。从事高处作业人员，应定期体检，不符合要求的不得从事高处作业。

4.10.2 安装和拆除模板时，操作人员应配戴安全帽、系安全带、穿防滑鞋。安全帽和安全带应定期检查，不合格者严禁使用。

4.10.3 采用泵送混凝土施工时，布料设备严禁架设在模板及支架上。

4.10.4 严禁将模板及支架与脚手架和卸料平台架支成一体。

4.10.5 支模过程中如遇中途停歇，应将就位的支顶、模板连接稳固，不得空架浮搁。拆模间歇时应将松开的部件和模板运走，防止坠下伤人。

4.10.6 安装墙、柱模板时，应随时支撑固定，防止倾覆。

4.10.7 拼装高度为 2 m 以上的竖向模板，不得站在下层模板上拼装上层模板。安装过程中应设置临时固定设施。

4.10.8 在组合钢模板上架设的电线和使用的电动工具，应采用 36 V 的低压电源或采取其他有效的安全措施。

4.10.9 钢模板用于高耸建筑施工时，应有防雷击措施。

4.10.10 登高作业时，连接件必须放在箱盒或工具袋中，严禁放在模板或脚手板上，扳手等各类工具必须系挂在身上或置放于工具袋内，不得掉落。

4.10.11 高空作业人员严禁攀登组合钢模板或脚手架等上下，

也不得在高空的墙顶、独立梁及其模板等上面行走。

4.10.12 组合钢模板装拆时，上下应有人接应，钢模板应随装拆随转运，不得堆放在脚手板上，严禁抛掷踩撞。

4.10.13 拆除楼层外边模板时，应有防高空坠落及防止模板向外倒跌的措施。

4.10.14 模板的预留孔洞、电梯井口等处，应加盖或设置防护栏，必要时应在洞口处设置安全网。

4.10.15 在高处安装和拆除模板时，周围应设安全网或搭脚手架，并应加设防护栏杆。在临街面及交通要道地区，尚应设警示牌，派专人看管。

4.10.16 拆模后模板或方木上的钉子，应及时拔除或敲平，防止钉子扎脚。

4.10.17 安装、拆除模板时应轻拿轻放，防止噪声扰民。

4.11 质量记录

4.11.1 模板工程施工质量验收时，应提供下列文件和记录：

    1 模板工程的施工设计或有关模板排列图和支撑系统布置图；

    2 高大模板及支撑系统专项施工方案（并应附有计算书），专家组的专项论证审查报告；

    3 安全技术交底文件；

    4 模板工程质量检查记录及验收记录；

    5 模板工程支模的重大问题及处理记录。

4.11.2 模板工程施工质量验收时，应按《四川省工程建设统一用表》的规定提供有关质量验收记录。

5 铝合金模板

5.1 一般规定

5.1.1 适用范围

适用于工业与民用建筑现浇混凝土结构的铝合金模板工程施工。

5.1.2 铝合金模板材料要求

1 铝合金模板材质采用 6061-T6 铝合金型材，型材化学成分、力学性能应符合现行国家标准《变形铝及铝合金化学成份》GB/T 3190、《一般工业用铝及铝合金挤压型材》GB/T 6892 的规定。

2 特殊造型、标准层发生变异位置可以采用铝单板，材质为 3003。

3 铝型材表面采用阳极氧化处理，并应符合《铝合金建筑型材》GB 5237.2 中 AA15 级。

4 铝合金模板系统的钢支撑、钢背楞、拉杆、子弹销采用 Q235B 级钢，应符合现行国家标准《碳素结构钢》GB/T 700、《低合金高强度结构钢》GB/T 1591 的规定。钢背楞的断面尺寸不小于 40 mm × 60 mm × 3 mm。

5 预埋件、钢支撑、钢背楞、子弹销表面应采用热浸镀锌处理，镀锌层厚度不小于 60 μm。

6 脱模剂采用 NKC-100、立邦 T-902 水性高效脱膜剂。

7 对拉螺栓胶管、杯头为 PVC 材质，应与对拉螺栓拉杆配套使用，胶管长度允许误差 ± 1 mm。

5.2　施 工 准 备

5.2.1　技术准备

1　施工前应编制铝合金模板施工方案，对铝合金模板进行深化设计。

2　铝合金模板施工方案应经总包单位、承包单位、总监理工程师和建设单位技术负责人签字，设计审批手续应齐全。

3　根据施工方案和模板设计要求进行全面的安全技术交底，操作班组应熟悉结构施工图、铝合金模板深化设计图，并应做好模板安装作业的分工准备。

5.2.2　模板检验及准备

1　铝合金模板正式安装之前，应进行预组装，预组装应在组装平台或经平整处理过的场地上进行。铝合金模板应按表5.2.2的组装质量标准逐块检验后进行组装，组装完毕后进行复查，并检查数量、位置以及紧固情况。组装完毕的铝模板应予编号。

表 5.2.2　铝合金模板施工组装质量标准

项　　目	允许偏差/mm
单块铝模板的长、宽尺寸	− 0.5,0
两块模板之间的拼接缝隙	≤1.0
相邻模板面的高低差	≤2.0
组装模板板面的平面度	≤2.0（用2 m的靠尺检查）
组装模板板面的长宽尺寸	≤长度和宽度的1/1 000，最大±3.0
组装模板两对角线长度差值	≤对角线长度的1/1 000，最大≤6.0

2　新旧铝合金模板通过酸洗处理后，在打包运输到施工现

场前，应在工厂采用 1:3 的水泥砂浆对铝模板接触混凝土的面涂刷 2 ~ 3 次，让铝合金模板表面充分钝化。

3 检查合格的铝合金模板，应按编号进行打包和装车。每捆打包的铝模板之间应加垫木，垫木应上下对齐。平堆运输时，应整体绑缚捆紧，防止摇晃摩擦。

4 铝合金模板运至现场时，应按种类、规格将模板及配件堆放在垫木或托架上，并做好标记和排放表。叠放时应保证底部第一块模板的板面朝上。

5.2.3 作业条件

1 铝合金模在安装之前，应涂刷脱模剂，且脱模剂应按照使用说明书进行涂刷，严禁超刷或漏刷。

2 现场使用的模板、配件及支模架料应按规格、数量逐项清点和检查，未经修复的部件和支模架料不得使用。

3 施工现场应有可靠的能满足模板安装和检查需要的施工控制线、施工定位线以及测量控制点。

4 根据图纸要求，放好轴线和模板边线，定好水平控制标高。

5.3 铝合金模板设计

5.3.1 标准构件

1 标准构件是工程中通用的构件。铝合金模板按施工安装位置不同可分为墙身铝模板、楼面铝模板、结构梁铝模板和其他标准构件，表 5.3.1 列出了墙身和楼面铝模板标准构件的规格及尺寸。

表 5.3.1 墙身和楼面铝模板标准构件的规格及尺寸

名称	照片	宽度/mm	长度/mm	加筋肋板/mm	面板厚度/mm	边框高度/mm
墙身模板（W）		400，450为准，100，150，200，300辅助	楼层净高扣除转角板、角铝高度	厚度6 mm，铝板肋高50	3.5～4.0	60
墙身内转角（IC）		150×150，100×150，100×100	楼层净高扣除转角板、角铝高度	—	3.5～4.0	60
墙身外转角（EC）		60×60	楼层净高扣除转角板、角铝高度	—	6.0	—
楼面模板（D）		400，450为准，100，150，200，300辅助	750，900，1050，1200	厚度6 mm，铝板肋高50	3.5～4.0	60
楼面转角（SC）		150×150，100×150，125×150	450，750，900，1200，1800，2400	—	3.5～4.0	—
楼面龙骨（EB MB）		150	750，900，1050	—	6.0	—

5.3.2 铝合金模板设计应包括下列内容

1 模板及支架的选型及构造设计；模板及支架上的荷载及其效应计算；模板及支架的承载力、刚度验算；模板及支架的抗倾覆验算；

2 绘制配板设计图、支撑布置图、细部构造和异形模板大样图；

3 制定模板安装及拆除的程序和方法；

4 编制模板及配件的规格、数量汇总表和周转使用计划；

5 编制模板设计、施工说明书及施工安全措施。

5.3.3 铝合金模板布置方法及规则

铝合金模板的布置方法及规则是先使用标准构件，按标准构件的尺寸从大到小进行排放，最后一个构件可能是非标准模板。

1 墙身模板的布置方法及规则：

先从墙的阴角或阳角开始布置模板，再用 450 mm 等宽度的标准模板逐个排放，直到最后一个非标准模板。

2 楼面模板的布置方法及规则：

先从楼面四周转角开始；四个角落用标准的楼面转角模板，其他用标准楼面转角模板从大至小逐个布置，直到最后一个非标准模板。楼面转角布置完毕后开始布置楼面板，楼面板是从一边用 450 mm 等宽度的标准模板逐个布置。两排楼面模板之间用龙骨作支撑，所有支撑系统两个方向的间距均不应大于 1 200 mm。

3 梁模板的布置方法及规则：

梁模板的布置方法同楼面布置，从转角开始用标准模板排放，直到最后一个非标准模板。梁底模板之间用梁底龙骨支撑托起，梁底支撑的间距按施工方案计算确定。

4 尺寸误差修正：

为避免施工过程中，模板温度变形、接缝不平对模板整体尺寸的影响，模板设计时，所有标准构件尺寸公差控制在 – 0.5 ~ 0 mm，每一组墙、梁、板累计公差不大于 5 mm。进场安装时负公差导致的间隙，采用 PVC 胶合板填充，使用几层后根据情况再作更换。

5.4 铝合金模板加工生产

5.4.1 切割加工

1 原材料检验：

铝板、铝型材等材料应提供出厂合格证、检验报告。原材料切割加工前应进行质量检查，原材料应表面光滑，无任何划痕。

2 材料切割：

原材料切割的原则是按构件尺寸大小从长到短进行下料，型材切割完成后用箱头笔标明所用构件的规格，以便下一道工序查找。

5.4.2 焊接

1 组装焊接：

将切割完成的半成品，通过点焊的方式组装成所需要的构件；组装时，构件的四个角应点焊固定，单边点焊的间距不应超过 300 mm；点焊组装完成后，进行构件尺寸校对，确保构件尺寸准确。

2 成型焊接：

每个构件的两端必须满焊；非标准构件应双面间断焊接，每段焊缝的长度不小于 50 mm，间距不大于 300 mm；焊缝高度不小于 6 mm。焊缝应饱满，不应有假焊、稀焊等缺陷。

5.4.3　校正、清洗

1　校正：

模板构件经过成型焊接后，会产生一定程度的弯曲变形，在模板整形机上校正平整。

2　清洗：

构件制作完成后，表面有切割锯片残留的油迹和焊接产生的黑色氧化铝，应通过碱性溶液清洗干净。然后在浸泡水池中做一次铝模表面钝化处理，以达到保护模板表面的作用。

5.4.4　构件编号

每个构件应有一个准确的编号，以便作业人员识别。构件编号包括：构件代号及尺寸规格。

1　构件代号：

W——墙身模板；IC——墙身内转角；EC——墙身外转角；D——楼面模板；SC——楼面转角：DP——楼面支撑头等。

2　标记示例：

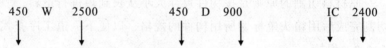

墙身板宽度　墙身板高度　　楼面板宽度　楼面板长度　　墙身内转角　转角板长度

3　编号位置：

编号应在构件中间的明显位置，墙身模板标记在模板背面底部以上 1 500 mm 左右的板肋中间，楼面模板标记在模板的中间。

4　字体、大小、颜色：

标记采用油漆编写,字体宋体、粗体,字体高度为 50 ~ 60 mm。以红、蓝、绿、黄、紫等不同颜色代表不同的工作区位置，以便识别。

5.4.5　包装、运输

铝合金模板试拼装完毕后，对构件进行编号标示，然后按不同工作区域、不同构件的先后施工次序进行包装，运输。每个包装外面应能清楚标明里面的构件内容并应附构件清单明细表。

5.5 铝合金模板的安装

5.5.1 安装前的准备工作

1 检查剪力墙、柱子模板安装位置楼面的平整度，楼面平整度应控制在 5 mm 以内，超出部分应采用打凿的方式进行处理。

2 竖向模板的安装底面应平整坚实，清理干净，并采取可靠的定位措施。柱模长短边各采用 2 根 $\phi 8$ 焊接定位钢筋，长度与柱截面尺寸相同，沿柱高每 1 m 设置一道；墙模在长度和高度方向每 900 mm 设置一根 $\phi 8$ 焊接定位钢筋，长度与剪力墙厚度相同；以此来控制保护层厚度、柱墙截面尺寸。

3 按照深化设计图纸，在楼板上预留向上传递铝合金模板的洞口，若标准层有可供传递的位置和通道，则不设置传递洞口。传递洞口不宜留在卫生间、厨房、阳台、露台等有水房间。

4 按照深化设计图纸，在楼面铝合金模板上预留测量放线口、混凝土泵管孔等，为后续施工提供便捷。

5 混凝土竖向泵管应逐层采用钢支架固定在下层楼面上，施工层泵管严禁接触铝合金模板。混凝土布料机通过钢支架固定在下面 3 层楼板上，严禁将布料机架设在铝合金模板上。

5.5.2 柱、剪力墙模板安装

1 柱、剪力墙与梁板同时施工时，应先支设柱、墙模板，调整固定后，再在其上支设梁板模板。

2 柱模按定位控制线先钉好压脚板再安装柱模板，柱模一般采用斜拉杆（或斜撑）或用钢管井字支架固定。柱模板安装完毕后，校正垂直度及柱顶对角线。

3 柱箍及间距应根据柱模尺寸、侧压力的大小等因素进行设计确定。柱边长大于等于 800 mm 时，宜增设对拉螺栓或对拉扁钢。

4 剪力墙模板按定位控制线先安装一侧模板就位，然后安装拉杆或斜撑，安装 PVC 套管、杯头和穿墙螺栓，穿墙螺栓规格和间距在模板深化设计时应明确规定。

5 清扫模内杂物，再安装剪力墙另一侧模板。模板安装就位后，下端采用专用固定铁件垫平，紧靠定位基准。

6 剪力墙模板安装完毕后，在模板顶部转角处，采用激光扫平仪和线垂进行检查，如有偏差，通过调节斜撑，使两侧墙身模板垂直、不扭曲变形。

7 剪力墙墙身铝合金模板一般采用 4 排背楞，下面三排对拉螺栓的间距控制在 600 mm 以内，上面一排对拉螺栓间距控制在 1 200 mm 以内。

8 固定剪力墙模板的斜撑每隔 3 m 设置一道，直线墙长度在 1 m 以内可在中间设置一道，若大于 1 m 小于 3 m 时应设置 2 道。

9 固定铝合金模板的子弹销和固定螺栓每单件模板的单边应不少于 2 个且间距不超过 300 mm。

10 为便于墙模板的拆除，墙模板与内角模连接的销子头部应尽可能在内角模的内侧。

5.5.3 楼面梁、板模板安装

1 按设计标高调整梁底支架标高，安装梁底模板，拉线找平，安装梁侧模板。

2 安装楼面板龙骨，安装完毕后两边各用一块模板固定，校核楼面板对角线，检查无误后，开始安装楼面模板。

3 楼面模板应平行逐件排放，先用销子临时固定，最后统一打紧固定的子弹销片。

4 楼面模板安装完毕后，采用水平仪测量其平整度及安装标高，如有偏差通过模板支撑系统的可调托撑进行校正，直至达到整体的平整度及相应的标高。

5 楼面梁、板模板的起拱高度应符合本规程第 4.8.2 条第 2 款的规定。

6 楼面梁、板模板支架的构造与安装应符合本规程第 4.5.4 条的规定。

5.5.4 模板安装的同时应做好水、电、暖通、排风及设备安装的预留、预埋，预留洞、预埋管及预埋件应位置准确，安设牢固。

5.5.5 模板安装完毕后，在柱模板和墙模板的底部采用 1:2 水泥砂浆或 C20 细石混凝土进行封堵，封堵完后 6 h 方能浇筑混凝土。

5.5.6 在浇筑混凝土时对泵管应采用角钢支架固定，防止混凝土浇筑时出现晃动。

5.5.7 混凝土浇筑完毕后，应采用高压水枪对模板外侧冲洗干净，确保铝合金模板干净、整洁。

5.6 铝合金模板的拆除

5.6.1 拆除模板的混凝土强度应按本规程第 4.8.3 条、第 4.8.4 条的有关规定执行。

5.6.2 先拆除柱、墙模板，再拆除梁、板模板。

5.6.3 柱模板拆除时，先拆除拉杆或斜撑，卸掉柱箍和对拉螺栓，再拆除连接模板的卡具和插销，然后用撬棍轻轻撬动模板，使模板与混凝土脱离。

5.6.4 墙模板拆除时，先拆除穿墙螺栓、背楞、顺向钢楞、销子、楔子，再拆除拉杆或斜撑，用撬棍轻轻撬动模板，使模板离开墙体，将模板逐块传下堆放或运走。当墙模板与楼板外围护板固定在一起时，先从底部开始拆除墙模板。

5.6.5 在墙模板拆除后，可采用长鼻捏钳拆除杯头，放置在工具袋，为后续施工使用。

5.6.6 先拆除梁侧模板，再拆除楼板模板。先拆除连接相邻模板的销子、楔子和连接杆，再逐快拆除楼板模板。

5.7 质 量 标 准

5.7.1 主控项目

1 铝合金模板安装的主控项目应符合本规程第 4.8.1 条第 1 款的规定。

2 铝合金模板拆除的主控项目应符合本规程第 4.8.3 条第 1 款的规定。

5.7.2 一般项目

1 铝合金模板及构配件的容许变形值不应超过表 5.7.2-1 的规定。

表 5.7.2-1 铝合金模板及构配件的容许变形值

构件名称	容许变形值/mm
单块铝模板	≤1.5
钢背楞	$L/500$ 或 ≤2.0
柱箍	$B/500$ 或 ≤2.0
支撑系统累计	≤4.0

注：L 为计算跨度，B 为柱宽。

2 采用铝合金模板施工时现浇结构（表面不抹灰）允许偏差应符合表 5.7.2-2 的规定，观感质量应符合表 5.7.2-3 的规定。

表 5.7.2-2　现浇结构允许偏差

检查内容	检查项目	允许偏差/mm
现浇结构允许偏差	截面尺寸	－ 2，+2
	表面平整度	6
	层高垂直度	6
	阴阳角方正	5
	净高	－ 5，+5
	顶板水平度	10

表 5.7.2-3　现浇结构观感质量

检查内容	检查项目	观感质量
现浇结构观感质量	表面	表面平整，无裂缝；无蜂窝、麻面、狗洞、露筋、胀模等明显外观缺陷；表面呈混凝土原色，颜色均匀一致，无脱模剂、锈迹
	接缝	无明显漏浆，无施工冷缝，无错台现象
	修补	胀模部位剔凿细密、深度适中、冲刷干净；外观缺陷部位按施工方案修补，无质量隐患
	开槽与预埋	边缘整齐，横平竖直，无歪斜，开槽深度不损伤结构钢筋

5.8　成 品 保 护

5.8.1 拆模时不得用大锤硬砸或用撬棍硬撬，以免损坏构件。

5.8.2 模板搬运时应轻拿轻放，不准碰撞柱、墙、梁、板等混凝土，以防模板变形和损坏构件。

5.8.8 拆除的铝合金模板应及时清理混凝土残渣，涂刷专用脱模剂，分类堆放整齐。拆下的连接件及配件及时收集，集中管理。

5.9 安全环保措施

5.9.1 在铝合金模板上架设的电线和使用的电动工具，应采用 36 V 的低压电源或采取其他的有效安全措施。

5.9.2 铝合金模板用于高耸的建筑物施工时，应有防雷击措施。

5.9.3 铝合金模板的传递洞口应及时封堵，铝合金模板支撑杆件传递完毕应及时采用高一个强度等级的细石混凝土封堵到位。

5.9.4 其他的安全环保措施应按本规程第 4.10 节的相关规定执行。

5.10 质 量 记 录

5.10.1 铝合金模板工程施工质量验收时，应提供下列文件和记录：

    1 铝合金模板工程的施工方案及深化设计图纸；

    2 安全技术交底文件；

    3 铝合金模板工程质量检查记录及验收记录；

    4 铝合金模板工程支模的重大问题及处理记录。

5.10.2 铝合金模板工程施工质量验收时，应按《四川省工程建设统一用表》的规定提供有关质量验收记录。

6 定型组合模板及大模板

6.1 一 般 规 定

6.1.1 适用范围

适用于工业与民用建筑及一般构筑物现浇混凝土结构采用的定型木框胶合板模板、钢框胶合板模板及全钢大模板工程的制作与施工。

6.1.2 大模板由面板系统、支撑系统、操作平台系统及连接件等组成。

6.1.3 组成大模板各系统之间的连接必须安全可靠。

6.1.4 材料要求

1 全钢大模板的面板应选用厚度不小于 5 mm 的钢板制作，材质不应低于 Q235A 级钢的性能要求；木框胶合板模板及钢框胶合板模板的面板应选用双面覆膜的防水胶合板，其割口及孔洞必须作密封处理。

2 胶合板的面板宜采用 A 等品或优等品，其技术性能应分别符合国家现行标准《混凝土模板用胶合板》GB/T 17656、《竹胶合板模板》JG/T 156 的规定。

3 胶合板面板的工作面应采用具有完整且牢固的酚醛树脂面膜或具有等同酚醛树脂性能的其他面膜。胶合板的板面应平整光洁、不得有脱胶、起层或翘曲变形等现象。

4 大模板钢吊环应采用 HPB300 钢筋制作，严禁使用冷加工钢筋。焊接式吊环应合理选择焊条型号，焊缝长度和焊缝高度应符合设计要求；装配式吊环与大模板采用螺栓连接时必须采用双螺母。

6.1.5 大模板的支撑系统应能保证大模板竖向放置的安全可靠和在风荷载作用下的自身稳定性。地脚调整螺栓长度应满足调节模板安装垂直度和调整自稳角的需要，地脚调整装置应便于调整，转动灵活。

6.1.6 整体式电梯井筒模应支拆方便、定位准确，并应设置专用操作平台，保证施工安全。

6.2 施 工 准 备

6.2.1 技术准备

1 大模板施工前应根据工程类型、荷载大小、质量要求及施工设备等结合施工工艺编制合理的施工方案。

2 根据模板设计和施工方案要求向施工班组进行安全技术交底。

6.2.2 模板制作及检验

1 全钢大模板：

全钢大模板的主要部件有面板、边框、横竖肋、背楞、支撑架、操作平台、穿墙螺栓等。

1）全钢大模板的面板采用不小于 6 mm 热轧原平板制作，边框采用 80 mm 宽、6~8 mm 厚的扁钢或钢板，横竖肋采用 6~8 mm 扁钢。

2）模板背楞采用 8 号或 10 号槽钢，支撑架采用钢管或槽钢焊接而成，操作平台可采用钢管焊接并搭设木板构成，穿墙螺栓采用 T16×6～T20×6 的螺栓，长度根据结构尺寸确定。

3）模板面板的配板应根据具体情况确定，一般采用横向或竖向排列，也可采用横、竖向混合排列。

2 定型木框胶合板模板及钢框胶合板模板：

1）木框胶合板模板以 50 mm×100 mm 木方为边框；钢框胶合板模板以热轧异形型钢为边框，边框厚度 95 mm；胶合板（木胶合板或竹胶合板）为面板，并用沉头螺钉或拉铆钉连接面板与横竖肋，面板与边框相接处的缝隙涂密封胶。

2）钢框胶合板模板之间用螺栓连接，同时配以专用的模板夹具，以加强模板间连接的紧密性。

3）采用双 10 号槽钢或双 ϕ48.3×3.6 钢管做水平背楞，以确保板面的平整度。

4）模板背面配置专用支撑架体和操作平台。

3 大模板的制作：

1）大模板应按照设计图和工艺文件加工制作。

2）大模板所使用的材料，应具有材质证明，并符合国家现行标准的有关规定。

3）大模板主体的加工可按下列基本工艺流程进行：

下料→零、构件加工→组拼、组焊→校正→过程检验→标识→最终检验→入库

4）大模板零、构件下料的尺寸应准确，料口应平整；面板、肋、背楞等部件组拼或组焊前应调平、调直。

5）吊环、操作平台架挂钩等构件宜采用热加工并利用工装成型。

6）大模板的焊接部位必须牢固、焊缝应均匀，焊缝尺寸应符合设计要求，焊渣应清除干净，不得有夹渣、气孔、咬肉、裂纹等缺陷。

7）全钢大模板防锈漆应涂刷均匀，标识明确，构件活动部位应涂油润滑。

8）木框胶合板模板及钢框胶合板模板当面板由多块板拼成时，拼接缝应设置在主、次肋上，板边应固定。支承面板的主肋宜与面板的顺纹方向或板长向垂直。主肋宜通长设置，次肋可分段固定或焊接于主肋或边肋上。面板与主、次肋连接固定点的间距不应大于 300 mm。面板的加工面应采用封边漆密封，对拉螺栓孔宜采用孔塞保护。

9）全钢整体式大模板的制作允许偏差与检验方法应符合表 6.2.2-1 的要求。

表 6.2.2-1　全钢整体式大模板制作允许偏差与检验方法

项　次	项　目	允许偏差/mm	检验方法
1	模板高度	±3	钢尺量检查
2	模板长度	−2	钢尺量检查
3	模板板面对角线差	≤3	钢尺量检查
4	板面平整度	2	2 m 靠尺及塞尺量检查
5	相邻面板拼缝高低差	≤0.5	平尺及塞尺量检查
6	相邻面板拼缝间隙	≤0.8	塞尺量检查

10）全钢拼装式大模板的组拼允许偏差与检验方法应符合表 6.2.2-2 的要求。

表 6.2.2-2　全钢拼装式大模板组拼允许偏差与检验方法

项　次	项　目	允许偏差/mm	检验方法
1	模板高度	±3	钢尺量检查
2	模板长度	−2	钢尺量检查
3	模板板面对角线差	≤3	钢尺量检查
4	板面平整度	2	2 m靠尺及塞尺量检查
5	相邻模板高低差	≤1	平尺及塞尺量检查
6	相邻模板拼缝间隙	≤1	塞尺量检查

11）木框胶合板模板及钢框胶合板模板制作允许偏差与检验方法应符合表 6.2.2-3 的要求。

表 6.2.2-3　木框胶合板模板及钢框胶合板模板制作允许偏差与检验方法

项　次	项　目	允许偏差/mm	检验方法
1	长度	0，−1.5	钢尺量检查
2	宽度	0，−1.0	钢尺量检查
3	对角线差	≤2	钢尺量检查
4	平整度	≤2	2 m靠尺及塞尺量检查
5	边肋平直度	≤2	2 m靠尺及塞尺量检查
6	相邻面板拼缝高低差	≤0.8	平尺及塞尺量检查
7	相邻面板拼缝间隙	<0.5	塞尺量检查
8	板面与边肋高低差	−1.5，−0.5	游标卡尺量检查
9	连接孔中心距	±0.5	游标卡尺量检查
10	孔中心与板面间距	±0.5	游标卡尺量检查
11	对拉螺栓孔间距	±1.0	钢尺量检查

4 操作平台可根据施工需要设置，与大模板的连接应安全可靠、装拆方便。

5 大模板上的对拉螺栓孔眼应左右对称设置，以满足通用性要求。

6 大模板背面应设置工具箱，满足对拉螺栓、连接件及工具的放置。

6.2.3 主要机械及工具准备

塔吊、激光经纬仪、水准仪、电焊机、电锯、电钻、电刨、压刨、手锯、专用扳手、盒尺、锤子、钢卷尺、直角尺、线坠、白线等。

6.2.4 作业条件

1 大模板安装前必须先抄平和定位放线，以保证工程结构各部分形状、尺寸和预留、预埋位置正确。

2 在墙、柱主筋上距地面 50～80 mm 设置模板定位基准，根据模板线按混凝土保护层厚度焊接水平支杆，防止模板水平位移。

3 浇筑混凝土前必须对大模板的安装进行专项检查，并做好检验记录。

4 办理好钢筋绑扎，预埋水电管线、预埋件等隐蔽检查记录。

5 浇筑混凝土时应设专人监控大模板的使用情况，发现问题及时处理。

6.3 模 板 设 计

6.3.1 大模板荷载及荷载效应组合

1 参与大模板荷载效应组合的各项荷载可按表 6.3.1-1 确定。

表 6.3.1-1　参与大模板荷载效应组合的各项荷载

荷载项目	计算承载能力	计算抗变形能力
① 倾倒混凝土时产生的荷载 ② 振捣混凝土时产生的荷载 ③ 新浇筑混凝土对模板的侧压力	① + ② + ③	③

2　大模板荷载标准值应按下列规定确定：

1）倾倒混凝土时产生的荷载标准值：

倾倒混凝土时对竖向结构模板产生的水平荷载标准值可按表 6.3.1-2 采用。

表 6.3.1-2　倾倒混凝土时产生的水平荷载标准值

向模板内供料方法	水平荷载/kN·m^{-2}
溜槽、串筒或导管	2
容积为 0.2 ~ 0.8 m^3 的运输器具	4
泵送混凝土	4
容积大于 0.8 m^3 的运输器具	6

注：作用范围在有效压头高度以内。

2）振捣混凝土时产生的荷载标准值：

振捣混凝土时对竖向结构模板产生的荷载标准值按 4 kN/m^2 计算，且作用范围在新浇筑混凝土侧压力的有效压头高度之内。

3）新浇筑混凝土对模板的侧压力标准值：

当采用内部振动器时，新浇筑混凝土作用于模板的最大侧压力，可按下列两式计算，并取较小值。

$$F = 0.22\gamma_c t_0 \beta_1 \beta_2 V^{\frac{1}{2}} \qquad (6.3.1\text{-}1)$$

$$F = \gamma_c H \qquad (6.3.1\text{-}2)$$

式中　F——新浇筑混凝土对模板的最大侧压力（kN/m²）；

　　　γ_c——混凝土的重力密度（kN/m³）；

　　　t_0——新浇筑混凝土的初凝时间（h），可按试验确定；当缺乏试验资料时，可采用 $t_0 = 200/(T+15)$ 计算（T 为混凝土的温度 °C）；

　　　V——混凝土的浇筑速度（m/h）；

　　　β_1——外加剂影响修正系数，不掺外加剂时取 1.0；掺具有缓凝作用的外加剂时取 1.2；

　　　β_2——混凝土坍落度影响修正系数，当坍落度小于等于 100 mm 时，取 1.10；不小于 100 mm 时，取 1.15；

　　　H——混凝土侧压力计算位置处至新浇筑混凝土顶面的总高度（m）；混凝土侧压力的计算分布图形如图 6.3.1 所示，图中 $h_y = F/\gamma_c$，h_y 为有效压头高度。

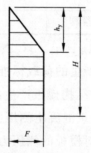

图 6.3.1　混凝土侧压力计算分布图形

3　大模板荷载分项系数：

计算大模板及其支架时的荷载设计值，应采用荷载标准值乘以相应的荷载分项系数。荷载分项系数可按表 6.3.1-3 取值。

表 6.3.1-3　大模板荷载分项系数

项　次	荷　载　类　别	荷　载　类　型	γ_i
1	倾倒混凝土时产生的荷载	可变荷载	1.4
2	振捣混凝土时产生的荷载		
3	新浇筑混凝土对模板的侧压力	永久荷载	1.2

6.3.2　大模板结构的设计计算

1　大模板结构的设计计算应根据其形式综合分析模板结构特点，选择合理的计算方法，并应在满足强度要求的前提下，计算其变形值。

2　当计算大模板的变形时，应以满足混凝土表面要求的平整度为依据。

3　设计时应根据建筑物的结构形式及混凝土施工工艺的实际情况计算其承载能力。当按承载能力极限状态计算时应考虑荷载效应的基本组合，参与大模板荷载效应组合的各项荷载应符合本规程第 6.3.1 条的规定。计算大模板的结构和构件的强度、稳定性及连接强度应采用荷载的设计值，计算正常使用极限状态下的变形时应采用荷载标准值。

4　大模板操作平台应根据其结构形式对其连接件、焊缝等进行计算。大模板操作平台应按能承受 1 kN/m² 的施工活荷载设计计算，平台宽度宜小于 900 mm，护栏高度不应低于 1 100 mm。

5　大模板立放时自稳角 α 应符合下列规定：

$$\alpha \geqslant \arcsin\left[\frac{-g + (g^2 + 4K^2\omega_d^2)^{1/2}}{2K\omega_d}\right] \qquad (6.3.2\text{-}1)$$

$$\omega_k = \mu_s\mu_z v_0^2/1\,600 \qquad (6.3.2\text{-}2)$$

式中 α ——模板面板与垂直面之间的夹角（°）；

g ——模板单位面积自重设计值（kN/m^2），由模板单位面积自重标准值乘以荷载分项系数 0.9 计算所得；

K ——抗倾覆稳定系数，取 1.2；

ω_d ——风荷载设计值（kN/m^2），由风荷载标准值 ω_k 乘以荷载分项系数 1.4 计算所得；

ω_k ——风荷载标准值（kN/m^2）；

μ_s ——风荷载体型系数，取 1.3；

μ_z ——风压高度变化系数，地面立放时取 1.0；

v_0 ——风速（m/s），按表 6.3.2 采用。

表 6.3.2　风力与风速换算

风力（级）	5	6	7	8	9	10	11	12
风速 $v_0/m \cdot s^{-1}$	8.0 ~ 10.7	10.8 ~ 13.8	13.9 ~ 17.1	17.2 ~ 20.7	20.8 ~ 24.4	24.5 ~ 28.4	28.5 ~ 32.6	32.7 ~ 36.9

当计算结果小于 10°时，应取 $\alpha \geqslant 10°$；当计算结果大于 20°时，应取 $\alpha \leqslant 20°$，且应采取辅助安全措施。

6 大模板吊环截面的计算应符合下列规定：

1）每个吊环按 2 个截面计算，吊环应力不应大于 50 N/mm^2，吊环净截面面积可按下列公式计算：

$$A_r \geqslant \frac{K_r F_{gk}}{2 \times 50} \qquad （6.3.2-3）$$

式中 A_r ——吊环净截面面积（mm^2）；

F_{gk} ——大模板吊装时每个吊环所承受模板自重标准值（N）；

K_r ——工作条件系数，取 2.6。

2）当吊环与模板采用螺栓连接时，应验算螺栓强度；当吊环与模板采用焊接时，应验算焊缝强度。

6.3.3 采用木框胶合板模板及钢框胶合板模板应用早拆模板技术支设楼板模板时，支撑的稳定性应按浇筑混凝土和模板早拆后两种状态分别计算。

1 浇筑楼板混凝土时，模板支撑的稳定性应按本规程第4.4.7 条第 2 款的规定计算。

2 应用早拆模板技术支设楼板模板时，早拆模板支撑间距的计算及常用的早拆模龄期的同条件养护混凝土试件立方体抗压强度应符合国家现行标准《钢框胶合板模板技术规程》JGJ 96 的有关规定。

6.4 施 工 工 艺

6.4.1 安装前的准备工作

1 模板进场后，应依据模板设计要求清点数量，核对型号，清理表面。

2 组拼式大模板在生产厂或现场预拼装时，用醒目字体对模板编号，安装时对号入座。

3 大模板应进行样板间试安装，经验证模板几何尺寸、接缝处理、零部件等准确无误后方可正式安装。

4 大模板安装前应放出模板内侧线及外侧控制线作为安装基准。

5 合模前必须将垃圾清理干净，必要时在模板底部留置清扫口。

6 合模前必须进行隐蔽工程验收。

7 模板与混凝土接触面应清理干净，模板就位前应涂刷隔离剂，刷好隔离剂的模板遇雨淋后必须补刷；使用的隔离剂不得影响结构工程及装修工程质量。

6.4.2 墙体大钢模板安装与拆除

1 安装工艺流程：

定位放线→安装模板的定位装置→安装门窗洞口模板→安装内墙模板及穿墙螺栓→安装墙体模板支座→安装外墙模板并紧固穿墙螺栓→模板垂直度校正

2 安装作业规定：

1）在下层墙体混凝土强度达到 7.5 N/mm^2 以上时，开始安装上层模板，利用下层外墙螺栓孔眼安装挂架，挂架之间的水平连接必须牢固、稳定；

2）在内墙模板的外端头安装活动堵头模板，可用木方或铁板根据墙厚制作，拼缝应严密，防止浇筑混凝土时漏浆；

3）先安装外墙内侧模板，按照楼板上的位置线将大模板就位找正，然后安装门窗洞口模板；

4）合模前应进行钢筋、水电管线、预埋件等隐蔽检查验收；

5）外墙外侧模板安装在挂架上，安装就位后，模板垂直度校正，紧固穿墙螺栓。施工过程中应保证模板上下连接处严密，牢固可靠，防止小错台和漏浆现象；

6）全钢大模板外墙安装示意见图 6.4.2-1，内墙安装示意见图 6.4.2-2。

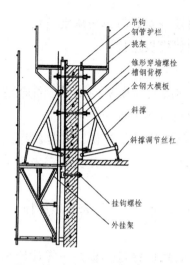

图 6.4.2-1　全钢大模板外墙
安装示意图

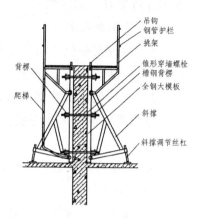

图 6.4.2-1　全钢大模板内墙
安装示意图

3 拆除作业规定：

1）大模板拆除时的混凝土强度应达到设计要求；当设计无具体要求时，应能保证混凝土表面及棱角不受损坏；

2）拆除有支撑架的大模板时，应先拆除穿墙螺栓及其他连接件，松动地脚螺栓，使模板后倾与墙体脱开；拆除无固定支撑架的大模板时，应对模板采取临时固定措施；

3）严禁操作人员站在模板上口采用晃动、撬动或用大锤砸模板的方法拆除模板；

4）起吊、移动模板时不得碰撞墙体。

6.4.3 墙体木框胶合板模板及钢框胶合板模板安装与拆除

1 安装工艺流程：

定位放线→安装门窗洞口模板→一侧模板吊装就位→安装斜

撑→安装穿墙螺栓→吊装另一侧模板→安装斜撑→调整模板平直→紧固穿墙螺栓→固定斜撑→与相邻模板连接

2 安装作业规定：

1）检查安装位置的定位基准线及墙模板的编号，符合模板设计图要求后，安装门窗洞口模板及预埋件等；

2）将一侧预拼装墙模板按位置线吊装就位，安装斜撑或使用其他工具式斜撑调整至模板与地面成 75°，使其稳定坐落于基准面上；

3）安装穿墙螺栓，使螺栓杆端向上，套管套于螺栓杆上，清扫墙模内的杂物；

4）安装另一侧模板，将穿墙螺栓穿过模板并在螺栓杆端戴上扣件和螺母，然后调整两块模板的位置和垂直度，同时调整斜撑角度，模板平直后，固定斜撑，紧固全部穿墙螺栓；

5）模板安装完毕后，全面检查扣件、螺栓、斜撑是否紧固稳定，模板拼缝及下口是否严密；

6）墙体木框胶合板大模板安装示意见图 6.4.3。

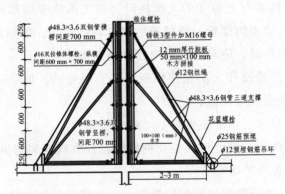

图 6.4.3 墙体木框胶合板大模板安装示意图

3 拆除作业规定：

1）单块就位组拼墙模先拆除墙两边的接缝窄条模板，再拆除背楞和穿墙螺栓，然后依次向墙中心方向逐块拆除；

2）整体预组拼墙模拆除时，先拆除穿墙螺栓，调节斜撑支腿丝杠，使地脚离开地面，再拆除组拼大模板端部接缝处的窄条模板，然后敲击大模板上部，使之脱离墙体，用撬棍撬动组拼大模板底边肋，使之全部脱离墙体，用塔吊将模板吊出。

6.4.4 柱子大钢模板安装与拆除

1 安装工艺流程：

定位放线→吊装柱模板→安装柱箍→安装斜撑→垂直度校正

2 安装作业规定：

1）柱子位置弹线应准确，柱子模板的下口用砂浆找平，保证模板下口的平直；

2）柱箍应有足够的刚度，防止混凝土浇筑过程中模板变形。柱箍间距根据柱模尺寸、侧压力大小确定；

3）斜撑安装应牢固，防止在混凝土浇筑过程中柱身整体发生变形；

4）柱角安装应牢固、严密，防止漏浆。

3 拆除作业规定：

先拆除斜撑，然后拆除柱箍，用撬棍拆离每面柱模，再用塔吊吊离。

6.4.5 柱子木框胶合板模板及钢框胶合板模板安装与拆除

1 组拼柱模安装工艺流程：

搭设安装支架→吊装组拼柱模→检查对角线、垂直度和位置线→安装柱箍→安装有梁口的柱模板→模板安装质量检查→柱模固定

2 组拼柱模安装作业规定：

1）将柱子的四面模板就位组拼好。钢框胶合板模板每面带一阴角模或连接角模，用 U 形卡正反交替连接；木框胶合板模板在阳角处采取一边平模包住另一边平模厚度的做法，连接处应严密，防止浇筑混凝土时漏浆；

2）用定型柱箍固定，楔块楔紧，钢框胶合板模板钢销应插牢；

3）对模板的轴线、垂直度、对角线、扭向等全面校正，安装定型斜撑并将拉杆固定在楼板预埋的钢筋环上；

4）检查柱模板的安装质量，最后进行群体柱子水平拉杆的固定。

3　整体预组拼柱模安装工艺流程：

吊装整体柱模并检查组拼后的质量→吊装就位→安装斜撑→全面质量检查→柱模固定

4　整体预组拼柱模安装作业规定：

1）吊装前，先检查整体预组拼的柱模板上下口的截面尺寸、对角线偏差、连接件、卡件、柱箍的数量及紧固程度；检查柱筋是否妨碍柱模套装，用铅丝将柱顶筋预先向内绑拢，以利柱模从顶部套入；

2）当整体柱模安装于基准面上时，用四根斜撑与柱顶四边连接，另一端锚于地面或楼面，校正其中心线、柱边线、柱模筒体扭向及垂直度后，固定斜撑；

3）当柱高超过 6 m 时，不宜采用单根支撑，宜采用多根支撑连成构架。

5　拆除作业规定：

1）分散拆除柱模时应自上而下、分层拆除。拆除第一层时，用木槌或带橡皮垫的锤向外侧轻击模板上口，使之松动。拆下一层模板时，应轻击模板边肋，不得用撬棍从柱角橇离。拆除的模板及配件用绳子绑扎放到地面；

2）分片拆除柱模时，应从上口向外侧轻击和轻撬连接角模，使之松动。拆除时应适当加设临时支撑，以防止整片柱模倾倒伤人。

6.4.6 楼板木框胶合板模板及钢框胶合板模板安装与拆除参照本规程第4.5.7条第5款和第4.6.6条的有关规定执行。

6.5 质 量 标 准

6.5.1 主控项目

1 大模板安装必须保证轴线和截面尺寸准确，不应出现影响结构性能和使用功能的尺寸偏差。

检查数量：全数检查。

检验方法：量测。

2 大模板安装应保证模板体系的整体稳定性，确保施工中模板不变形、不错位、不胀模。

检查数量：全数检查。

检验方法：观察。

6.5.2 一般项目

1 模板的拼缝应平整，堵缝措施整齐牢固，不漏浆。模板与混凝土的接触面应清理干净，隔离剂涂刷均匀。

检查数量：全数检查。

检验方法：观察。

2 大模板安装允许偏差及检验方法应符合表6.5.2的规定。

表 6.5.2　大模板安装允许偏差及检验方法

项　目		允许偏差/mm	检验方法
轴 线 位 置		4	尺量检查
截面内部尺寸		±2	尺量检查
层高垂直度	全高≤5 m	3	线坠及尺量检查
	全高>5 m	5	线坠及尺量检查
相邻模板板面高低差		2	平尺及塞尺量检查
表面平直度		<4	20 m 内上口拉直线尺量检查，下口按模板定位线为基准检查
表面平整度		≤3	2 m 靠尺及塞尺量检查
电梯井	井筒长、宽对定位中心线	+25，0	拉线和尺量检查
	井筒全高垂直度	$H/1\ 000$ 且≤30	吊线和尺量检查

6.6　成　品　保　护

6.6.1　大模板吊运就位时应平稳、准确，不得碰撞楼板及其他已施工完毕的部位，不得兜挂钢筋。用撬棍调整大模板时，应注意保护模板下面的砂浆找平层。

6.6.2　工作面已安装完毕的墙、柱模板，不得在吊运模板时碰撞，不得在预组拼模板就位前作为临时倚靠，防止已安装完毕的模板变形或产生垂直偏差。

6.6.3　拆除模板时应按程序进行，禁止用大锤敲击，防止混凝土墙面及门窗洞口等出现裂纹。

6.6.4 模板与墙面黏结时，禁止用塔吊吊拉模板，防止将墙面拉裂。

6.6.5 混凝土未达到规定的拆模强度时，不得旋松对拉螺栓或过早拆模。拆模后应及时对混凝土浇水养护。

6.6.6 现场使用后的大模板，应清理黏结在模板上的混凝土灰浆，对损坏的部位应及时进行维修。

6.6.7 大模板在运输车辆上的支点、伸出的长度及绑扎方法均应保证模板不发生变形，不损伤表面涂层。

6.6.8 大模板保存叠层平放时，在模板的底部及层间应加垫木，垫木应上下对齐，垫点应保证模板不产生弯曲变形，叠放高度不宜超过 2 m。

6.7 安全环保措施

6.7.1 吊装大模板时应设专人指挥，模板起吊应平稳，不得偏斜和大幅度摆动。操作人员必须站在安全可靠处，严禁人员随同大模板一同起吊。

6.7.2 吊装大模板必须采用带卡环吊钩。当风力超过 5 级时应停止吊装作业。

6.7.3 在起吊模板前，应拆除模板与混凝土结构之间所有对拉螺栓、连接件。

6.7.4 施工楼层上不得长时间存放模板，当模板临时在施工楼层存放时，必须有可靠的防倾倒措施，禁止沿外墙周边存放在外挂架上。

6.7.5 大模板的堆放应符合下列要求：

   1 大模板现场堆放区应在起重机的有效工作范围之内，堆放场地必须坚实平整，不得堆放在松土、冻土或凹凸不平的场地上。

2 大模板堆放时，有支撑架的大模板必须满足自稳角要求；对不能满足要求的，必须另外采取措施，确保模板放置的稳定。没有支撑架的大模板应存放在专用的插放支架上，不得倚靠在其他物体上，防止模板下脚滑移倾倒。

3 大模板在地面堆放时，应采取两块大模板板面对板面相对放置的方法，且应在模板中间留置不小于 600 mm 的操作间距；当长时期堆放时，应将模板连接成整体。

6.7.6 在模板拆装区域周围，应设置围栏，并挂明显的标志牌，禁止非作业人员入内。

6.7.7 应做好防止触电的保护措施，施工楼层上的配电箱必须设置漏电保护装置，防止漏电伤人。

6.7.8 安、拆和装、卸模板时应轻拿轻放，有条件的工程应设置隔音挡板，防止噪声扰民。

6.7.9 大模板板面清理出的碎渣、垃圾及时清运，保持现场清洁文明。

6.8 质 量 记 录

6.8.1 大模板工程施工质量验收时，应提供下列文件和记录：

1 大模板工程施工方案和技术交底文件；

2 大模板制作质量检查记录及安装验收记录；

3 大模板工程支模的重大问题及处理记录。

6.8.2 大模板工程施工质量验收时，应按《四川省工程建设统一用表》的规定提供有关质量验收记录。

7 清水混凝土模板

7.1 一般规定

7.1.1 适用范围

适用于建筑物、构筑物结构表面有清水混凝土装饰效果要求的现浇混凝土结构模板工程施工。

7.1.2 清水混凝土模板一般采用定型大模板。要求表面平整光洁、几何尺寸准确、拼缝严密。模板分块、面板分割和穿墙螺栓孔眼排列规律整齐。模板可选择多种材质制作。

7.1.3 模板设计应考虑拼装和拆除的方便性，支撑的牢固性和简便性，并应具有足够的强度、刚度及整体拼装后的平整度。

7.1.4 模板拼缝、对拉螺栓和施工缝的设置位置、形式和尺寸应经设计、监理认可。

7.1.5 根据结构和构件的形状，合理选用不同的模板材料，配制若干定型模板，以便施工周转使用。对圆形构件可选择钢模板，对 E 形、T 形等截面形式复杂的构件可采用优质涂塑覆膜板。

7.1.6 模板面板拼缝高差、宽度应小于等于 1 mm，模板间接缝高差、宽度应小于等于 2 mm。

7.1.7 模板内板缝用油膏批嵌，外侧用硅胶或发泡剂封闭，以防漏浆。模板脱模剂应采用吸水率适中的无色轻机油。

7.2 施工准备

7.2.1 技术准备

1 清水混凝土模板应根据工程类型、荷载大小及质量要求结合施工工艺进行专项设计。

2 清水混凝土模板制作、安装前必须绘制配板平面图及周转流水调配图，安装时对号入座。

3 在编制清水混凝土模板专项施工方案时，应对建筑物各部位的结构尺寸进行仔细核查，对明缝、蝉缝以及对拉螺栓孔眼的设置要求进行模板深化设计。

4 清水混凝土模板施工应按照工期要求、建筑物的工程量、平面尺寸、机械设备条件等组织均衡的流水作业。

5 清水混凝土工程的大模板设计应满足工程效果要求。

7.2.2 材料准备

1 模板选型：

根据工程设计和工程特点，流水段的划分和周转使用次数，清水混凝土外观质量要求，构造简单、支拆方便、经济合理的原则选型。可按表 7.2.2-1 进行模板选型。

表 7.2.2-1 清水混凝土模板选型表

清水混凝土表面分类	选择的模板类型
普通清水混凝土	木梁木胶合板模板、钢框胶合板大模板、轻型钢木模板、全钢大模板、木框胶合板模板
有装饰饰面清水混凝土	木梁木胶合板模板、钢框胶合板（面板不包边）大模板、不锈钢或 PVC 板贴面模板
无装饰饰面清水混凝土	50 mm 厚木板、全钢装饰模板、铸铝装饰模板、不锈钢贴面装饰模板

注：胶合板均为双面酚醛防水木胶合板。

2 模板构造：

清水混凝土模板构造可根据表 7.2.2-2 选用。

表 7.2.2-2　清水混凝土模板构造

序号	模 板 名 称	模 板 构 造
1	木梁胶合板模板	以木梁、铝梁或钢木肋作竖肋,胶合板采用螺钉连接
2	空腹钢框胶合板模板	以特制空腹型材为边框,冷弯管材、型材为主肋,胶合板面板采用抽芯铆钉连接。品种有面板不包边大模板、面板包边大模板和轻型钢木模板
3	实腹钢框胶合板模板	以特制实腹型材为边框,冷弯管材、型材为主肋,嵌入胶合板,采用抽芯铆钉连接
4	木框胶合板模板	以 50 mm×100 mm 木方为骨架,胶合板采用螺钉连接
5	木框胶合板装饰模板	在木框胶合板模板的面板上钉木、铝或塑料装饰图案或线条
6	50 mm 厚木板模板	以刨光 50 mm 厚木板为面板,型钢为骨架,螺钉从背面连接
7	全钢大模板	以型钢为骨架,5~6 mm 厚钢板为面板,焊接而成
8	全钢装饰模板	在全钢大模板的面板上焊接或螺栓连接装饰图案或线条
9	全钢铸铝模板	在全钢模板的面板上,螺栓固定铸铝图案
10	不锈钢贴面模板	采用镜面不锈钢板,用强力胶水贴于钢模板或木模板上

7.2.3 模板设计

1 模板高度方向以首层模板配置向上流水。外墙模板的水平蝉缝应按设计要求分布,内墙采用的大模板由现场根据外墙模板的尺寸及螺栓孔的位置进行配置。为了拆模方便,外墙内侧模板高度扣除梁高及上侧留模板厚度、下侧留 20 mm。

2 外墙模板的支设是利用下层已浇筑混凝土墙体的最上一排穿墙螺栓连接槽钢作为模板的支撑。支上层墙体模板时,利用固定于模板板面的装饰条接缝。支模时杜绝模板下边沿错台、漏浆。贴紧已浇筑混凝土墙体前将墙面清理干净。

3 为保证梁柱相交部位浇筑混凝土的质量、便于梁模板支设定位，梁模板的加强宜采用梁夹具。

4 外墙模板分块以轴线或窗口中线为对称中心线，内墙模板分块以墙中线为对称中心线，做到对称、均匀布置。

5 模板的高度应根据墙体浇筑高度确定，宜高出浇筑面50 mm。外墙模板上下接缝位置宜设于楼面建筑标高位置，当明缝设在楼面标高位置时，利用明缝作施工缝。明缝也可设在窗台标高、窗过梁底标高、框架梁底标高、窗间墙边线以及其他分格线位置。

6 以胶合板为面板的模板，应选择质地坚硬、表面平整光洁、色泽均匀、厚薄一致的优质胶合板。覆膜厚度应均匀、平整光洁、耐磨性高，覆膜质量应大于等于 120 g/m²。

7 钢模板应选择 5~6 mm 厚的原平板作面板，模板表面应平整光洁，无凹凸、伤痕、修补痕迹。

8 模板龙骨应顺直，规格一致，和面板紧贴，连接牢固，具有足够的刚度。

9 大模板构造设计应符合下列规定：

1）平面模板主肋为竖向铝、钢梁时，横向背楞应采用双槽钢，用对拉螺栓固定。

2）竖向铝、钢梁，模板面板，模板变形值，双槽钢，穿墙螺栓均应作受力分析，并附计算书。

3）墙模板的深化设计需根据模板周转使用部位和建筑设计要求绘制完整的加工图、现场安装图，图中每块墙模板均应编号。

10 面板分割原则：

1）面板宜竖向布置，也可横向布置，但不得双向布置。当整块胶合板排列后尺寸不足时，宜采用大于 600 mm 宽胶合板补充，设于中心位置或对称位置。当采用整张排列后出现较小余数时，应调整胶合板规格或分割尺寸。

2）以钢板为面板的模板，其面板分割缝宜竖向布置，一般不设横缝，当钢板需竖向接高时，其模板横缝应在同一高度。一块大模板上的面板分割缝应做到均匀对称。

3）在非标准层，当标准层模板高度不足时，应拼接同标准层模板等宽的接高模板，不得错缝排列。

4）建筑物的明缝和蝉缝必须水平交圈，竖缝垂直。

5）圆柱模板的两道竖缝应设于轴线位置，竖缝方向群柱一致。

6）方柱或矩形柱模板不设竖缝，当柱宽较大时，其竖缝宜设于柱宽中心位置。

7）柱模板横缝应从楼面标高至梁柱节点位置作均匀布置，余数宜放在柱顶。

8）阴角模与大模板面板之间形成的蝉缝，要求脱模后效果同其他蝉缝。

9）水平结构模板宜采用木胶合板作面板，应按均匀、对称、横平竖直的原则作排列设计；对于弧形平面，宜沿径向辐射布置。

11 对拉螺栓最小直径应满足墙体受力要求。对拉螺栓孔眼的排列应纵横向对称、间距均匀，距门窗洞口边不小于 150 mm。

12 模板表面不得弹放墨线、油漆等写字编号，避免污染混凝土表面。模板上除设计预留的穿墙螺栓孔眼外，不得随意打孔、开洞、刻划、敲钉。隔离剂应选用对混凝土表面质量和颜色不产生影响的优质隔离剂。

13 明缝条截面形式可根据工程具体情况确定，应能顺利拆除。宜采用梯形、方形、圆角方形。材质可选用硬木、尼龙、塑料、铝合金、不锈钢等，深度不宜大于 20 mm。

7.2.4 主要机械及工具准备

塔吊、激光经纬仪、水准仪、电锯、电钻、电刨、压刨、手锯、专用扳手、盒尺、锤子、钢卷尺、直角尺、线坠、白线等。

7.2.5 作业条件

1 清水混凝土模板分块、面板分割、模板细部设计以及对拉螺栓设计已经完成，模板在现场经过预拼装满足要求。

2 浇筑混凝土前必须对清水混凝土模板的安装进行专项检查，并做好检验记录。

3 做好钢筋绑扎，预埋水电管线、预埋件等隐蔽验收记录。

4 浇筑混凝土时应设专人监控清水混凝土模板的使用情况，发现问题及时处理。

7.3 模板加工制作

7.3.1 模板加工制作

1 面板后的受力竖肋铝、钢梁间距应按受力计算的间距布置。面板与铝、钢梁内嵌的木枋采用沉头木螺丝连接，木螺丝头沉入面板内 1 mm 左右，上用铁腻子补平。

2 模板背面的铝、钢梁与主肋（双槽钢）间的连接用专用的双向扣件，扣件用螺栓紧固。平模后的双槽钢连接应平直，不扭曲；圆弧墙体模板后的双槽钢连接前应制作成弧型墙体要求的弧度。

3 模板支撑系统及拼缝的平整度、平直度应符合要求。

4 钢龙骨在组装前应调直，木龙骨应有足够的刚度。模板龙骨尽量不用接头，如确需连接，接头部位必须相互错开，接头数量不应超过 50%。

5 木模板加工时，材料裁口应先弹线后切割，确保尺寸准确，角度到位。

6 为保证模板组装效果，使用前应对模板进行现场预拼装，对模板表面平整度、截面尺寸、阴阳角、相邻板面高低差以及对拉螺栓组合安装情况进行校核，并根据预拼装情况在模板背面编号，以便安装就位。

7 墙体大模板设计示意见图 7.3.1-1，全钢大模板设计示意见图 7.3.1-2。

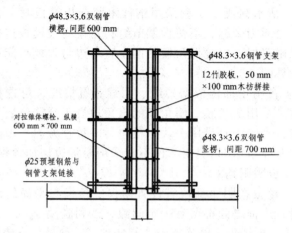

φ48.3×3.6双钢管横楞，间距 600 mm

φ48.3×3.6钢管支架

12竹胶板，50 mm ×100 mm木枋拼接

对拉锥体螺栓，纵横 600 mm × 700 mm

φ48.3×3.6双钢管竖楞，间距 700 mm

φ25预埋钢筋与钢管支架链接

图 7.3.1-1 墙体大模板设计示意图

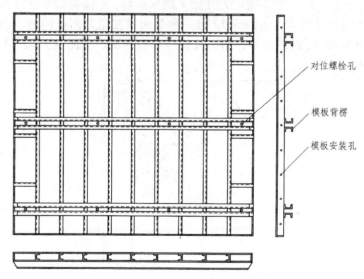

对位螺栓孔

模板背楞

模板安装孔

图 7.3.1-2 全钢大模板设计示意图

7.3.2 模板制作节点处理

1 大模板阴角处理：

1）清水混凝土工程采用钢框木胶合板模板时，在阴角模与大模板之间为蝉缝，不留设调节缝；角模与大模板连接的拉钩螺栓宜采用双根，以确保角模的两个直角边与大模板能连接紧密不错台，见图 7.3.2-1。

2）在阴角部位根据蝉缝、明缝布置情况，可选择两种做法：一种是采用阴角膜，阴角模的直角边设于蝉缝位置，使棱角整齐美观；另一种是采用一块平模包另一垂直方向平模的厚度，连接处加海绵条堵漏。阴角部位不宜采用模板边棱加角钢的做法。

2 模板阴阳角

1）模板在阴角部位宜设置角模。角模与平模的面板接缝处为蝉缝，边框之间可留有一定间隙，以利脱模。

2）角模棱角边的连接方式有两种：一种是角模棱角处面板平口连接，其中外露端刨光并涂上防水涂料，连接端刨平并涂防水胶黏结，见图 7.3.2-2（a）。另一种是角模棱角处面板的两个边端略小于 45°的斜口连接，斜口处涂防水胶黏结，见图 7.3.2-2（b）。

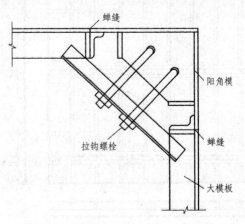

图 7.3.2-1 大模板阴角构造示意图

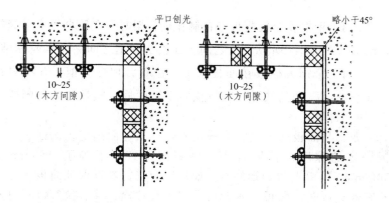

（a）角部平口连接　　　　　（b）角部斜口连接

图 7.3.2-2　阴角部位角模做法示意

3）当选用轻型钢木模时，阴角模宜设计为柔性角模。

4）胶合板模板在阴角部位可不设阴角模，采取棱角处面板的两个边端略小于 45°的斜口连接，斜口处涂防水胶黏结。

5）在阳角部位不设阳角模，采取一边平模包住另一边平模厚度的做法，连接处加海绵条防止漏浆。

3　模板拼缝处理：

1）胶合板面板竖缝设在竖肋位置，面板边口刨平后，先固定一块，在接缝处满涂透明胶，后一块紧贴前一块连接。

2）胶合板面板水平缝拼缝宽度小于等于 1.5 mm，拼缝位置一般无横肋（木框模板可加短木枋）。为防止面板拼缝位置漏浆，模板接缝处背面切 85°坡口，并注满胶，然后用密封条沿缝贴好，贴上胶带纸封严。模板拼缝做法见图7.3.2-3。

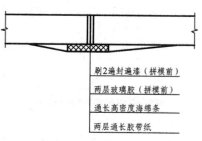

图 7.3.2-3　模板拼缝做法示意

3）钢框胶合板模板可在制作钢骨架时，在胶合板水平缝位置增加横向扁钢，面板边口之间及面板与扁钢之间涂防水胶黏结。

4）全钢大模板在面板水平缝位置，加焊扁钢，并在扁钢与面板的缝隙处刮铁腻子，待铁腻子干硬后，模板背面再刷漆。

4　钉眼处理：

龙骨与面板的连接，宜采用木螺钉从背面固定，保证进入面板一定的深度，控制冒头，螺钉间距宜小于等于 150 mm × 300 mm。圆弧形等异形模板，如从反面钉钉难以保证面板与龙骨的有效连接时，面板与龙骨可采用沉头螺栓、抽芯拉铆钉正钉连接，钉头下沉 1～2 mm，表面刮铁腻子，腻子刮平整后，在钉眼位置喷清漆，以免在混凝土表面留下明显痕迹。

龙骨与面板连接示意见图 7.3.2-4，面板钉板处理示意见图 7.3.2-5。

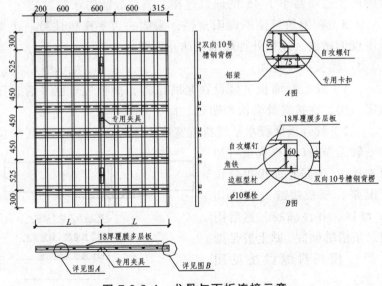

图 7.3.2-4　龙骨与面板连接示意

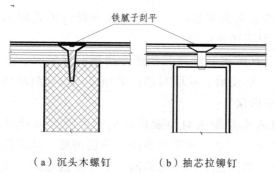

（a）沉头木螺钉　　　　（b）抽芯拉铆钉

图 7.3.2-5　面板钉板处理示意

7.3.3　对拉螺栓安装处理

对拉螺栓可采用直通型穿墙螺栓，也可采用锥接头和三节式螺栓。

1　设计图中规定蝉缝、明缝和孔眼位置的工程，模板设计和对拉螺栓孔位置均以工程图纸为准。木胶合板采用 900 mm × 1 800 mm 或 1 200 mm × 2 400 mm 规格，孔眼间距一般为 450 mm、600 mm、900 mm，边孔至板边间距一般为 150 mm、225 mm、300 mm，孔眼的密度比其他类型模板高。对于无孔眼位置要求的工程，其孔距按大模板设置，一般为 900 ~ 1 200 mm。

2　穿墙螺栓采用由 2 个锥形接头连接的三节式螺栓时，螺栓宜选用 T16 × 6 ~ T20 × 6 冷挤压螺栓，中间一节螺栓留在混凝土内，两端的锥形接头拆除后用水泥砂浆封堵，并用专用的封孔模具修饰，使修补的孔眼直径和孔眼深度一致。这种做法有利于外墙防水，但要求锥形接头之间尺寸控制准确，面板与锥截面紧贴，防止接头处因封堵不严密产生漏浆现象。

3　穿墙螺栓采用可周转的对拉螺栓时，在墙厚范围内采用 PVC 套管，两端为锥形堵头和胶黏海绵垫。拆模后，孔眼封堵砂浆前，应在孔中放入遇水膨胀防水胶条，砂浆用专用模具封堵修饰。

4 内墙采用大模板时，锥形螺栓所形成的孔眼采用砂浆封堵平整，不留凹槽作装饰。

5 当没有防水要求或其他防水措施有保障时，可采用直通型对拉螺栓，拆模后，孔眼封堵砂浆用专用模具封堵修饰。

7.3.4 假眼做法

为满足清水混凝土对拉螺栓孔的布置符合设计效果图的要求，对于部分墙、梁、柱节点等由于钢筋密集，或者由于相互两个方向的对拉螺栓位于同一标高同一对应位置处时，无法保证两个方向的对拉螺栓同时安装，需要设置假眼。假眼采用同直径的堵头、同直径的螺杆固定。

7.4 施 工 工 艺

7.4.1 工艺流程

模板预拼装→定位放线→安装模板的定位装置→安装门窗洞口模板→安装清水混凝土模板→调整模板、紧固对拉螺栓→验收→分层对称浇筑混凝土→拆模→模板清理

7.4.2 安装前的准备工作

1 准备工作包括：施工放线，钢筋绑扎，隐蔽验收，清理杂物，模板定位，PVC 套管（或锥头定位螺栓）设置，预埋管线、线盒安装，玻璃幕墙预埋件安装，墙模板配件安装，涂刷脱模剂，操作平台搭设等。

2 模板安装前，复核模板控制线，做好控制标高。

3 合模前，检查模板面板与龙骨的连接，保证龙骨间距符合设计要求；检查是否涂刷脱模剂、面板是否清洁，严禁带有污物的模板上墙。

4 钢筋工程隐蔽验收完毕，并做好隐蔽验收记录。

5 清水混凝土不能剔凿，各种预留预埋必须一次到位，在模板安装前对预埋件的数量、部位、固定情况进行仔细检查，确认无误后，方可合模安装。

7.4.3 模板运输、堆放、吊装及就位

1 模板运输：

模板装车运输时最下层模板背楞朝下，模板面对面或背对背叠放，叠放不应超过6层，面板之间垫棉毡保护。模板进场卸车时应水平将模板吊离车辆，并在吊绳通过模板的接触部位加设垫木或角钢护角，避免吊绳损伤面板。两块同时吊装，吊点位置应作用于背楞位置，确保4个吊点均匀受力。

2 模板堆放：

模板吊离车辆后，背楞向下平放在平整坚实的地面上，下面垫方木，面对面或背对背地堆放，严禁将面板朝下接触地面，模板面板之间垫棉毡保护面板。模板侧向堆放时应存放在专用的钢管架上，与钢管接触的部位必须垫棉毡或海绵。

3 模板吊装：

模板吊装时应在设计的吊钩位置挂钢丝绳，严禁单点起吊，吊点连接应稳固，严禁钩在铝梁或背楞上。吊装时应避免模板旋转或撞击脚手架、钢筋等物体。

4 模板就位：

入模下放时应有专人用绳子牵引保证模板顺利就位，模板下口应避免与混凝土墙体发生碰撞摩擦，防止"墙体飞边"。模板就位调整时，受力部位不应直接作用于面板，需要支顶或撬动时，应使铝梁、背楞位置受力，并且加方木垫块。

7.4.4 模板安装

1 根据预拼装模板编号进行模板安装，保证明缝、蝉缝的垂直交圈，吊装时，应注意对钢筋及塑料卡环的保护。

2 套穿墙螺栓时，必须调整好模板位置轻轻入位，保证每个孔位都加塑料垫圈，避免螺栓损伤穿墙孔眼。紧固对拉螺栓时，保证面板对齐，用力均匀，避免模板产生不均匀变形，严禁在面板校正前紧固。

3 墙模安装：

1）按墙模放线位置和模板编号，将模板吊装就位；

2）将模板吊至合适位置，通过定位 PVC 套筒套上穿墙螺杆或通过定位螺栓的锥接头套上可周转段螺栓，初步固定；

3）调整模板的垂直度及拼缝，销紧模板夹具，紧固穿墙螺栓。

4 柱模安装：

1）安装柱模相应配件，搭设操作架；

2）设置柱模定位 PVC 套筒（或锥接头定位螺栓），检查预埋线管、线盒、玻璃幕墙等预埋件；

3）复核模板控制线及砂浆找平层，涂刷脱模剂，模板吊装就位，校正模板垂直度及标高，紧固对拉螺栓，固定模板。

5 模板水平之间连接：

1）木梁胶合板模板之间可采用加连接角钢的做法，相互之间加海绵条，用螺栓连接；也可采用面板边口刨光，木梁缩进 5～10 mm，背楞加芯带、钢楔紧固的做法。

2）以木枋作边框的胶合板模板，采用企口方式连接，一块模板的边口缩进 25 mm，另一块模板边口伸出 35～45 mm，连接后两木枋之间留有 10～20 mm 拆模间隙，模板背面以双 ϕ 48.3×3.6 钢管作背楞。

3）铝梁胶合板模板及钢木胶合板模板，设专用空腹边框型材，同空腹钢框胶合板模板一样采用专用卡具连接。

4）实腹钢框胶合板模板和全钢大模板，均采用螺栓进行模板之间的连接。

6 模板上下之间连接：

1）混凝土施工缝宜留设在建筑装饰的明缝位置。清水混凝土模板接缝深化设计时，应将明缝装饰条同模板接缝结合在一起。当模板上口的装饰线形成 N 层墙体上口的凹槽，即作为 $N+1$ 层模板下口装饰线的卡座，为防止漏浆，在结合处贴密封条和海绵条。

2）木胶合板面板上的装饰条宜选用铝合金、塑料或硬木等制作，宽 20～30 mm，厚 20 mm 左右，并做成梯形，以利脱模。

3）钢模板面板上的装饰线条用钢板制作，可用螺栓连接也可塞焊连接，宽 30～60 mm，厚 5～10 mm，内边口刨成 45°。

7 明缝与楼层施工缝：

明缝处主要控制线条的顺直和明缝处下部与上部墙体错台问题，利用施工缝作为明缝时，明缝条采用二次安装的方法施工。楼层施工缝下部混凝土浇筑时，浇至楼板面标高上 60 mm，将墙内混凝土面向下剔凿 10 mm，露出石子，在明缝条往下加木枋，用槽钢将木枋与上段模板压紧，明缝与施工缝节点做法见图 7.4.4。

8 木制大模板穿墙螺栓安装处理：

1）穿墙螺栓锥形接头的锥体与模板面接触面积较大，中间加海绵垫圈可保证不漏浆。五节锥体、丝杆均为定尺带限位机构，拧紧即可保证墙体厚度。

2）锥形接头对拉螺栓刚度较大，胶合板板面刚度较小，在锥形螺栓部位易产生变形，应在锥形对拉螺栓两侧加设竖龙骨，其他竖龙骨间距进行微调，控制龙骨间距不超过设计要求，从而保证板面平整。

3）为保证门窗洞口模板与墙模接触紧密，又不破坏对拉螺栓孔眼的排布，在门窗洞口四周加密墙体对拉螺栓，从而保证门窗洞口处不漏浆。

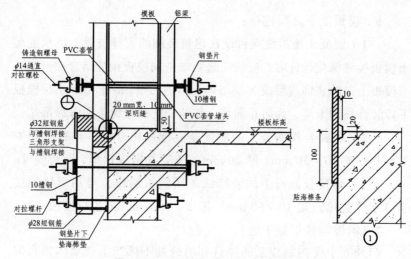

图 7.4.4 明缝与施工缝节点做法

7.4.5 装饰片设计与施工

1 装饰片设计：

金属片的大小应与明缝、蝉缝的分块相协调，装饰片不宜太厚，以免严重削弱保护层厚度。装饰片镶嵌先在清水混凝土表面预留安装槽，再安装。

2 安装槽预留：

安装槽的深度及尺寸必须与金属片相符合，根据设计位置先在模板上放样，再弹上可以清除的线。预埋安装槽用 3 mm 的木板加工制作，木板侧边必须平整，不得有毛边，边缘采用透明胶带封严密，木板用射钉与模板固定。

3 装饰片安装：

结构完工后，在预留三角槽内安装装饰片，装饰片与混凝土接触处用环氧树脂粘贴，并在装饰片的三个角用铆钉固定，钉眼及三角片的边部用环氧树脂封严。环氧树脂施工时，用透明胶带把装饰片周边的混凝土面贴严，防止污染混凝土表面。

7.4.6 模板拆除

1 模板拆除应严格按照施工方案的拆除顺序进行，操作人员不得站在墙顶晃动模板、严禁用撬杠撬动模板，用大锤敲击模板。模板拆除后应加强对清水混凝土成品和对拉螺栓孔眼的保护。

2 在起吊模板前，应拆除模板与混凝土结构之间所有对拉螺栓、连接件。

3 墙模拆除：

同条件养护试件强度达到 3 N/mm² 时，开始拆除模板。首先拆除穿墙螺栓，用锤头敲打模板夹具的销子，松开模板夹具的夹爪，然后松开墙体模板的钢管支撑，使模板与墙体分离。如模板与墙体黏结较牢时，用撬棍轻轻撬动模板使之与墙体分离，将脱离混凝土面层的模板吊至地面，清灰、涂刷脱模剂，以备周转使用。

4 柱模拆除：

当混凝土强度达到其表面及棱角不因拆除模板而受损坏时，开始拆除模板。先将柱模的夹具和对拉螺栓松开，调节柱模支架的侧向钢管顶撑，使柱模与混凝土面脱离，再将柱模板吊至地面，清灰、涂刷脱模剂，以备周转使用。

7.5 质量标准

7.5.1 主控项目

1 清水混凝土模板安装必须保证轴线和截面尺寸准确，垂直度和平整度符合要求，板面平顺清洁，粗糙度满足要求。

检查数量：全数检查。

检验方法：量测。

2 清水混凝土模板安装应确保在施工中不变形、不错位、不胀模。

检查数量：全数检查。

检验方法：观察。

7.5.2 一般项目

1 模板的拼缝应严密平整，堵缝措施整齐牢固，不得漏浆。模板与混凝土的接触面应清理干净，隔离剂涂刷均匀。

检查数量：全数检查。

检验方法：观察。

2 清水混凝土模板制作质量及进场检查应符合表 7.8.2-1 专项控制检查及验收的要求，安装质量及允许偏差应符合表 7.8.2-2 专项控制检查及验收的要求。

7.6 成 品 保 护

7.6.1 模板面板不得污染、磕碰；胶合板面板切口处必须涂刷两遍封边漆，避免因吸水翘曲变形；螺栓孔眼必须有保护垫圈。

7.6.2 成品模板存放在专用的钢管架上时，模板应采用面对面的插板式存放，存放时上面覆盖塑料布，存放区做好排水措施，注意防火防潮。

7.6.3 模板安装前必须涂刷脱模剂，入模时，先用毛毯隔离钢筋和模板，避免钢筋刮碰面板。

7.6.4 模板拆除后及时清理，木模板面板破损处用铁腻子修复，并在修复腻子上刮两遍清漆，以免在混凝土表面留下痕迹；钢模板用棉丝沾养护剂均匀涂擦表面，以便周转。穿墙螺栓、螺母等相关零件及时清理、保养。

7.7 安全环保措施

7.7.1 严格按支模工序进行，立模未连接固定前，应设临时支撑以防模板倾倒。

7.7.2 严禁站在模板上操作或在梁模上行走。

7.7.3 拆模应按顺序分段进行，严禁猛撬、猛砸或大面积撬落和拉倒，以免伤人。

7.7.4 模板板面清理出的碎渣、垃圾及时清运,保持现场清洁文明。

7.8 质 量 记 录

7.8.1 清水混凝土模板工程施工质量验收时，应提供下列文件和记录：

    1 清水混凝土模板工程专项施工方案和技术交底文件；

    2 清水混凝土模板工程质量检查记录及验收记录；

    3 清水混凝土模板工程支模的重大问题及处理记录。

7.8.2 清水混凝土模板工程施工过程专项控制验收应按表7.8.2-1、表 7.8.2-2 作记录。

表 7.8.2-1 清水混凝土模板进场检查记录

使用部位			施工时间	
施工班组			模板数量规格	
项次	检查内容	要 求	检查情况及处理结果	检查人
1	模板出厂合格证、自检记录	齐全，主要性能参数符合要求		
2	模板面板	无污染、无破损、表面清洁		
3	模板拼缝外观	打胶饱满，胶条齐全，拼缝严密，符合方案要求		

项次	检查内容	要 求	检查情况及处理结果	检 查 人
4	模板拼缝交圈情况	≤5 mm／10 m		
5	模板拼装编号	符合施工方案及排板设计要求		
6	模板配件	齐 全		
7	模板焊接及扣件连接	符合施工方案要求		
8	模板侧边及对拉螺栓孔眼处理	符合施工方案要求		
9	龙骨间距	≤300 mm		
10	面板平整度	2 mm		
11	面板对角线	3 mm		
12	单排钉眼间距	≤150 mm		
13	对拉螺栓孔眼中心线偏移	2 mm		
14	堵头端头尺寸偏差	1 mm		
15	堵头端头平整度	0.5 mm		
16	明缝条截面尺寸偏差	1 mm		
17	相邻板面高低差	0.5 mm		
18	板面之间缝隙宽度	0.8 mm（尺量）		

表 7.8.2-2　清水混凝土模板安装检查及验收记录

项次	检查内容		要求	检查情况及处理结果	检查人
1	基层及杂物		清理干净		
2	模板编号及控制线		符合施工方案要求		
3	明缝条安装情况		位置正确、咬合紧密		
4	模板拼缝偏差		≤2 mm		
5	明缝及模板拼缝防漏浆措施		海绵条粘贴严密		
6	模板之间拼缝交圈情况		≤5 mm／10 m		
7	模板就位后保护层厚度检查		符合规范要求		
8	堵头是否贴海绵垫		符合施工方案要求		
9	脱模剂涂刷情况		符合施工方案要求		
10	轴线位移：墙、柱、梁		3 mm		
11	截面尺寸：墙、柱、梁		±3 mm		
12	标高		±3 mm		
13	模板垂直度	不大于 5 m	3 mm		
		大于 5 m	5 mm		
14	面板几何尺寸		±2 mm		
15	阴阳角方正		2 mm		
16	阴阳角顺直		2 mm		
17	预留洞口中心线偏移		5 mm		

项次	检查内容	要求	检查情况及处理结果	检查人
18	预留孔洞尺寸	+ 4 mm		
19	门窗洞口中心线位移	5 mm		
20	门窗洞口宽、高	± 4 mm		
21	门窗洞口对角线	6 mm		
22	预埋件、管、螺栓中心线位移	2 mm		

8 扣件式钢管脚手架

8.1 一般规定

8.1.1 适用范围

适用于多层和高层工业与民用建筑施工用扣件式钢管脚手架的设计与施工。

8.1.2 材料要求

1 脚手架钢管应采用现行国家标准《直缝电焊钢管》GB/T 13793 或《低压流体输送用焊接钢管》GB/T 3091 中规定的 Q235 普通钢管，其质量应符合现行国家标准《碳素结构钢》GB/T 700 中 Q235 级钢的规定。

2 脚手架钢管宜采用 $\phi 48.3 \times 3.6$ 钢管。每根钢管的最大质量不应大于 25.8 kg。

3 钢管上严禁打孔。

4 扣件的质量和性能应符合现行国家标准《钢管脚手架扣件》GB 15831 的规定，在螺栓拧紧扭力矩达到 65 N·m 时，扣件不得发生破坏。

5 脚手板可采用钢、木、竹材料制作，单块质量不宜大于 30 kg，其材质应符合国家现行相应标准的规定。

6 木脚手板材质应符合现行国家标准《木结构设计规范》GB 50005 中 Ⅱ_a 级材质的规定。脚手板厚度不应小于 50 mm，宽度不宜小于 200 mm，脚手板两端 80 mm 处宜各用直径不小于 4 mm 的镀锌钢丝箍两道。

7 竹脚手板宜采用由毛竹或楠竹制作的竹串片板、竹笆板，竹串片脚手板应符合国家现行标准《建筑施工木脚手架安全技术规范》JGJ 164 的相关规定。

8 脚手架所用的安全防护立网应采用密目安全网，密目安全网 100 cm × 100 cm 满足 2000 目，做耐贯穿试验不穿透，6 m × 1.8 m 的单张网重应在 3 kg 以上。

9 悬挑脚手架用型钢的材质应符合现行国家标准《碳素结构钢》GB/T 700 或《低合金高强度结构钢》GB/T 1591 的规定。

10 用于固定型钢悬挑梁的U形钢筋拉环或锚固螺栓材质应符合现行国家标准《钢筋混凝土用钢 第 1 部分：热轧光圆钢筋》GB 1499.1 中 HPB300 级钢筋的规定。

8.1.3 搭设高度 24 m 及以上的落地式钢管脚手架工程、自制卸料平台工程应按本规程第 3.2.3 条的规定编制专项施工方案，在专项施工方案中应明确安全施工操作要点和规定。

搭设高度 50 m 及以上的落地式钢管脚手架工程、型钢悬挑式脚手架工程应按本规程第 3.2.4 条的规定编制专项施工方案，施工单位应组织专家组进行专项论证审查。

8.2 脚手架的荷载计算

8.2.1 荷载分类

1 永久荷载（单排架、双排架）：

1）脚手架结构自重：包括立杆、纵向水平杆、横向水平杆、剪刀撑、扣件等的自重；

2）构、配件自重：包括脚手板、栏杆、挡脚板、安全网等防护设施的自重。

2 可变荷载（单排架、双排架）：

1）施工荷载：包括作业层上的人员、器具和材料等的自重；

2）风荷载。

8.2.2 荷载标准值

1 永久荷载标准值应符合下列规定：

1）ϕ48.3×3.6 单、双排脚手架立杆承受的每米结构自重标准值可按表 8.2.2-1 采用。

表 8.2.2-1 　ϕ48.3×3.6 单、双排脚手架立杆承受的每米结构
自重标准值 g_k（kN/m）

| 步距/m | 脚手架类型 | 纵距/m | | | | |
		1.2	1.5	1.8	2.0	2.1
1.2	单排	0.164 2	0.179 3	0.194 5	0.204 6	0.209 7
	双排	0.153 8	0.166 7	0.179 6	0.188 2	0.192 5
1.35	单排	0.153 0	0.167 0	0.180 9	0.190 3	0.194 9
	双排	0.142 6	0.154 4	0.166 0	0.173 9	0.177 8
1.50	单排	0.144 0	0.157 0	0.170 1	0.178 8	0.183 1
	双排	0.133 6	0.144 4	0.155 2	0.162 4	0.166 0
1.80	单排	0.130 5	0.142 2	0.153 8	0.161 5	0.165 4
	双排	0.120 2	0.129 5	0.138 9	0.145 1	0.148 2
2.00	单排	0.123 8	0.134 7	0.145 6	0.152 9	0.156 5
	双排	0.113 4	0.122 1	0.130 7	0.136 5	0.139 4

注：表内中间值可按线性插入计算。

2）木脚手板、竹串片脚手板、冲压钢脚手板、竹笆脚手板、栏杆与挡脚板自重标准值宜按表 8.2.2-2 采用。

表 8.2.2-2　木脚手板、竹串片脚手板、冲压钢脚手板、栏杆与挡脚板自重标准值

类　别	自重标准值/（kN/m²）	类　别	自重标准值/（kN/m²）
木脚手板	0.35	栏杆、木脚手板挡板	0.17
竹串片脚手板	0.35	栏杆、竹串片脚手板挡板	0.17
冲压钢脚手板	0.30	栏杆、冲压钢脚手板挡板	0.16
竹笆脚手板	0.10		

　　3）脚手架上吊挂的安全网及密封防护设施的自重标准值应按实际情况采用，密目式安全立网自重标准值不应低于 0.01 kN/m²。

　　2 可变荷载标准值应符合下列规定：

　　1）单、双排脚手架作业层上的施工荷载标准值应根据实际情况确定，且不应低于表 8.2.2-3 的规定。当在双排脚手架上同时有 2 个及以上操作层作业时，在同一个跨距内各操作层的施工均布荷载标准值总和不得超过 5.0 kN/m²。

表 8.2.2-3　施工均布荷载标准值

类　别	标准值/（kN/m²）
混凝土、砌筑结构脚手架	3.0
装修脚手架	2.0

注：斜道上的施工均布荷载标准值不应低于 2.0 kN/m²。

　　2）常用构配件与材料、人员的自重，可按表 8.2.2-4 取用。

表 8.2.2-4　常用构配件与材料、人员的自重

名　　　称	单　位	自　重	备　　注
扣件：直角扣件 旋转扣件 对接扣件	N/个	13.2 14.6 18.4	—
人	N	800~850	—
灰浆车、砖车	kN/辆	2.04~2.50	—
普通砖 240 mm×115 mm×53 mm	kN/m³	18~19	684 块/m³、湿
瓷面砖 150 mm×150 mm×8 mm	kN/m³	17.8	5556 块/m³
陶瓷马赛克 δ =5 mm	kN/m³	0.12	—
石灰砂浆、混合砂浆	kN/m³	17	—
水泥砂浆	kN/m³	20	—
素混凝土	kN/m³	22~24	—
加气混凝土	kN/块	5.5~7.5	—
泡沫混凝土	kN/m³	4~6	—

　　3）作用于脚手架上的水平风荷载标准值，应按下式计算：

$$\omega_k = \mu_z \cdot \mu_s \cdot \omega_o \qquad （8.2.2）$$

式中　ω_k——风荷载标准值（kN/m²）；

　　　μ_z——风压高度变化系数，应按现行国家标准《建筑结构荷载规范》GB 50009 规定采用；

　　　μ_s——脚手架风荷载体型系数，应按表 8.2.2-5 的规定采用；

　　　ω_o——基本风压值（kN/m²），应按现行国家标准《建筑结构荷载规范》GB 50009 的规定采用，取重现期 R =10 对应的风压值。

表 8.2.2-5　脚手架风荷载体型系数 μ_s

背靠建筑物的状况		全封闭墙	敞开、框架和开洞墙
脚手架状况	全封闭、半封闭	1.0φ	1.3φ
	敞　开	μ_{stw}	

注：1　μ_{stw} 值可将脚手架视为桁架，按现行国家标准《建筑结构荷载规范》GB 50009 的规定计算。

　　2　φ 为挡风系数，$\varphi = 1.2A_n / A_w$，其中：A_n 为挡风面积；A_w 为迎风面积。敞开式脚手架的 φ 值可按国家现行标准《建筑施工扣件式钢管脚手架安全技术规范》JGJ 130 的规定采用。

　　3　密目式安全立网全封闭脚手架挡风系数 φ 不宜小于 0.8。

8.2.3　荷载效应组合

设计脚手架的承重构件时，应根据使用过程中可能出现的荷载取其最不利组合进行计算，荷载效应组合宜按表 8.2.3 采用。

表 8.2.3　荷 载 效 应 组 合

计　算　项　目	荷载效应组合
纵向、横向水平杆承载力与变形	永久荷载 + 施工荷载
脚手架立杆地基承载力 型钢悬挑梁的承载力、稳定与变形	① 永久荷载 + 施工荷载
	② 永久荷载 + 0.9（施工荷载 + 风荷载）
立杆稳定	① 永久荷载 + 施工荷载（不含风荷载）
	② 永久荷载 + 0.9（施工荷载 + 风荷载）
连墙件承载力与稳定	单排架：风荷载 + 2.0 kN 双排架：风荷载 + 3.0 kN

8.3 脚手架的设计计算

8.3.1 常用单、双排脚手架设计尺寸

1 常用密目式安全立网全封闭单、双排脚手架结构的设计尺寸，可按表 8.3.1-1、表 8.3.1-2 采用。

表 8.3.1-1 常用密目式安全立网全封闭双排脚手架的设计尺寸（m）

连墙件设置	立杆横距 l_b	步距 h	下列荷载时的立杆纵距 l_a				脚手架允许搭设高度 $[H]$
			$2+0.35$ /（kN/m²）	$2+2+2\times0.35$ /（kN/m²）	$3+0.35$ /（kN/m²）	$3+2+2\times0.35$ /（kN/m²）	
二步三跨	1.05	1.50	2.0	1.5	1.5	1.5	50
		1.80	1.8	1.5	1.5	1.5	32
	1.30	1.50	1.8	1.5	1.5	1.5	50
		1.80	1.8	1.2	1.5	1.2	30
	1.55	1.50	1.8	1.5	1.5	1.5	38
		1.80	1.8	1.2	1.5	1.2	22
三步三跨	1.05	1.50	2.0	1.5	1.5	1.5	43
		1.80	1.8	1.2	1.5	1.2	24
	1.30	1.50	1.8	1.5	1.5	1.2	30
		1.80	1.8	1.2	1.5	1.2	17

注：1 表中所示 $2+2+2\times0.35$（kN/m²），包括下列荷载：$2+2$（kN/m²）为二层装修作业层施工荷载标准值；2×0.35（kN/m²）为二层作业层脚手板自重荷载标准值。

2 作业层横向水平杆间距，应按不大于 $l_a/2$ 设置。

3 地面粗糙度为 B 类，基本风压 $\omega_0 = 0.4$ kN/m²。

表 8.3.1-2　常用密目式安全立网全封闭单排脚手架的设计尺寸（m）

连墙件设置	立杆横距 l_b	步距 h	下列荷载时的立杆纵距 l_a		脚手架允许搭设高度[H]
			$2+0.35$ / （kN/m²）	$3+0.35$ / （kN/m²）	
二步三跨	1.20	1.50	2.0	1.8	24
		1.80	1.5	1.2	24
	1.40	1.50	1.8	1.5	24
		1.80	1.5	1.2	24
三步三跨	1.20	1.50	2.0	1.8	24
		1.80	1.2	1.2	24
	1.40	1.50	1.8	1.5	24
		1.80	1.2	1.2	24

注：同表 8.3.1-1。

2　单排脚手架搭设高度不应超过 24 m；双排脚手架搭设高度不宜超过 50 m，高度超过 50 m 的双排脚手架，应采用分段搭设等措施。

8.3.2　设计计算基本规定

1　脚手架的承载能力应按概率极限状态设计法的要求，采用分项系数设计表达式进行设计。可只进行下列设计计算：

1）纵向、横向水平杆等受弯构件的强度和连接扣件的抗滑承载力计算；

2）立杆的稳定性计算；

3）连墙件的强度、稳定性和连接强度的计算；

4）立杆地基承载力计算。

2 计算构件的强度、稳定性与连接强度时，应采用荷载效应基本组合的设计值。永久荷载分项系数应取 1.2，可变荷载分项系数应取 1.4。

3 脚手架中的受弯构件，尚应根据正常使用极限状态的要求验算变形。验算构件变形时，应采用荷载效应的标准组合的设计值，各类荷载分项系数均应取 1.0。

4 当纵向或横向水平杆的轴线对立杆轴线的偏心距不大于 55 mm 时，立杆稳定性计算中可不考虑此偏心距的影响。

5 当采用本规程第 8.3.1 条规定的构造尺寸，其相应杆件可不再进行设计计算。但连墙杆、立杆地基承载力等仍应根据实际荷载进行设计计算。

6 钢材的强度设计值与弹性模量应按表 8.3.2-1 采用。

表 8.3.2-1　钢材的强度设计值与弹性模量（N/mm²）

Q235 钢抗拉、抗压和抗弯强度设计值 f	205
弹性模量 E	2.06×10^5

7 扣件、底座、可调托撑的承载力设计值应按表 8.3.2-2 采用。

表 8.3.2-2　扣件、底座、可调托撑的承载力设计值（kN）

项　目	承载力设计值
对接扣件（抗滑）	3.20
直角扣件、旋转扣件（抗滑）	8.00
底座（受压）、可调托撑（受压）	40.00

8 受弯构件的挠度不应超过表 8.3.2-3 中规定的容许值。

表 8.3.2-3　受弯构件的容许挠度

构 件 类 别	容 许 挠 度[υ]
脚手板、脚手架纵向、横向水平杆	l/150 与 10 mm
脚手架悬挑受弯构件	l/400
型钢悬挑脚手架悬挑钢梁	l/250

注：l 为受弯构件的跨度，对悬挑杆件为其悬伸长度的 2 倍。

9　受压、受拉构件的长细比不应超过表 8.3.2-4 中规定的容许值。

表 8.3.2-4　受压、受拉构件的容许长细比

构 件 类 别		容许长细比[λ]
立　杆	双 排 架	210
	单 排 架	230
横向斜撑、剪刀撑中的压杆		250
拉　杆		250

8.3.3　纵向水平杆、横向水平杆的计算

1　纵向、横向水平杆的抗弯强度应按下式计算：

$$\sigma = \frac{M}{W} \leqslant f \qquad (8.3.3-1)$$

式中　σ——弯曲正应力；

　　　M——弯矩设计值（N·mm），按式 $M = 1.2M_{Gk} + 1.4\sum M_{Qk}$ 计算，M_{Gk} 为脚手板自重产生的弯矩标准值（N·mm）；M_{Qk} 为施工荷载产生的弯矩标准值（N·mm）；

　　　W——钢管截面摸量，$\phi 48.3 \times 3.6$ 钢管，$W = 5.26$ cm³；

f——钢材的抗弯强度设计值，f =205 N/mm^2。

2 纵向、横向水平杆的挠度应符合下式规定：

$$\upsilon \leqslant [\upsilon] \qquad (8.3.3\text{-}2)$$

式中 υ——挠度；

[υ]——容许挠度，应按本规程表 8.3.2-3 采用。

3 计算纵向、横向水平杆的内力与挠度时，纵向水平杆宜按三跨连续梁计算，计算跨度取立杆纵距 l_a；横向水平杆宜按简支梁计算，计算跨度 l_o 可按图 8.3.3 采用。

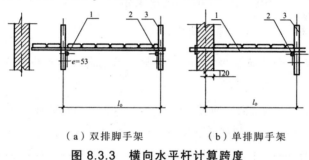

（a）双排脚手架　　（b）单排脚手架

图 8.3.3　横向水平杆计算跨度

1—横向水平杆；2—纵向水平杆，3—立杆

4 纵向或横向水平杆与立杆连接时，其扣件的抗滑承载力应符合下式规定：

$$R \leqslant R_c \qquad (8.3.3\text{-}3)$$

式中 R——纵向或横向水平杆传给立杆的竖向作用力设计值；

R_c——扣件抗滑承载力设计值，应按本规程表 8.3.2-2 采用。

8.3.4 立杆的计算

1 立杆的稳定性应符合下列公式要求：

不组合风荷载时：$\dfrac{N}{\varphi A} \leqslant f$ （8.3.4-1）

组合风荷载时：$\dfrac{N}{\varphi A} + \dfrac{M_{\mathrm{w}}}{W} \leqslant f$ （8.3.4-2）

式中　N ——计算立杆段的轴向力设计值（N），应按本规程式（8.3.4-3）、式（8.3.4-4）计算；

φ ——轴心受压构件稳定系数，应根据长细比 λ 按国家现行标准《建筑施工扣件式钢管脚手架安全技术规范》JGJ 130 的规定采用；

λ ——受压构件长细比，$\lambda = \dfrac{l_{\mathrm{o}}}{i}$；

l_{o} ——计算长度（mm）；应按本规程第 8.3.4 条第 3 款的规定计算；

i ——钢管截面回转半径（mm），$\phi 48.3 \times 3.6$ 钢管，$i = 1.59$ cm；

A ——立杆的截面面积（mm^2），$\phi 48.3 \times 3.6$ 钢管，$A = 5.06$ cm^2；

M_{w} ——计算立杆段由风荷载设计值产生的弯矩（N·mm），可按本规程式（8.3.4-6）计算；

f ——钢管的抗压强度设计值，$f = 205$ $\mathrm{N/mm}^2$。

2 计算立杆段的轴向力设计值 N，应按下列公式计算：

不组合风荷载时：$N = 1.2(N_{\mathrm{G1k}} + N_{\mathrm{G2k}}) + 1.4 \sum N_{\mathrm{Qk}}$ （8.3.4-3）

组合风荷载时：$N = 1.2(N_{\mathrm{G1k}} + N_{\mathrm{G2k}}) + 0.9 \times 1.4 \sum N_{\mathrm{Qk}}$ （8.3.4-4）

式中　N_{G1k} ——脚手架结构自重产生的轴向力标准值；

N_{G2k} ——构配件自重产生的轴向力标准值；

$\sum N_{\mathrm{Qk}}$ ——施工荷载产生的轴向力标准值总和，内、外立杆各按一纵距内施工荷载总和的 1/2 取值。

3 立杆计算长度 l_o 应按下式计算：

$$l_o = k \cdot \mu \cdot h \qquad (8.3.4-5)$$

式中　k ——立杆计算长度附加系数，其值取 1.155，当验算立杆
　　　　　允许长细比时，取 $k=1$；

　　　μ ——考虑单、双排脚手架整体稳定因素的单杆计算长度
　　　　　系数，应按表 8.3.4 采用；

　　　h ——步距。

表 8.3.4　单、双排脚手架立杆的计算长度系数 μ

类　　别	立杆横距 l_b/m	连墙件布置	
		二步三跨	三步三跨
双　排　架	1.05	1.50	1.70
	1.30	1.55	1.75
	1.55	1.60	1.80
单　排　架	≤1.50	1.80	2.00

4 由风荷载产生的立杆段弯矩设计值 M_w，可按下式计算：

$$M_w = 0.9 \times 1.4 M_{wk} = \frac{0.9 \times 1.4 \omega_k l_a h^2}{10} \qquad (8.3.4-6)$$

式中　M_{wk} ——风荷载产生的弯矩标准值（kN·m）；

　　　ω_k ——风荷载标准值（kN/m²），应按本规程式（8.2.2）计算。

5 单、双排脚手架立杆稳定性计算部位的确定应符合下列
规定：

　1）当脚手架采用相同的步距、立杆纵距、立杆横距和连
墙件间距时，应计算底层立杆段；

　2）当脚手架的步距、立杆纵距、立杆横距和连墙件间距

有变化时，除计算底层立杆段外，还必须对出现最大步距或最大立杆纵距、立杆横距、连墙件间距等部位的立杆段进行验算。

8.3.5 单、双排脚手架允许搭设高度[H]应按下列公式计算，并应取较小值：

不组合风荷载时：

$$[H] = \frac{\varphi A f - (1.2N_{G2k} + 1.4\sum N_{Qk})}{1.2g_k} \qquad (8.3.5\text{-}1)$$

组合风荷载时：

$$[H] = \frac{\varphi A f - \left[1.2N_{G2k} + 0.9\times1.4\left(\sum N_{Qk} + \frac{M_{wk}}{W}\varphi A\right)\right]}{1.2g_k} \qquad (8.3.5\text{-}2)$$

式中　[H]——脚手架允许搭设高度（m）；

g_k——立杆承受的每米结构自重标准值（kN/m），可按本规程表 8.2.2-1 采用。

8.3.6 连墙件的计算

1 连墙件杆件的强度及稳定应满足下列公式的要求：

强度：$\sigma = \dfrac{N_l}{A_c} \leqslant 0.85f$ $\qquad (8.3.6\text{-}1)$

稳定：$\dfrac{N_l}{\varphi A} \leqslant 0.85f$ $\qquad (8.3.6\text{-}2)$

$$N_l = H_{lw} + N_o \qquad (8.3.6\text{-}3)$$

式中　σ——连墙件应力值（N/mm²）；

A_c——连墙件的净截面面积（mm²）；

A——连墙件的毛截面面积（mm²）；

N_l——连墙件轴向力设计值（N）；

N_{lw}——风荷载产生的连墙件轴向力设计值，按式 N_{lw} = $1.4 \cdot \omega_k \cdot A_w$ 计算，A_w 为单个连墙件所覆盖的脚手架外侧面的迎风面积；

N_o——连墙件约束脚手架平面外变形所产生的轴向力，单排架取 2 kN，双排架取 3 kN；

φ——连墙件的稳定系数，应根据连墙件长细比按《建筑施工扣件式钢管脚手架安全技术规范》JGJ 130 的规定采用；

f——连墙件钢材强度设计值，f =205 N/mm^2。

2 连墙件与脚手架、连墙件与建筑结构连接的承载力应按下式计算：

$$N_l \leq N_v \qquad (8.3.6\text{-}4)$$

式中 N_v——连墙件与脚手架、连墙件与建筑结构连接的受拉（压）承载力设计值，应根据相应规范规定计算。

3 当采用钢管扣件做连墙件时，扣件抗滑承载力的验算，应满足下式要求：

$$N_l \leq R_c \qquad (8.3.6\text{-}5)$$

式中 R_c——扣件抗滑承载力设计值，一个直角扣件应取 8.0 kN。

8.3.7 脚手架地基承载力计算

1 立杆基础底面的平均压力应满足下式的要求：

$$P_k = \frac{N_k}{A} \leq f_g \qquad (8.3.7)$$

式中 P_k——立杆基础底面处的平均压力标准值（kPa）；

N_k——上部结构传至立杆基础顶面的轴向力标准值（kN）；

A——基础底面面积（m^2）；

f_g——地基承载力特征值（kPa）；当为天然地基时，应按地质勘查报告选用；当为回填土地基时，应对地质勘查报告提供的回填土地基承载力特征值乘以折减系数 0.4。

2 对搭设在楼面等建筑结构上的脚手架，应对支撑架体的建筑结构进行承载力验算，当不能满足承载力要求时应采取可靠的加固措施。

8.4 脚手架的构造要求

8.4.1 纵向水平杆、横向水平杆、脚手板的构造要求

1 纵向水平杆应设置在立杆内侧，单根杆长度不应小于 3 跨。

2 纵向水平杆接长应采用对接扣件连接或搭接，并应符合下列规定：

1）两根相邻纵向水平杆的接头不应设置在同步或同跨内；不同步或不同跨两个相邻接头在水平方向错开的距离不应小于 500 mm；各接头中心至最近主节点的距离不应大于纵距的 1/3；

2）搭接长度不应小于 1 m，应等间距设置 3 个旋转扣件固定，端部扣件盖板边缘至搭接纵向水平杆杆端的距离不应小于 100 mm；

3）当使用冲压钢脚手板、木脚手板、竹串片脚手板时，纵向水平杆应作为横向水平杆的支座，用直角扣件固定在立杆上；当使用竹笆脚手板时，纵向水平杆应采用直角扣件固定在横向水平杆上，并应等间距设置，间距不应大于 400 mm。

3 横向水平杆的构造应符合下列规定：

1）主节点处必须设置一根横向水平杆，用直角扣件扣接且严禁拆除；

2）作业层上非主节点处的横向水平杆，宜根据支承脚手板的需要等间距设置，最大间距不应大于纵距的1/2；

3）当使用冲压钢脚手板、木脚手板、竹串片脚手板时，双排脚手架的横向水平杆两端均应采用直角扣件固定在纵向水平杆上；单排脚手架的横向水平杆的一端应用直角扣件固定在纵向水平杆上，另一端应插入墙内，插入长度不应小于180 mm；

4）当使用竹笆脚手板时，双排脚手架的横向水平杆两端，应用直角扣件固定在立杆上；单排脚手架的横向水平杆的一端，应用直角扣件固定在立杆上，另一端应插入墙内，插入长度不应小于180 mm。

4　脚手板的设置应符合下列规定：

1）作业层脚手板应铺满、铺稳、铺实。

2）冲压钢脚手板、木脚手板、竹串片脚手板等，应设置在三根横向水平杆上。当脚手板长度小于2 m时，可采用两根横向水平杆支承，但应将脚手板两端与横向水平杆可靠固定，严防倾翻。脚手板的铺设应采用对接平铺或搭接铺设。脚手板对接平铺时，接头处应设两根横向水平杆，脚手板外伸长度应取130～150 mm,两块脚手板外伸长度的和不应大于300 mm（图8.4.1（a））；脚手板搭接铺设时，接头应支在横向水平杆上，搭接长度不应小于200 mm，其伸出横向水平杆的长度不应小于100 mm（图8.4.1（b））。

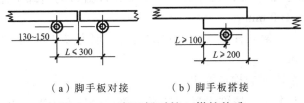

（a）脚手板对接　　　（b）脚手板搭接

图8.4.1　脚手板对接、搭接构造

3）竹笆脚手板应按其主竹筋垂直于纵向水平杆方向铺设，且应对接平铺，四个角应用直径不小于 1.2 mm 的镀锌钢丝固定在纵向水平杆上。

4）作业层端部脚手板探头长度应取 150 mm，其板的两端均应固定于支承杆件上。

8.4.2 立杆的构造要求

1 每根立杆底部宜设置底座或垫板。

2 脚手架必须设置纵、横向扫地杆。纵向扫地杆应采用直角扣件固定在距钢管底端不大于 200 mm 处的立杆上。横向扫地杆应采用直角扣件固定在紧靠纵向扫地杆下方的立杆上。

3 脚手架立杆基础不在同一高度上时，高处的纵向扫地杆应与低处此高度的纵向水平杆拉通设置，靠边坡上方的立杆轴线到边坡的距离不应小于 500 mm。

4 单、双排脚手架底层步距均不应大于 2 m。

5 单、双排脚手架立杆接长除顶层顶步外，其余各层各步接头必需采用对接扣件连接。

6 脚手架立杆的对接、搭接应符合下列规定：

1）当立杆采用对接接长时，立杆的对接扣件应交错布置，两根相邻立杆的接头不应设置在同步内，同步内隔一根立杆的两个相隔接头在高度方向错开的距离不宜小于 500 mm；各接头中心至主节点的距离不宜大于步距的1/3。

2）当立杆采用搭接接长时，搭接长度不应小于 1 m，并应采用不少于 2 个旋转扣件固定。端部扣件盖板的边缘至杆端距离不应小于 100 mm。

7 脚手架立杆顶端栏杆宜高出女儿墙上端 1 m，宜高出檐口上端 1.5 m。

8.4.3 连墙件的构造要求

1 脚手架连墙件设置的位置、数量应按专项施工方案确定。

2 脚手架连墙件数量的设置除应满足本规程的计算要求外，还应符合表 8.4.3 的规定。

表 8.4.3　连墙件布置最大间距

脚手架高度/m		竖向间距	水平间距	每根连墙件覆盖面积/m²
双排落地	≤ 50	$3h$	$3l_a$	≤ 40
双排悬挑	> 50	$2h$	$3l_a$	≤ 27
单　排	≤ 24	$3h$	$3l_a$	≤ 40

注：h—步距；l_a—纵距。

3 连墙件的布置应符合下列规定：

1）应靠近主节点设置，偏离主节点的距离不应大于 300 mm；

2）应从底层第一步纵向水平杆处开始设置，当该处设置有困难时，应采用其他可靠措施固定；

3）应优先采用菱形布置，或采用方形、矩形布置。

4 开口型脚手架的两端必须设置连墙件，连墙件的垂直间距不应大于建筑物的层高，并且不应大于 4 m。

5 连墙件中的连墙杆应呈水平设置，当不能水平设置时，应向脚手架一端下斜设置。

6 连墙件必须采用可承受拉力和压力的构造，对高度 24 m 以上的双排脚手架，应采用刚性连墙件与建筑物连接。

7 当脚手架下部暂不能设连墙件时应采取防倾覆措施。当搭设抛撑时，抛撑应采用通长杆件，并用旋转扣件固定在脚手架上，与地面的倾角应在 45° ~ 60°；连接点中心至主节点的距离不应大于 300 mm。抛撑应在连墙件搭设后方可拆除。

8 架高超过 40 m 且有风涡流作用时，应采取抗上升翻流作用的连墙措施。

8.4.4 门洞的构造要求

1 单、双排脚手架门洞宜采用上升斜杆、平行弦杆桁架结构形式（图 8.4.4-1），斜杆与地面的倾角 α 应在 45°~60°。门洞桁架的形式宜按下列要求确定：

1）当步距（h）小于纵距（l_a）时，应采用 A 型；

2）当步距（h）大于纵距（l_a）时，应采用 B 型；并应符合下列规定：

h=1.8 m 时，纵距不应大于 1.5 m；

h=2.0 m 时，纵距不应大于 1.2 m。

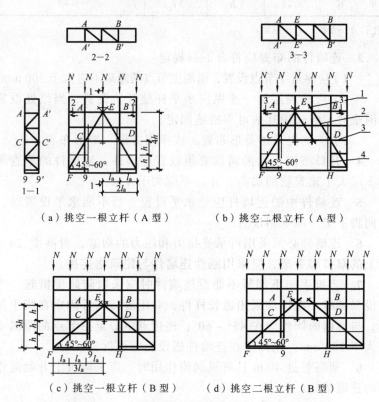

（a）挑空一根立杆（A 型）　　　　　（b）挑空二根立杆（A 型）

（c）挑空一根立杆（B 型）　　　　（d）挑空二根立杆（B 型）

图 8.4.4-1　门洞处上升斜杆、平行弦杆桁架

1—防滑扣件；2—增设的横向水平杆；3—副立杆；4—主立杆

2 单、双排脚手架门洞桁架的构造应符合下列规定：

1）单排脚手架门洞处，应在平面桁架（图 8.4.4-1 中 A、B、C、D）的每一节间设置一根斜腹杆；双排脚手架门洞处的空间桁架，除下弦平面外，应在其余 5 个平面内的图示节间设置一根斜腹杆（图 8.4.4-1 中 1—1、2—2、3—3 剖面）。

2）斜腹杆宜采用旋转扣件固定在与之相交的横向水平杆的伸出端上，旋转扣件中心线至主节点的距离不宜大于 150 mm。当斜腹杆在 1 跨内跨越 2 个步距（图 8.4.4-1 中 A 型）时，宜在相交的纵向水平杆处，增设一根横向水平杆，将斜腹杆固定在其伸出端上。

3）斜腹杆宜采用通长杆件，当必须接长使用时，宜采用对接扣件连接；也可采用搭接，搭接长度不应小于 1 m，应采用不少于 2 个旋转扣件固定，端部扣件盖板的边缘至杆端距离不应小于 100 mm。

3 单排脚手架过窗洞时应增设立杆或增设一根纵向水平杆（图 8.4.4-2）。

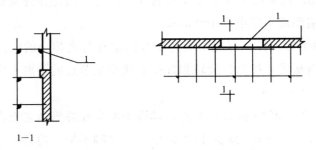

1—1

图 8.4.4-2 单排脚手架过窗洞构造

1—增设的纵向水平杆

4 门洞桁架下的两侧立杆应为双管立杆，副立杆高度应高于门洞口 1～2 步。

5 门洞桁架中伸出上下弦杆的杆件端头，均应增设一个防滑扣件（图 8.4.4-1），该扣件宜紧靠主节点处的扣件。

8.4.5 剪刀撑与横向斜撑的构造要求

1 双排脚手架应设置剪刀撑与横向斜撑，单排脚手架应设置剪刀撑。

2 单、双排脚手架剪刀撑的设置应符合下列规定：

1）每道剪刀撑跨越立杆的根数应按表 8.4.5 的规定确定。每道剪刀撑宽度不应小于 4 跨，且不应小于 6 m，斜杆与地面的倾角应在 45°~60°。

表 8.4.5　剪刀撑跨越立杆的最多根数

剪刀撑斜杆与地面的倾角（α）	45°	50°	60°
剪刀撑跨越立杆的最多根数（n）	7	6	5

2）剪刀撑斜杆的接长应采用搭接或对接，搭接长度不应小于 1 m，应采用不少于 2 个旋转扣件固定，端部扣件盖板的边缘至杆端距离不应小于 100 mm。

3）剪刀撑斜杆应用旋转扣件固定在与之相交的横向水平杆的伸出端或立杆上，旋转扣件中心线至主节点的距离不应大于 150 mm。

3 高度在 24 m 及以上的双排脚手架应在外侧全立面连续设置剪刀撑；高度在 24 m 以下的单、双排脚手架，均必须在外侧两端、转角及中间间隔不超过 15 m 的立面上，各设置一道剪刀撑，并应由底至顶连续设置（图 8.4.5）。

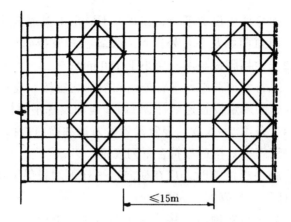

≤15m

图 8.4.5 高度 24 m 以下剪刀撑布置

4 双排脚手架横向斜撑的设置应符合下列规定：

1）横向斜撑应在同一节间，由底至顶层呈之字形连续布置，斜撑宜采用旋转扣件固定在与之相交的横向水平杆的伸出端上，旋转扣件中心线至主节点的距离不宜大于 150 mm；

2）高度在 24 m 以下的封闭型双排脚手架可不设横向斜撑；高度在 24 m 以上的封闭型脚手架，除拐角应设置横向斜撑外，中间应每隔 6 跨设置一道。

5 开口型双排脚手架的两端均必须设置横向斜撑。

8.4.6 斜道的构造要求

1 人行并兼作材料运输的斜道的形式宜按下列要求确定：

1）高度不大于 6 m 的脚手架，宜采用一字形斜道；

2）高度大于 6 m 的脚手架，宜采用之字形斜道。

2 斜道的构造应符合下列规定：

1）斜道应附着外脚手架或建筑物设置；

2）运料斜道宽度不应小于 1.5 m，坡度不应大于 1∶6；人行斜道宽度不应小于 1 m，坡度不应大于 1∶3；

3）拐弯处应设置平台，其宽度不应小于斜道宽度；

4）斜道两侧及平台外围均应设置栏杆及挡脚板；栏杆高度应为 1.2 m，挡脚板高度不应小于 180 mm；

5）运料斜道两端、平台外围和端部均应按本规程第 8.4.3 条第 1～6 款的规定设置连墙件；每两步应加设水平斜杆；应按本规程第 8.4.5 条第 2～5 款的规定设置剪刀撑和横向斜撑。

3　斜道脚手板构造应符合下列规定：

1）脚手板横铺时，应在横向水平杆下增设纵向支托杆，纵向支托杆间距不应大于 500 mm；

2）脚手板顺铺时，接头应采用搭接，下面的板头应压住上面的板头，板头的凸棱处应采用三角木填顺；

3）人行斜道和运料斜道的脚手板上应每隔 250～300 mm 设置一根防滑木条，木条厚度应为 20～30 mm。

8.5　脚手架安装施工工艺

8.5.1　安装工艺流程

地基找平夯实→放线定位→铺脚手架垫板→安放底座→摆放纵向扫地杆→竖立杆并与纵向扫地杆紧扣→安横向扫地杆→安第一步架纵横杆→安第二步架纵横杆→安临时抛撑（装设连墙件后拆除临时抛撑）→安第三、四步架纵横杆→安连墙件→立杆接长→安设剪刀撑→铺操作层脚手板、安防护栏杆、绑扎防护及挡脚板→挂安全网

8.5.2　施工准备

1　脚手架搭设前，应按专项施工方案向施工人员进行安全技术交底。

2 对钢管、扣件、脚手板、可调托撑等进行检查验收，不合格产品不得使用。经检验合格的构配件应按品种、规格分类，堆放整齐、平稳，堆放场地不得有积水。

3 应清除搭设场地杂物，平整搭设场地，并应使排水畅通。

4 脚手架地基与基础的施工，应根据脚手架所受荷载、搭设高度、搭设场地土质情况与现行国家标准《建筑地基基础工程施工质量验收规范》GB 50202 的有关规定进行。

5 脚手架地基应牢固可靠，地基基础应经设计计算。脚手架应安设在地基基本平整、排水畅通的老土上或经夯实的回填土上。立杆基础外侧大于 500 mm 处应设置截面不小于 200 mm × 200 mm 的排水沟。立杆垫板或底座底面标高宜高于自然地坪 50 ~ 100 mm。

8.5.3 单、双排脚手架必须配合施工进度搭设，一次搭设高度不应超过相邻连墙件以上两步；如果超过相邻连墙件以上两步，无法设置连墙件时，应采取撑拉固定等措施与建筑结构拉结。

8.5.4 每搭完一步脚手架后，应按本规程表 8.9.2-2 的规定校正步距、纵距、横距及立杆的垂直度。

8.5.5 底座安放应符合下列规定：

1 底座、垫板均应准确地放在定位线上；

2 垫板应采用长度不少于 2 跨、厚度不小于 50 mm、宽度不小于 200 mm 的木垫板。

8.5.6 立杆搭设应符合下列规定：

1 相邻立杆的对接连接应符合本规程第 8.4.2 条第 6 款的规定；

2 开始搭设立杆时，应每隔 6 跨设置一根抛撑，直至连墙件安装稳定后，方可根据情况拆除；

3 当架体搭设至有连墙件的主节点时，在搭设完该处的立杆、纵向水平杆、横向水平杆后，应立即设置连墙件。

8.5.7 纵向水平杆搭设应符合下列规定：

1 纵向水平杆应随立杆按步搭设，并应采用直角扣件与立杆固定；

2 纵向水平杆的搭设应符合本规程第 8.4.1 条第 1 款和第 2 款的规定；

3 在封闭型脚手架的同一步中，纵向水平杆应四周交圈设置，并应用直角扣件与内外角部立杆固定。

8.5.8 横向水平杆搭设应符合下列规定：

1 横向水平杆的搭设应符合本规程第 8.4.1 条第 3 款的规定；

2 双排脚手架横向水平杆的靠墙一端至墙装饰面的距离不应大于 100 mm；

3 单排脚手架的横向水平杆不应设置在下列部位：

1）设计上不允许留脚手眼的部位；

2）过梁上与过梁两端成 60°角的三角形范围内及过梁净跨度 1/2 的高度范围内；

3）宽度小于 1 m 的窗间墙；

4）梁或梁垫下及其两侧各 500 mm 的范围内；

5）砖砌体的门窗洞口两侧 200 mm 和转角处 450 mm 的范围内，其他砌体的门窗洞口两侧 300 mm 和转角处 600 mm 的范围内；

6）墙体厚度小于或等于 180 mm；

7）独立或附墙砖柱，加气砌块墙等轻质墙体；

8）砌筑砂浆强度等级小于或等于 M2.5 的砖墙。

8.5.9 纵向、横向扫地杆搭设应符合本规程第 8.4.2 条第 2 款、第 3 款的规定。

8.5.10 脚手架连墙件的安装应符合下列规定：

    1 连墙件的安装应随脚手架搭设同步进行，不得滞后安装；

    2 当单、双排脚手架施工操作层高出相邻连墙件以上两步时，应采取确保脚手架稳定的临时拉结措施，直到上一层连墙件安装完毕后再根据情况拆除。

8.5.11 脚手架剪刀撑与双排脚手架横向斜撑应随立杆、纵向和横向水平杆等同步搭设，不得滞后安装。

8.5.12 脚手架门洞搭设应符合本规程第 8.4.4 条的规定。

8.5.13 扣件安装应符合下列规定：

    1 扣件规格应与钢管外径相同；

    2 螺栓拧紧扭力矩不应小于 40 N·m，且不应大于 65 N·m；

    3 在主节点处固定横向水平杆、纵向水平杆、剪刀撑、横向斜撑等用的直角扣件、旋转扣件的中心点的相互距离不应大于 150 mm；

    4 对接扣件开口应朝上或朝内；

    5 各杆件端头伸出扣件盖板边缘的长度不应小于 100 mm。

8.5.14 作业层、斜道的栏杆和挡脚板的搭设应符合下列规定：

    1 栏杆和挡脚板均应搭设在外立杆的内侧；

    2 上栏杆上皮高度应为 1.2 m；

    3 挡脚板高度不应小于 180 mm；

    4 中栏杆应居中设置。

8.5.15 脚手板的铺设应符合下列规定：

    1 脚手板应铺满、铺稳，离墙面的距离不应大于 150 mm；

2 采用对接或搭接时均应符合本规程第 8.4.1 条第 4 款的规定；脚手板探头应用直径 3.2 mm 的镀锌钢丝固定在支承杆件上；

3 在拐角、斜道平台口处的脚手板，应用镀锌钢丝固定在横向水平杆上，防止滑动。

8.6 脚手架的拆除

8.6.1 脚手架拆除应按专项施工方案施工，拆除前应做好下列准备工作：

1 应全面检查脚手架的扣件连接、连墙件、支撑体系等是否符合构造要求；

2 应根据检查结果补充完善脚手架专项施工方案中的拆除顺序和措施，经审批后方可实施；

3 拆除前应对施工人员进行技术交底；

4 应清除脚手架上杂物及地面障碍物。

8.6.2 单、双排脚手架拆除作业必须由上而下逐层进行，严禁上下同时作业；连墙件必须随脚手架逐层拆除，严禁先将连墙件整层或数层拆除后再拆脚手架；分段拆除高差大于两步时，应增设连墙件加固。

8.6.3 当脚手架拆至下部最后一根长立杆的高度（约 6.5 m）时，应先在适当位置搭设临时抛撑加固后，再拆除连墙件。当单、双排脚手架采取分段、分立面拆除时，对不拆除的脚手架两端，应先按本规程第 8.4.3 条第 4 款、第 8.4.5 条第 4 款和第 5 款的有关规定设置连墙件和横向斜撑加固。

8.6.4 架体拆除作业应设专人指挥，当有多人同时操作时，应明确分工、统一行动，且应具有足够的操作面。

8.6.5 卸料时各构配件严禁抛掷至地面。

8.6.6 运至地面的构配件应及时检查、整修与保养，并应按品种、规格分别存放。

8.7 型钢悬挑脚手架施工工艺

8.7.1 施工准备

1 型钢悬挑脚手架应按本规程第 3.2.4 条的规定编制专项施工方案，施工单位应组织专家组进行专项论证审查。

2 型钢悬挑脚手架在专项施工方案中应绘出悬挑脚手架与主体结构连接的施工大样图，并应明确架体搭设方法的具体要求。

3 型钢悬挑脚手架搭设前，应在建筑物底层至少试搭一跨，进行承载力模拟试验。脚手架设计人员和安装人员应参加试验，应在试验证明设计符合要求后方能搭设。

4 型钢悬挑脚手架搭设前必须进行安全技术交底，并在架体上挂限载牌。型钢悬挑脚手架应分段进行验收，对型钢悬挑结构必须进行专项检查。

8.7.2 设计计算

1 当采用型钢悬挑梁作为脚手架的支撑结构时，应进行下列设计计算：

1） 型钢悬挑梁的抗弯强度、整体稳定性和挠度；

2） 型钢悬挑梁锚固件及其锚固连接的强度；

3） 型钢悬挑梁下建筑结构的承载力验算。

2 悬挑脚手架作用于型钢悬挑梁上立杆的轴向力设计值，应根据悬挑脚手架分段搭设高度按本规程式（8.3.4-3）、式（8.3.4-4）分别计算，并应取其较大者。

3 型钢悬挑梁的抗弯强度应按下式计算：

$$\sigma = \frac{M_{max}}{W_n} \leqslant f \qquad (8.7.2\text{-}1)$$

式中　σ ——型钢悬挑梁应力值；

　　　M_{max} ——型钢悬挑梁计算截面最大弯矩设计值；

　　　W_n ——型钢悬挑梁净截面模量；

　　　f ——钢材的抗弯强度设计值。

4 型钢悬挑梁的整体稳定性应按下式验算：

$$\frac{M_{max}}{\varphi_b W} \leqslant f \qquad (8.7.2\text{-}2)$$

式中　φ_b ——型钢悬挑梁的整体稳定性系数，应按现行国家标准《钢结构设计规范》GB 50017 的规定采用；

　　　W ——型钢悬挑梁毛截面模量。

5 型钢悬挑梁的挠度（图 8.7.2）应符合下式规定：

$$\upsilon \leqslant [\upsilon] \qquad (8.7.2\text{-}3)$$

式中　$[\upsilon]$ ——型钢悬挑梁挠度允许值，应按本规程表 8.3.2-3 取值；

　　　υ ——型钢悬挑梁最大挠度。

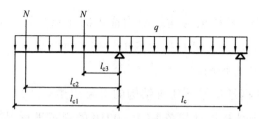

图 8.7.2　悬挑脚手架型钢悬挑梁计算示意图

N—悬挑脚手架立杆的轴向力设计值；l_c—型钢悬挑梁锚固点中心至建筑楼层板边支承点的距离；l_{c1}—型钢悬挑梁悬挑端面至建筑结构楼层板边支承点的距离；l_{c2}—脚手架外立杆至建筑结构楼层板边支承点的距离；l_{c3}—脚手架内立杆至建筑结构楼层板边支承点的距离；q—型钢梁自重线荷载标准值

6　将型钢悬挑梁锚固在主体结构上的 U 形钢筋拉环或螺栓的强度应按下式计算：

$$\sigma = \frac{N_m}{A_l} \leqslant f_l \qquad (8.7.2\text{-}4)$$

式中　σ——U 形钢筋拉环或螺栓应力值；

　　　N_m——型钢悬挑梁锚固段压点 U 形钢筋拉环或螺栓拉力设计值（N）；

　　　A_l——U 形钢筋拉环净截面面积或螺栓的有效截面面积（mm^2），一个钢筋拉环或一对螺栓按两个截面计算；

　　　f_l——U 形钢筋拉环或螺栓抗拉强度设计值，应按现行国家标准《混凝土结构设计规范》GB 50010 的规定取 $f_l = 50 \text{ N/mm}^2$。

7　当型钢悬挑梁锚固段压点处采用 2 个（对）及以上 U 形钢筋拉环或螺栓锚固连接时，其钢筋拉环或螺栓的承载能力应乘以 0.85 的折减系数。

8 当型钢悬挑梁与建筑结构锚固的压点处楼板未设置上层受力钢筋时，应经计算在楼板内配置用于承受型钢梁锚固作用引起负弯矩的受力钢筋。

9 对型钢悬挑梁下建筑结构的混凝土梁（板）应按现行国家标准《混凝土结构设计规范》GB 50010 的规定进行混凝土局部受压承载力、结构承载力验算，当不满足要求时，应采取可靠的加固措施。

10 悬挑脚手架的纵向水平杆、横向水平杆、立杆、连墙件的计算应符合本规程第 8.3.3 条、第 8.3.4 条、第 8.3.6 条的规定。

8.7.3 工艺流程

编制专项施工方案→挑梁及支撑架体加工→预埋锚环→挑梁、吊绳或支撑安装→纵梁安装→安装脚手架承插钢管→搭设脚手架、安装连墙件→铺脚手板、绑扎防护及挡脚板→挂安全网→检查验收→投入使用

8.7.4 构造要求及安装作业规定

1 一次悬挑脚手架高度不宜超过 20 m。

2 型钢悬挑梁宜采用双轴对称截面的型钢。悬挑钢梁型号及锚固件应按设计确定，钢梁截面高度不应小于 160 mm。悬挑梁尾端应在两处及以上固定于钢筋混凝土梁板结构上。锚固型钢悬挑梁的 U 形钢筋拉环或锚固螺栓直径不宜小于 16 mm（图 8.7.4-1）。

3 用于锚固的 U 形钢筋拉环或螺栓应采用冷弯成型。U 形钢筋拉环、锚固螺栓与型钢间隙应用钢楔或硬木楔楔紧。

4 每个型钢悬挑梁外端宜设置钢丝绳或钢拉杆与上一层建

筑结构斜拉结。钢丝绳、钢拉杆不参与悬挑钢梁受力计算；钢丝绳与建筑结构拉结的吊环应使用 HPB300 级钢筋，其直径不宜小于 20 mm，吊环预埋锚固长度应符合现行国家标准《混凝土结构设计规范》GB 50010 中钢筋锚固的规定（图 8.7.4-1）。

5 型钢悬挑脚手架的斜拉钢丝绳安装时，钢丝绳的卡子不得少于 3 个，钢丝绳与建筑物或梁上锐角处应加软垫物。

6 悬挑钢梁悬挑长度应按设计确定，固定段长度不应小于悬挑段长度的 1.25 倍。型钢悬挑梁固定端应采用 2 个（对）及以上 U 形钢筋拉环或锚固螺栓与建筑结构梁板固定，U 形钢筋拉环或锚固螺栓应预埋至混凝土梁、板底层钢筋位置，并应与混凝土梁、板底层钢筋焊接或绑扎牢固，其锚固长度应符合现行国家标准《混凝土结构设计规范》GB 50010 中钢筋锚固的规定（图 8.7.4-2、图 8.7.4-3、图 8.7.4-4）。

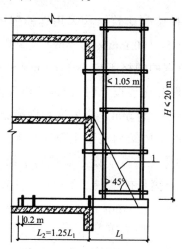

图 8.7.4-1 型钢悬挑脚手架构造

1—钢丝绳或钢拉杆

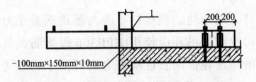

图 8.7.4-2 悬挑钢梁 U 形螺栓固定构造

1—木楔侧向楔紧；2—两根 1.5 m 长直径 18 mm 的 HRB335 级钢筋

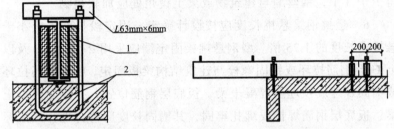

图 8.7.4-3 悬挑钢梁穿墙构造　　**图 8.7.4-4 悬挑钢梁楼面构造**

1—木楔楔紧

7 当型钢悬挑梁与建筑结构采用螺栓钢压板连接固定时，钢压板尺寸不应小于 100 mm × 10 mm（宽×厚）；当采用螺栓角钢压板连接时，角钢的规格不应小于 63 mm × 63 mm × 6 mm。

8 锚固位置设置在楼板上时，楼板的厚度不宜小于 120 mm。如果楼板的厚度小于 120 mm，应采取加固措施。

9 锚固型钢的主体结构混凝土强度等级不得低于 C20。

10 型钢悬挑梁悬挑端应设置能使脚手架立杆与钢梁可靠固定的定位点，定位点离悬挑梁端部不应小于 100 mm。通常采用在悬挑梁上焊接长 100～150 mm 的外径为 $\phi 38$ mm 的钢管或不小于 $\phi 28$ 的钢筋，便于安装脚手架立杆，并应在立杆下部设置扫地杆。

11 悬挑梁间距应按悬挑架架体立杆纵距设置，每一纵距设置一根悬挑梁。

12 悬挑架的外立面剪刀撑应自下而上连续设置。剪刀撑设置应符合本规程第 8.4.5 条第 2 款的规定，横向斜撑设置应符合本规程第 8.4.5 条第 5 款的规定。

13 连墙件设置应符合本规程第 8.4.3 条的规定。

8.8 卸料平台架施工工艺

8.8.1 卸料平台架分为钢管落地平台架和悬挑式钢平台架。卸料平台架必须单独设置，不得与脚手架共用立杆或架设其上。

8.8.2 卸料平台架搭设前施工单位应编制专项施工方案，并应经施工单位技术负责人及监理单位专业监理工程师进行审核，审核合格，由施工单位技术负责人、监理总工程师签字。

8.8.3 搭设完毕的卸料平台架必须进行检查验收，并挂限载牌，配备专人加以监督。

8.8.4 卸料平台架活荷载的最大允许值不得超过 8 kN（集中荷载），按均布荷载折算成集中荷载的总和也不得超过 8 kN。对散装的构配件和材料应采用 1~1.1 m 见方的料盘承装。

8.4.5 平台板应采用不小于 50 mm 厚的木板满铺；平台三面设置防护栏杆，上栏杆 1.2 m，下栏杆居中设置，扫地杆距平台面 200 mm，内设硬质板防护，高度不得低于 1.5 m；卸料平台应满挂密目安全网。

8.8.6 也可采用在施工楼层的中间楼板上开洞，留出通道，转运材料和构件，而不设置卸料平台。

8.8.7 钢管落地平台架

1 钢管落地平台架的立杆间距不应超过 1.2 m，步距不应大于 1.8 m；每根立杆底部应设置底座及垫板，垫板厚度不应小于 50 mm。

2 立杆接长严禁搭接，必须采用对接扣件连接，立杆接头的错开位置应符合本规程第 8.4.2 条第 6 款第 1）项的规定。

3 在卸料平台架四周应沿架体全高全长设置剪刀撑；当搭设高度大于 8 m 时，应在扫地杆层设置水平剪刀撑，以上各层水平剪刀撑间距不应超过 6 m。

4 连墙件应从底层第一步纵向水平杆处开始设置，按 2 步 3 跨设置刚性连墙件；当卸料平台操作层高出连墙件两步时，应采取临时稳定措施，直至连墙件搭设完毕后方可拆除。连墙件应靠近主节点，并应与架体和结构立面垂直。

5 应对卸料平台架的纵向、横向水平杆的承载力、挠度，立杆的稳定性，扣件抗滑，连墙件拉结及地基承载力进行计算，立杆计算长度 $l_0 = k \cdot \mu \cdot h$ （ k 取 1.00， μ 取 1.27）。

8.8.8 悬挑式钢平台架

1 悬挑式钢平台架的专项施工方案应按国家现行有关标准的规定进行编制，在专项施工方案中应进行设计计算并附安装构造详图，其结构构造应能防止钢平台架左右晃动。

2 悬挑式钢平台架可用型钢作次梁与主梁，型钢截面高度不得小于 160 mm，上铺厚度不小于 50 mm 的木板，并用螺栓与型钢固定。

3 悬挑式钢平台架的悬挑钢梁固定点与上部斜拉杆或斜拉钢丝绳拉结点必须位于建筑上，不得设置在脚手架上或施工设备上。

4 斜拉杆或斜拉钢丝绳应在平台两边各设置前后两道，两道中靠近建筑一侧的一道作为安全储备，另一道应作单道受力计算。吊环不得采用带肋钢筋，应采用 HPB300 级钢筋。

5 吊运平台时应使用卡环，不得使用吊钩直接钩挂吊环。

6 钢平台吊装，须待横梁支撑点电焊固定，接好钢丝绳，调整完毕，经过检查验收，方可松卸起重吊钩。

7 钢平台安装时，钢丝绳应采用专用的挂钩挂牢,采取其他方式时卡头的卡子不得少于 3 个。钢丝绳与建筑物等锐角处应加设软垫物，钢平台外口略高于内口。

8 钢平台使用时，应设专人定期进行检查，发现钢丝绳有锈蚀损坏应及时更换，焊缝脱焊应及时修复。

9 钢丝绳作斜拉吊索时，其安全系数应大于等于 6，并应符合下列规定：

1）钢丝绳的报废应符合现行国家标准《起重机用钢丝绳检验和报废实用规范》GB/T 5972 的规定。

2）当钢丝绳的端部采用编结固接时，编结部分的长度不得小于钢丝绳直径的 20 倍，并不应小于 300 mm，插接绳股应拉紧，凸出部分应光滑平整，且应在插接末尾留出适当长度，用金属丝扎牢。钢丝绳插接方法宜按国家现行标准《起重机械吊具与索具安全规程》LD 48 的规定插接。

3）当钢丝绳的端部采用绳夹固接时，应保证其固接连接强度不小于该钢丝绳破断拉力的 75%。不同钢丝绳直径固接的绳夹最少数量应满足表 8.8.7 的规定。

表 8.8.7　不同钢丝绳直径固接的绳夹最少数量

钢丝绳直径/mm	≤19	19~32	32~38	38~44	44~60
绳卡数量	3	4	5	6	7

4）吊索必须由整根钢丝绳制成，中间不得有接头。绳夹压板应在钢丝绳受力绳一边，绳夹间距 A 不应小于钢丝绳直径的 6 倍（图 8.8.7）。

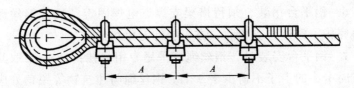

图 8.8.7　钢丝绳夹的正确布置方法

8.9　脚手架检查与验收质量标准

8.9.1　构配件检查与验收

　1　新钢管的检查应符合下列规定：

　1）应有产品质量合格证；

　2）应有质量检验报告，钢管材质检验方法应符合现行国家标准《金属材料 室温拉伸试验方法》GB/T 228 的有关规定，其质量应符合本规程第 8.1.2 条第 1 款的规定；

　3）钢管表面应平直光滑，不应有裂缝、结疤、分层、错位、硬弯、毛刺、压痕和深的划道；

　4）钢管外径、壁厚、端面等的偏差，应分别符合本规程表 8.9.1 的规定；

　5）钢管应涂防锈漆。

　2　旧钢管的检查应符合下列规定：

　1）表面锈蚀深度应符合本规程表 8.9.1 序号 3 的规定。锈蚀检查应每年一次。检查时，应在锈蚀严重的钢管中抽取三根，在每根锈蚀严重的部位横向截断取样检查，当锈蚀深度超过规定值时不得使用。

　2）钢管弯曲变形应符合本规程表 8.9.1 序号 4 的规定。

3 扣件验收应符合下列规定：

1）扣件应有生产许可证、法定检测单位的测试报告和产品质量合格证。当对扣件质量有怀疑时，应按现行国家标准《钢管脚手架扣件》GB 15831 的规定抽样检测。

2）新、旧扣件均应进行防锈处理。

3）扣件的技术要求应符合现行国家标准《钢管脚手架扣件》GB 15831 的相关规定。

4 扣件进入施工现场应检查产品合格证，并应进行抽样复试，技术性能应符合现行国家标准《钢管脚手架扣件》GB 15831 的规定。扣件在使用前应逐个挑选，有裂缝、变形、螺栓出现滑丝的严禁使用。

5 冲压钢脚手板的检查应符合下列规定：

1）新脚手板应有产品质量合格证；

2）尺寸偏差应符合本规程表 8.9.1 序号 5 的规定，且不得有裂纹、开焊与硬弯；

3）新、旧脚手板均应涂防锈漆；

4）应有防滑措施。

6 木脚手板、竹脚手板的检查应符合下列规定：

1）木脚手板质量应符合本规程第 8.1.2 条第 6 款的规定，宽度、厚度允许偏差应符合现行国家标准《木结构工程施工质量验收规范》GB 50206 的规定；不得使用扭曲变形、劈裂、腐朽的脚手板；

2）竹笆脚手板、竹串片脚手板的材料应符合本规程第 8.1.2 条第 7 款的规定。

7 构配件允许偏差应符合表 8.9.1 的规定。

表 8.9.1 构配件允许偏差

序号	项　目	允许偏差 Δ/mm	示意图	检查工具
1	焊接钢管尺寸/mm 　外径　48.3 　壁厚　3.6	± 0.5 ± 0.36	—	游标卡尺
2	钢管两端面切斜偏差	1.70		塞尺、拐角尺
3	钢管外表面锈蚀深度	≤0.18		游标卡尺
4	钢管弯曲 ① 各种杆件钢管的端部弯曲 l≤1.5 m	≤5		钢板尺
	② 立杆钢管弯曲 　3 m < l≤4 m 　4 m < l≤6.5 m	≤12 ≤20		钢板尺
	③ 水平杆、斜杆的钢管弯曲 l≤6.5 m	≤30		
5	冲压钢脚手板 ① 板面挠曲 　l≤4 m 　l > 4 m	≤12 ≤16	—	钢板尺
	② 板面扭曲 （任一角翘起）	≤5		

8.9.2 脚手架检查与验收

1 脚手架及其地基基础应在下列阶段进行检查与验收:

1) 基础完工后及脚手架搭设前;

2) 作业层上施加荷载前;

3) 每搭设完 6～8 m 高度后;

4) 达到设计高度后;

5) 遇有六级强风及以上风或大雨后;冻结地区解冻后;

6) 停用超过一个月。

2 应根据下列技术文件进行脚手架检查、验收:

1) 本规程第 8.9.2 条第 3～5 款的规定;

2) 专项施工方案及变更文件;

3) 技术交底文件;

4) 构配件质量检查表 8.9.2-1。

表 8.9.2-1 构配件质量检查表

项　目	要　求	抽检数量	检查方法
钢管	应有产品质量合格证、质量检验报告	750 根为一批,每批抽取一根	检查资料
	钢管表面应平直光滑,不应有裂缝、结疤、分层、错位、硬弯、毛刺、压痕、深的划道及严重锈蚀等缺陷,严禁打孔;钢管使用前必须涂刷防锈漆	全数	目测
钢管外径及壁厚	外径 48.3 mm,允许偏差 ± 0.5 mm;壁厚 3.6 mm,允许偏差 ± 0.36 mm;最小壁厚 3.24 mm	3%	游标卡尺测量
扣件	应有生产许可证、质量检测报告、产品质量合格证、复试报告	《钢管脚手架扣件》GB 15831 的规定	检查资料
	不允许有裂缝、变形、螺栓滑丝;扣件与钢管接触部位不应有氧化皮;活动部位应能灵活转动,旋转扣件两旋转面间隙应小于 1 mm;扣件表面应进行防锈处理	全数	目测

项　目	要　求	抽检数量	检查方法
扣件螺栓拧紧扭力矩	扣件螺栓拧紧扭力矩值不应小于 40 N·m，且不应大于 65 N·m	按第 8.9.2 条第 5 款	扭力扳手
脚手板	新冲压钢脚手板应有产品质量合格证	—	检查资料
	冲压钢脚手板板面挠曲 ≤12 mm（$l≤$ 4 m）或 ≤16 mm（$l>4$ m）；板面扭曲 ≤ 5 mm（任一角翘起）	3%	钢板尺
	不得有裂纹、开焊与硬弯；新、旧脚手板均应涂防锈漆	全数	目测
	木脚手板材质应符合现行国家标准《木结构设计规范》GB 50005 中Ⅱₐ级材质的规定。扭曲变形、劈裂、腐朽的脚手板不得使用	全数	目测
	木脚手板的宽度不宜小于 200 mm，厚度不应小于 50 mm；板厚允许偏差 –2 mm	3%	钢板尺
	竹脚手板宜采用由毛竹或楠竹制作的竹串片板、竹笆板	全数	目测
	竹串片脚手板宜采用螺栓将并列的竹片串连而成。螺栓直径宜为 3～10 mm，螺栓间距宜为 500～600 mm，螺栓离板端宜为 200～250 mm，板宽 250 mm，板长 2 000 mm、2 500 mm、3 000 mm	3%	钢板尺

3　脚手架使用中，应定期检查下列要求内容：

1）杆件的设置和连接，连墙件、支撑、门洞桁架等的构造应符合本规程第 8.4 节和专项施工方案的要求；

2）地基应无积水，底座应无松动，立杆应无悬空；

3）扣件螺栓应无松动；

4）高度在 24 m 以上的双排脚手架，其立杆的沉降与垂直度的偏差应符合本规程表 8.9.2-2 项次 1、2 的规定；

5）安全防护措施应符合要求；

6）应无超载使用。

4　脚手架搭设的技术要求、允许偏差与检验方法，应符合表 8.9.2-2 的规定。

表 8.9.2-2 脚手架搭设的技术要求、允许偏差与检验方法

项次	项目		技术要求	允许偏差 Δ/mm	示意图	检查方法与工具
1	地基基础	表面	坚实平整	—	—	观察
		排水	不积水			
		垫板	不晃动			
			不滑动			
		底座	不沉降	-10		
2	单、双排脚手架立杆垂直度	最后验收立杆垂直度 20～50 m	—	±100		用经纬仪或吊线和卷尺

搭设中检查偏差的高度

下列脚手架允许水平偏差/mm

搭设中检查偏差的高度/m	总高度		
	50 m	40 m	20 m
H=2	±7	±7	±7
H=10	±20	±25	±50
H=20	±40	±50	±100
H=30	±60	±75	
H=40	±80	±100	
H=50	±100		

中间档次用插入法

续表 8.9.2-2

项次	项 目		技术要求	允许偏差 Δ/mm	示 意 图	检查方法与工具
3	纵向水平杆高差	一根杆的两端	—	±20		水平仪或水平尺
		同跨内两根纵向水平杆高差	—	±10		
4	剪刀撑斜杆与地面的倾角		45°~60°	—	—	角尺
5	脚手板外伸长度	对接	$a=130\sim150$ mm $l\leqslant300$ mm	—		卷尺
		搭接	$a\geqslant100$ mm $l\geqslant200$ mm	—		卷尺

续表 8.9.2-2

项次	项 目	技术要求	允许偏差 Δ/mm	示 意 图	检查方法与工具
6	**扣件安装** 主节点处各扣件中心点相互距离	$a \leq 150$ mm	—		钢板尺
6	**扣件安装** 同步立杆上两个相隔对接扣件的高差	$a \geq 500$ mm	—		钢卷尺
	立杆上的对接扣件至主节点的距离	$a \leq h/3$			
	纵向水平杆上的对接扣件至主节点的距离	$a \leq l_a/3$	—		钢卷尺
	扣件螺栓拧紧扭力矩	$40 \sim 65$ N·m	—	—	扭力扳手

注：图中 1—立杆；2—纵向水平杆；3—横向水平杆；4—剪刀撑。

5 安装后的扣件螺栓拧紧扭力矩应采用扭力扳手检查，抽样方法应按随机分布原则进行。抽样检查数目与质量判定标准，应按表 8.9.2-3 的规定确定。不合格的应重新拧紧至合格。

表 8.9.2-3　扣件拧紧抽样检查数目及质量判定标准

项次	检查项目	安装扣件数量/个	抽检数量/个	允许的不合格数量/个
1	连接立杆与纵（横）向水平杆或剪刀撑的扣件；接长立杆、纵向水平杆或剪刀撑的扣件	51～90	5	0
		91～150	8	1
		151～280	13	1
		281～500	20	2
		501～1 200	32	3
		1 201～3 200	50	5
2	连接横向水平杆与纵向水平杆的扣件（非主节点处）	51～90	5	1
		91～150	8	2
		151～280	13	3
		281～500	20	5
		501～1 200	32	7
		1 201～3 200	50	10

8.10　安全环保措施

8.10.1　扣件式钢管脚手架安装与拆除人员必须是经考核合格的专业架子工。架子工应持证上岗。

8.10.2　搭拆脚手架人员必须戴安全帽、系安全带、穿防滑鞋。

8.10.3　脚手架搭设完毕必须进行检查验收，合格后方可使用。

8.10.4　作业层上的施工荷载应符合设计要求，不得超载。不得将模板支架、缆风绳、泵送混凝土和砂浆的输送管等固定在架体上；严禁悬挂起重设备，严禁拆除或移动架体上安全防护设施。

8.10.5　当有六级强风及以上大风、浓雾、雨或雪天气时应停止脚手架搭设与拆除作业。雨、雪后上架作业应有防滑措施，并应扫除积雪。

8.10.6 夜间不宜进行脚手架搭设与拆除作业。

8.10.7 脚手架的安全检查与维护，应按本规程第 8.9.2 条的规定进行。

8.10.8 脚手板应铺设牢靠、严实，并应用安全网双层兜底。施工层以下每隔 10 m 应用安全网封闭。

8.10.9 单、双排脚手架、悬挑式脚手架沿架体外围应用密目式安全网全封闭，密目式安全网宜设置在脚手架外立杆的内侧，并应与架体绑扎牢固。

8.10.10 在脚手架使用期间，严禁拆除下列杆件：

    1）主节点处的纵、横向水平杆，纵、横向扫地杆；

    2）连墙件。

8.10.11 当在脚手架使用过程中开挖脚手架基础下的设备基础或管沟时，必须对脚手架采取加固措施。

8.10.12 临街搭设脚手架时，外侧应有防止坠物伤人的防护措施。

8.10.13 在脚手架上进行电、气焊作业时，应有防火措施和专人看守。

8.10.14 工地临时用电线路严禁与脚手架接触，离架体较近的输电高压线路应有可靠的隔离措施和专门的安全保护设施。工地临时用电线路的架设及脚手架接地、避雷措施等，应按国家现行标准《施工现场临时用电安全技术规范》JGJ 46 的有关规定执行。

8.10.15 搭拆脚手架时，地面应设安全围栏和警戒标志，并应派专人看守，严禁非操作人员入内。

8.10.16 搭拆脚手架时应轻拿轻放，防止噪声扰民。

8.11 质 量 记 录

8.11.1 脚手架工程检查验收时，应提供下列文件和记录：

    1 脚手架工程的专项施工方案（并应附有设计计算书），专家组的专项论证审查报告；

    2 安全技术交底文件；

    3 脚手架工程质量检查记录及验收记录。

8.11.2 脚手架工程施工质量验收时，应按《四川省工程建设统一用表》的规定提供有关质量验收记录。

9 附着升降脚手架

9.1 一般规定

9.1.1 适用范围

适用于现浇钢筋混凝土结构高层建筑和高耸构筑物采用的附着升降脚手架工程施工。

9.1.2 附着升降脚手架主要构配件应包括：竖向主框架、水平支承桁架、附墙支座、架体构架、悬臂梁、钢拉杆等；主要控制装置应包括：同步控制装置、防坠落装置、防倾覆装置、升降机构等。主要构配件当使用型钢、钢板、钢管和圆钢制作时，其材质应符合现行国家标准《碳素结构钢》GB/T 700 中 Q235-A 级钢的规定。

9.1.3 架体结构的连接材料应符合下列规定：

1 手工焊接所采用的焊条，应符合现行国家标准《碳钢焊条》GB/T 5117 或《低合金钢焊条》GB/T 5118 的规定，焊条型号应与结构主体金属力学性能相适应，对于承受动力荷载或振动荷载的桁架结构宜采用低氢型焊条；

2 自动焊接或半自动焊接采用的焊丝和焊剂，应与结构主体金属力学性能相适应，并应符合国家现行有关标准的规定；

3 普通螺栓应符合现行国家标准《六角头螺栓 C 级》GB/T 5780 和《六角头螺栓》GB/T 5782 的规定；

4 锚栓可采用现行国家标准《碳素结构钢》GB/T 700 中规定的 Q235 钢或《低合金高强度结构钢》GB/T 1591 中规定的 Q345 钢制成。

9.1.4 附着升降脚手架的构配件，当出现下列情况之一时，应更换或报废：

1 构配件出现塑性变形的；

2 构配件锈蚀严重，影响承载能力和使用功能的；

3 防坠落装置的组成部件任何一个发生明显变形的；

4 弹簧件使用一个单体工程后；

5 穿墙螺栓在使用一个单体工程后，凡发生变形、磨损、锈蚀的；

6 钢拉杆上端连接板在单项工程完成后，出现变形和裂缝的；

7 电动葫芦链条出现深度超过 0.5 mm 咬伤的。

9.1.5 附着升降脚手架应按本规程第 3.2.4 条的规定编制专项施工方案，施工单位应组织专家组进行专项论证审查，并应经总承包单位技术负责人审批、项目总监理工程师审核后组织实施。

9.1.6 专项施工方案应包括下列内容：

工程特点；平面布置情况；安全措施；特殊部位的加固措施；工程结构受力核算；安装、升降、拆除程序及措施；使用规定。

9.1.7 总承包单位必须将附着升降脚手架专业工程发包给具有相应资质等级的专业队伍，并应签订专业承包合同，明确总包、分包或租赁等各方的安全生产责任。

9.1.8 附着升降脚手架专业施工单位应当建立健全安全生产管理制度，制订相应的安全操作规程和检验规程，应制定设计、制作、安装、升降、使用、拆除和日常维护保养等的管理规定。

9.1.9 附着升降脚手架专业施工单位应设置专业技术人员、安全管理人员及相应的特种作业人员。特种作业人员应经专门培训，并应经建设行政主管部门考核合格，取得特种作业操作资格证书后，方可上岗作业。

9.1.10 施工现场使用附着升降脚手架应由总承包单位统一监督，并应符合下列规定：

1 安装、升降、使用、拆除等作业前，应向有关作业人员进行安全教育；并应监督对作业人员的安全技术交底；

2 应对专业承包单位人员的配备和特种作业人员的资格进行审查；

3 安装、升降、拆卸等作业时，应派专人进行监督；

4 应组织附着升降脚手架的检查验收；

5 应定期对附着升降脚手架使用情况进行安全巡检。

9.1.11 监理单位应对施工现场的附着升降脚手架使用状况进行安全监理并应记录，出现隐患应要求及时整改，并应符合下列规定：

1 应对专业承包单位的资质及有关人员的资格进行审查；

2 在附着升降脚手架的安装、升降、拆除等作业时应进行监理；

3 应参加附着升降脚手架的检查验收；

4 应定期对附着升降脚手架使用情况进行安全巡检；

5 发现存在隐患时，应要求限期整改，对拒不整改的，应及时向建设单位和建设行政主管部门报告。

9.1.12 附着升降脚手架所使用的电气设施、线路及接地、避雷措施等应符合国家现行标准《施工现场临时用电安全技术规范》JGJ 46 的规定。

9.1.13 进入施工现场的附着升降脚手架产品应具有国务院建设行政主管部门组织鉴定或验收的合格证书，并应符合国家现行标准《建筑施工工具式脚手架安全技术规范》JGJ 202 的有关规定。

9.1.14 附着升降脚手架防坠落装置应经法定检测机构标定后

方可使用；使用过程中，使用单位应定期对其有效性和可靠性进行检测。安全装置受冲出载荷后应进行解体检验。

9.1.15 附着升降脚手架在首层组装前应设置安装平台，安装平台应有保障施工人员安全的防护设施，安装平台的水平精度和承载能力应满足架体安装的要求。

9.1.16 在附着升降脚手架使用期间，不得拆除下列杆件：

　　1 架体上的杆件；

　　2 与建筑物连接的各类杆件（如连墙件、附墙支座）等。

9.1.17 剪刀撑应随立杆同步搭设。

9.1.18 物料平台必须将其荷载独立传递给工程结构，不得与附着升降脚手架结构构件相连接。

9.1.19 架体在塔吊附墙支承杆件部位的架体构架连接杆件，架体在施工电梯、物料平台等需要断开的开洞处，应采取可靠的加强构造措施。

9.1.20 架体外侧必须用密目安全网（$C \geqslant 2\,000$ 目/100 cm^2）围挡，密目安全网必须可靠的固定在架体上。

9.1.21 架体底层应严密铺设脚手板及升降时底层的翻板，用安全网双层兜底，并应铺设厚 18 mm、宽 200 mm 的挡脚板。

9.1.22 升降作业时应配置足够的对讲机，加强通信联系。各提升机位升降作业人员应基本固定，电控作业人员由专业电工担任。

9.1.23 附着升降脚手架升降时，架体上不得有任何人员和施工荷载。

9.1.24 临街搭设时，外侧应有防止坠物伤人的防护措施。

9.1.25 安装、拆除时，在地面应设有围栏和警戒标志，并应派专人看守，非操作人员不得入内。

9.1.26 作业层上的施工荷载应符合设计要求，不得超载。不得将模板支架、缆风绳、泵送混凝土和砂浆的输送管等固定在架体上；不得用其悬挂起重设备。

9.1.27 遇 5 级及以上大风、大雨、大雪、浓雾和雷雨等恶劣天气时，不得进行附着升降脚手架升降作业。

9.1.28 当施工中发现附着升降脚手架故障和存在安全隐患时，应及时排除，对可能危及人身安全时，应停止作业，应由专业人员整改。整改后的附着升降脚手架应重新进行检查验收，合格方可使用。

9.1.29 扣件的螺栓拧紧扭力矩不应小于 40 N·m，且不应大于 65 N·m。

9.1.30 各地建筑安全主管部门及产权单位和使用单位应对附着升降脚手架建立设备技术档案，其主要内容应包含：机型、编号、出厂日期、验收、检修、试验、检修记录及故障事故情况。

9.1.31 附着升降脚手架在施工现场安装完毕后应进行整机检测。

9.1.32 附着升降脚手架的安装、升降、使用、拆除施工应符合国家现行标准《建筑施工工具式脚手架安全技术规范》JGJ 202 的有关规定。

9.2 附着升降脚手架的设计计算

9.2.1 荷载计算

1 永久荷载标准值：

永久荷载标准值包括：整个架体结构，围护设施、作业层设施以及固定于架体结构上的升降机构和其他设备、装置的自重，应按实际计算；其值也可按现行国家标准《建筑结构荷载规范》GB 50009 的规定确定。脚手板自重标准值和栏杆、挡脚板线荷载标准值可按本规程表 8.2.2-2 的规定选用，密目式安全立网应按 0.01 kN/m² 选用。

2 可变荷载标准值：

可变荷载中的施工活荷载标准值包括：施工人员、材料及施工机具，应根据施工具体情况，按使用、升降及坠落三种工况确定控制荷载标准值，设计计算时施工活荷载标准值应按表 9.2.1-1 的规定选取。

表 9.2.1-1　施工活荷载标准值（kN/m²）

工况类别		同时作业层数	每层活荷载标准值	备　　注
使用工况	结构施工	2	3.0	
	装修施工	3	2.0	
升降工况	结构和装修施工	2	0.5	施工人员、材料、机具全部撤离
坠落工况	结构施工	2	0.5；3.0	在使用工况下坠落时，其瞬间标准荷载应为 3.0 kN/m²；升降工况下坠落其标准值应为 0.5 kN/m²
	装修施工	3	0.5；2.0	在使用工况下坠落时，其标准荷载为 2.0 kN/m²；升降工况下坠落其标准值应为 0.5 kN/m²

3 风荷载标准值应按下式计算：

$$\omega_k = \beta \cdot \mu_z \cdot \mu_s \cdot \omega_o \qquad (9.2.1-1)$$

式中　ω_k ——风荷载标准值（kN/m²）；

　　　　μ_z ——风压高度变化系数，应按现行国家标准《建筑结构荷载规范》GB 50009 的规定采用；

μ_s——脚手架风荷载体型系数，应按表 9.2.1-2 的规定采用，表中 φ 为挡风系数，应为脚手架挡风面积与迎风面积之比；密目式安全立网的挡风系数 φ 应按 0.8 计算；

ω_o——基本风压值（kN/m^2），应按现行国家标准《建筑结构荷载规范》GB 50009 中 R =10 年风压最大值选用，升降及坠落工况，可取 0.25 kN/m^2 计算；

β_z——风振系数，一般可取 1，也可按实际情况选取。

表 9.2.1-2 脚手架风荷载体型系数

背靠建筑物状况	全封闭	敞开开洞
μ_s	1.0φ	1.3φ

4 计算结构或构件的强度、稳定性及连接强度时，应采用荷载设计值；计算变形时，应采用荷载标准值。永久荷载的分项系数（γ_G）应采用 1.2，当对结构进行倾覆计算而对结构有利时，分项系数应采用 0.9。可变荷载的分项系数（γ_Q）应采用 1.4。风荷载标准值的分项系数（γ_{Qw}）应采用 1.4。

5 当采用容许应力法计算时，应采用荷载标准值作为计算依据。

6 附着升降脚手架应按最不利荷载组合进行计算，其荷载效应组合应按表 9.2.1-3 的规定采用，荷载效应组合设计值（S）应按式（9.2.1-2）、式（9.2.1-3）计算：

表 9.2.1-3 荷载效应组合

计 算 项 目	荷载效应组合
纵、横向水平杆，水平支承桁架，使用过程中的固定吊拉杆和竖向主框架，附墙支座、防倾及防坠落装置	永久荷载+施工活荷载
竖向主框架，脚手架立杆稳定性	① 永久荷载 + 施工荷载 ② 永久荷载 + 0.9（施工荷载+风荷载）取两种组合中的最不利组合计算
选择升降动力设备时，选择钢丝绳及索吊具时，横吊梁及吊拉杆计算	永久荷载 + 升降过程的活荷载
连墙杆及连墙件	风荷载 + 5.0 kN

不考虑风荷载时：$S = \gamma_G S_{Gk} + \gamma_Q S_{Qk}$ （9.2.1-2）

考虑风荷载时：$S = \gamma_G + 0.9(\gamma_Q S_{Qk} + \gamma_Q S_{wk})$ （9.2.1-3）

式中　S——荷载效应组合设计值（kN）；

　　　γ_G——永久荷载分项系数，取 1.2；

　　　γ_Q——可变荷载分项系数，取 1.4；

　　　S_{Gk}——永久荷载效应的标准值（kN）；

　　　S_{Qk}——可变荷载效应的标准值（kN）；

　　　S_{wk}——风荷载效应的标准值（kN）。

7 水平支承桁架应选用使用工况中的最大跨度进行计算，其上部的扣件式钢管脚手架计算立杆稳定时，其设计荷载值应乘以附加安全系数 $\gamma_1 = 1.43$。

8 附着升降脚手架使用的升降动力设备、吊具、索具、主框架在使用工况条件下，其设计荷载值应乘以附加荷载不均匀系数 $\gamma_2 = 1.3$；在升降、坠落工况时，其设计荷载值应乘以附加荷载不均匀系数 $\gamma_2 = 2.0$。

9 计算附墙支座时，应按使用工况进行，选取其中承受荷载最大处的支座进行计算，其设计荷载值应乘以冲击系数 $\gamma_3 = 2.0$。

9.2.2 设计计算基本规定

1 附着升降脚手架的设计应符合现行国家标准《钢结构设计规范》GB 50017、《冷弯薄壁型钢结构技术规范》GB 50018、《混凝土结构设计规范》GB 50010 以及其他相关标准的规定。

2 附着升降脚手架架体结构、附着支承结构、防倾装置、防坠装置的承载能力应按概率极限状态设计法的要求采用分项系数设计表达式进行设计，并应进行下列设计计算：

1） 竖向主框架构件的强度和压杆的稳定性计算；

2） 水平支承桁架构件的强度和压杆的稳定性计算；

3） 脚手架架体构架构件的强度和压杆的稳定性计算；

4） 附着支承结构构件的强度和压杆稳定性计算；

5） 附着支承结构穿墙螺栓以及螺栓孔处混凝土局部承压计算；

6） 连接节点计算。

3 竖向主框架、水平支承桁架，架体构架应根据正常使用极限状态的要求验算变形。

4 附着升降脚手架的索具、吊具应按有关机械设计的规定，按允许应力法进行设计。同时还应符合下列规定：

1） 荷载值应小于升降动力设备的额定值；

2） 吊具安全系数 K 应取 5；

3） 钢丝绳索具安全系数 $K = 6 \sim 8$，当建筑物层高 3 m 及以下时应取 6，3 m 以上时应取 8。

5 脚手架结构构件的容许长细比 $[\lambda]$ 应符合下列规定：

1） 竖向主桁架压杆：$[\lambda] \leqslant 150$；

2）脚手架立杆：$[\lambda] \leqslant 210$；

3）横向斜撑杆：$[\lambda] \leqslant 250$；

4）竖向主框架拉杆：$[\lambda] \leqslant 250$；

5）剪刀撑及其他拉杆：$[\lambda] \leqslant 250$。

6　受弯构件的挠度限值应符合表 9.2.2-1 的规定。

表 9.2.2-1　受弯构件的挠度限值

构 件 类 别	挠 度 限 值
脚手板和纵向、横向水平杆	$L/150$ 和 10 mm（L 为受弯杆件跨度）
水平支承桁架	$L/250$（L 为受弯杆件跨度）
悬臂受弯杆件	$L/400$（L 为受弯杆件跨度）

7　螺栓连接强度设计值应按表 9.2.2-2 的规定采用。

表 9.2.2-2　螺栓连接强度设计值（N/mm^2）

钢材强度等级	抗拉强度 f_c^b	抗剪强度 f_v^b
Q235	170	140

8　扣件承载力设计值应按表 9.2.2-3 的规定采用。

表 9.2.2-3　扣件承载力设计值

项　　目	承载力设计值/（kN）
对接扣件（抗滑）（1个）	3.2
直角扣件、旋转扣件（抗滑）（1个）	8.0

9　钢管截面特性及自重标准值应符合表 9.2.2-4 的规定。

表 9.2.2-4　钢管截面特性及自重标准值

外径 d/mm	壁厚 t/mm	截面面积 A/mm²	惯性矩 I/mm⁴	截面模量 W/mm³	回转半径 i/mm	每米长自重 /(N/m)
48.3	3.2	453	1.16×10^5	4.80×10^3	16.0	35.6
48.3	3.6	506	1.27×10^5	5.26×10^3	15.9	39.7

9.2.3 受弯构件计算应符合下列规定：

1 抗弯强度应按下式计算：

$$\sigma = \frac{M_{max}}{W_n} \leqslant f \qquad (9.2.3\text{-}1)$$

式中　M_{max}——最大弯矩设计值（N·m）；

　　　f——钢材的抗拉、抗压和抗弯强度设计值（N/mm²）；

　　　W_n——构件的净截面抵抗矩（mm³）。

2 挠度应按下列公式验算：

$$\upsilon \leqslant [\upsilon] \qquad (9.2.3\text{-}2)$$

$$\upsilon = \frac{5q_k l^4}{384EI_x} \qquad (9.2.3\text{-}3)$$

或　　　$$\upsilon = \frac{5q_k l^4}{384EI_x} + \frac{P_k l^3}{48EI_x} \qquad (9.2.3\text{-}4)$$

式中　υ——受弯构件的挠度计算值（mm）；

　　　$[\upsilon]$——受弯构件的容许挠度值（mm）；

　　　q_k——均布线荷载标准值（N/mm）；

　　　P_k——跨中集中荷载标准值（N）；

　　　E——钢材弹性模量（N/mm²）；

　　　I_x——毛截面惯性矩（mm⁴）；

l ——计算跨度（m）。

9.2.4 受拉和受压杆件计算应符合下列规定：

1 中心受拉和受压杆件强度应按下式计算：

$$\sigma = \frac{N}{A_n} \leqslant f \qquad (9.2.4\text{-}1)$$

式中 N ——拉杆或压杆最大轴力设计值（N）；

A_n ——拉杆或压杆的净截面面积（mm²）；

f ——钢材的抗拉、抗压和抗弯强度设计值（N/mm²）。

2 压弯杆件稳定性应满足下式要求：

$$\frac{N}{\varphi A} \leqslant f \qquad (9.2.4\text{-}2)$$

当有风荷载组合时，水平支承桁架上部的扣件式钢管脚手架立杆的稳定性应符合下式要求：

$$\frac{N}{\varphi A} + \frac{M_x}{W_x} \leqslant f \qquad (9.2.4\text{-}3)$$

式中 A ——压杆的截面面积（mm²）；

φ ——轴心受压构件的稳定系数，应按国家现行标准《建筑施工工具式脚手架安全技术规范》JGJ 202 的规定采用；

M_x ——压杆的弯矩设计值（N·m）；

W_x ——压杆的截面抗弯模量（mm³）；

f ——钢材抗拉、抗压和抗弯强度设计值（N/mm²）。

9.2.5 水平支承桁架设计计算应符合下列规定：

1 水平支承桁架上部脚手架立杆的集中荷载应作用在桁架上弦的节点上。

172

2 水平支承桁架应构成空间几何不可变体系的稳定结构。

3 水平支承桁架与竖向主框架的连接应设计成铰接并应使水平支承桁架按静定结构计算。

4 水平支承桁架设计计算应包括下列内容：

1）节点荷载设计值；

2）杆件内力设计值；

3）杆件最不利组合内力；

4）最不利杆件强度和压杆稳定性；受弯构件的变形验算；

5）节点板及节点焊缝或连接螺栓的强度。

5 水平支承桁架的外桁架和内桁架应分别计算，其节点荷载应为架体构架的立杆轴力；操作层内外桁架荷载的分配应通过小横杆支座反力求得。

9.2.6 竖向主框架设计计算应符合下列规定：

1 竖向主框架应是空间几何不可变体系的稳定结构，且受力明确。

2 竖向主框架内外立杆的垂直荷载应包括下列内容：

1）内外水平支承桁架传递来的支座反力；

2）操作层纵向水平杆传递给竖向主框架的支座反力。

3 风荷载按每根纵向水平杆挡风面承担的风荷载，传递给主框架节点上的集中荷载计算。

4 竖向主框架设计计算应包括下列内容：

1）节点荷载标准值的计算；

2）分别计算风荷载与垂直荷载作用下，竖向主框架杆件的内力设计值；

3）计算风荷载与垂直荷载组合最不利杆件的内力设计值；

4）最不利杆件强度和压杆稳定性以及受弯构件的变形计算；

5）节点板及节点焊缝或连接螺栓的强度；

6）支座的连墙件强度计算。

9.2.7 附墙支座设计应符合下列规定：

1 每一楼层处均应设置附墙支座，且每一附墙支座均应能承受该机位范围内的全部荷载的设计值，并应乘以荷载不均匀系数 2 或冲击系数 2。

2 应进行抗弯、抗压、抗剪、焊缝、平面内外稳定性、锚固螺栓计算和变形验算。

9.2.8 附着支承结构穿墙螺栓计算应符合下列规定：

1 穿墙螺栓应同时承受剪刀和轴向拉力，其强度应按下列公式计算：

$$\sqrt{\left(\frac{N_v}{N_v^b}\right)^2 + \left(\frac{N_t}{N_t^b}\right)^2} \leqslant 1 \qquad (9.2.8\text{-}1)$$

$$N_v^b = \frac{\pi D_{\text{螺}}^2}{4} f_v^b \qquad (9.2.8\text{-}2)$$

$$N_t^b = \frac{\pi d_0^2}{4} f_t^b \qquad (9.2.8\text{-}3)$$

式中　N_v，N_t——一个螺栓所承受的剪刀和拉力设计值（N）；

　　　　N_v^b，N_t^b——一个螺栓抗剪、抗拉承载能力设计值（N）；

　　　　$D_{\text{螺}}$——螺杆直径（mm）；

　　　　f_v^b——螺栓抗剪强度设计值，一般采用 Q235，取 f_v^b=140 N/mm²；

　　　　d_0——螺栓螺纹处有效截面直径（mm）；

　　　　f_t^b——螺栓抗拉强度设计值，一般采用 Q235，取 f_t^b=170 N/mm²。

9.2.9 穿墙螺栓孔处混凝土受压状况如图 9.2.9 所示，其承载能力应符合下式要求：

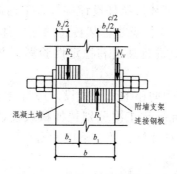

图 9.2.9 穿墙螺栓孔处混凝土受压状况图

$$N_v \leq 1.35\beta_b\beta_l f_c bd \qquad (9.2.9)$$

式中 N_v ——一个螺栓所承受的剪力设计值（N）；

β_b ——螺栓孔混凝土受荷计算系数，取 0.39；

β_l ——混凝土局部承压强度提高系数，取 1.73；

f_c ——上升时混凝土龄期试块轴心抗压强度设计值(N/mm^2)；

b ——混凝土外墙厚度（mm）；

d ——穿墙螺栓直径（mm）。

9.2.10 导轨（或导向柱）设计应符合下列规定：

1 荷载设计值应根据不同工况分别乘以相应的荷载不均匀系数。

2 应进行抗弯、抗压、抗剪、焊缝、平面内外稳定性、锚固螺栓计算和变形验算。

9.2.11 防坠装置设计应符合下列规定：

1 荷载的设计值应乘以相应的冲击系数。并应在一个机位内分别按升降工况和使用工况的荷载取值进行验算。

2 应依据实际情况分别进行强度和变形验算。

3 防坠装置不得与提升装置设置在同一个附墙支座上。

9.2.12 主框架底座和吊拉杆设计应符合下列规定：

1 荷载设计值应依据主框架传递的反力计算。

2 结构构件应进行强度和稳定性验算，并对连接焊缝及螺栓进行强度计算。

9.2.13 用作升降和防坠的悬臂梁设计应符合下列规定：

1 应按升降和使用工况分别选择荷载设计值，两种情况选取最不利的荷载进行计算，并应乘以冲击系数 2，使用工况时应乘以荷载不均匀系数 1.3。

2 应进行强度和变形计算。

3 悬挂动力设备或防坠装置的附墙支座应分别计算。

9.2.14 升降动力设备选择应符合下列规定：

1 应按升降工况一个机位范围内的总荷载，并乘以荷载不均匀系数 2 选取荷载设计值。

2 升降动力设备荷载设计值 N_s 不得大于其额定值 N_c。

9.2.15 液压油缸活塞推力应按下列公示计算：

$$p_Y \geq 1.2 p_1 \qquad (9.2.15-1)$$

$$P_H \geq \frac{\pi D^2}{4} p_Y \qquad (9.2.15-2)$$

式中　p_1——活塞杆的静工作阻力，也即是起重计算时一个液压机位的荷载设计值（kN/cm^2）；

　　　1.2——活塞运动的摩阻力系数；

　　　P_H——活塞杆设计推力（kN）；

　　　D——活塞直径（cm）；

　　　p_Y——液压油缸内的工作压力（kN/cm^2）。

9.2.16 对位于建筑物凸出或凹进结构处的附着升降脚手架,应进行专项设计。

9.3 施工准备

9.3.1 技术准备

1 附着升降脚手架组装前必须按《建筑施工工具式脚手架安全技术规范》JGJ 202 的有关规定,针对工程项目的具体情况编写专项施工方案,组织专家组进行专项论证审查。

2 配备附着升降脚手架项目班子。

3 编制施工进度及劳动力投入计划、提升架组装进度计划、升降计划及拆除计划。

9.3.2 材料准备(包括周转材料和防护材料)

架管、扣件、密目安全网、尼龙安全网、脚手板、尼龙绳、铁钉、不同规格数量的镀锌铁丝等。

9.3.3 主要机具设备准备

升降架、动力设备、切割机、电锤、对讲机、控制台、水准仪、经纬仪、测力矩板手、货车等。

9.3.4 职业健康及环保要求

1 上岗特种作业人员必须年满 18 岁,身体健康。患心脏病、高血压、恐高症的人员不允许上岗。

2 操作人员应持证上岗,操作时必须戴好安全帽,系好安全带,穿防滑鞋,严禁酒后作业。

3 附着升降脚手架在安装和拆卸过程中应尽量减少噪声对周围环境的影响。

4 每日工作完毕,应及时清理架体,设备及其他构件上的建筑垃圾和杂物。

9.4 附着升降脚手架构造要求

9.4.1 附着升降脚手架应由竖向主框架、水平支承桁架、架体构架、附着支承结构、防倾装置、防坠装置等组成。

9.4.2 附着升降脚手架结构构造的尺寸应符合下列规定：

1 架体高度不得大于 5 倍楼层高。

2 架体宽度不得大于 1.2 m。

3 直线布置的架体支承跨度不得大于 7 m，折线或曲线布置的架体，相邻两主框架支撑点处的架体外侧距离不得大于 5.4 m。

4 架体的水平悬挑长度不得大于 2 m，且不得大于跨度的 1/2。

5 架体全高与支承跨度的乘积不得大于 110 m²。

9.4.3 附着升降脚手架应在附着支承结构部位设置与架体高度相等的与墙面垂直的定型的竖向主框架，竖向主框架应是桁架或刚架结构，其杆件连接的节点应采用焊接或螺栓连接，并应与水平支承桁架和架体构架构成有足够强度和支撑刚度的空间几何不可变体系的稳定结构。竖向主框架结构构造（图 9.4.3）应符合下列规定：

1 竖向主框架可采用整体结构或分段对接式结构。结构形式应为竖向桁架或门形刚架形式等。各杆件的轴线应汇交于节点处，并应采用螺栓或焊接连接，如不交汇于一点，应进行附加弯矩验算。

2 当架体升降采用中心吊时，在悬臂梁行程范围内竖向主框架内侧水平杆去掉部分的断面，应采取可靠的加固措施。

3 主框架内侧应设有导轨。

4 竖向主框架宜采用单片式主框架（图 9.4.3（a））；或可采用空间桁架式主框架（图 9.4.3（b））。

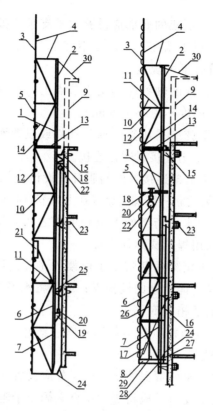

（a）竖向主框架为单片式 （b）竖向主框架为空间桁架式

图 9.4.3 两种不同主框架的架体断面构造图

1—竖向主框架；2—导轨；3—密目安全网；4—架体；5—剪刀撑（45°～60°）；6—立杆；7—水平支承桁架；8—竖向主框架底部托盘；9—正在施工层；10—架体横向水平杆；11—架体纵向水平杆；12—防护栏杆；13—脚手板；14—作业层挡脚板；15—附墙支座（含导向、防倾装置）；16—吊拉杆（定位）；17—花篮螺栓；18—升降上吊挂点；19—升降下吊挂点；20—荷载传感器；21—同步控制装置；22—电动葫芦；23—锚固螺栓；24—底部脚手板及密封翻板；25—定位装置；26—升降钢丝绳；27—导向滑轮；28—主框架底部托座与附墙支座临时固定连接点；29—升降滑轮；30—临时拉结

9.4.4 在竖向主框架的底部应设置水平支承桁架，其宽度应与主框架相同，平行于墙面，其高度不宜小于 1.8 m。水平支承桁架结构构造应符合下列规定：

1 桁架各杆件的轴线应相交于节点上，并宜用节点板构造连接，节点板的厚度不得小于 6 mm。

2 桁架上下弦应采用整根通长杆件或设置刚性接头。腹杆与上下弦连接应采用焊接或螺栓连接。

3 桁架与主框架连接处的斜腹杆宜设计成拉杆。

4 架体构架的立杆底端应放置在上弦节点各轴线的交汇处。

5 内外两片水平桁架的上弦和下弦之间应设置水平支撑杆件，各节点应采用焊接或螺栓连接。

6 水平支承桁架的两端与主框架的连接，可采用杆件轴线交汇于一点，且为能活动的铰接点；或可将水平支承桁架放在竖向主框架的底端的桁架底框中。

9.4.5 附着支承结构应包括附墙支座、悬臂梁及斜拉杆，其构造应符合下列规定：

1 竖向主框架所覆盖的每一楼层处应设置一道附墙支座。

2 在使用工况时，应将竖向主框架固定于附墙支座上。

3 在升降工况时，附墙支座上应设有防倾、导向的结构装置。

4 附墙支座应采用锚固螺栓与建筑物连接，受拉螺栓的螺母不得少于两个或应采用弹簧垫圈加单螺母，螺杆露出螺母端部的长度不应少于 3 扣，并不得小于 10 mm，垫板尺寸应由设计确定，且不得小于 100 mm×100 mm×10 mm。

5 附墙支座支承在建筑物上连接处混凝土的强度应按设计要求确定，且不得小于 C10。

9.4.6 架体构架宜采用扣件式钢管脚手架，其结构构造应符合国家现行标准《建筑施工扣件式钢管脚手架安全技术规范》JGJ 130 的规定。架体构架应设置在两竖向主框架之间,并应以纵向水平杆与之相连,其立杆应设置在水平支承桁架的节点上。

9.4.7 水平支承桁架最底层应设置脚手板,并应铺满铺牢,与建筑物墙面之间也应设置脚手板全封闭,宜设置可翻转的密封翻板。在脚手板的下面应采用安全网兜底。

9.4.8 架体悬臂高度不得大于架体高度的 2/5,且不得大于 6 m。

9.4.9 当水平支承桁架不能连续设置时,局部可采用脚手架杆件进行连接,但其长度不得大于 2 m,且应采取加强措施,确保其强度和刚度不得低于原有的桁架。

9.4.10 物料平台不得与附着升降脚手架各部位和各结构构件相连,其荷载应直接传递给建筑工程结构。

9.4.11 当架体遇到塔吊、施工升降机、物料平台需断开或开洞时,断开处应加设栏杆和封闭,开口处应有可靠的防止人员及物料坠落的措施。

9.4.12 架体外立面应沿全高连续设置剪刀撑,并应将竖向主框架、水平支承桁架和架体构架连成一体,剪刀撑斜杆水平夹角应为 45°~60°;应与所覆盖架体构架上每个主节点的立杆或横向水平杆伸出端扣紧;悬挑端应以竖向主框架为中心成对设置对称斜拉杆,其水平夹角不应小于 45°。

9.4.13 架体结构应在以下部位采取可靠的加强构造措施:

1 与附墙支座的连接处。

2 架体上提升机构的设置处。

3 架体上防坠、防倾装置的设置处。

4 架体吊拉点设置处。

5 架体平面的转角处。

6 架体因碰到施工升降机、物料平台等设施而需要断开或开洞处。

7 架体升降时在塔吊附墙支承杆件部位的架体构架连接杆件须拆除，架体升降到位后此部位的连接杆件应采取加强构造措施连接到位。

8 其他有加强要求的部位。

9.4.14 附着升降脚手架的安全防护措施应符合下列规定：

1 架体外侧应采用密目式安全立网全封闭，密目式安全立网的网目不应低于 2 000 目/100 cm²，且应可靠地固定在架体上。

2 作业层外侧应设置 1.2 m 高的防护栏杆和 180 mm 高的挡脚板。

3 作业层应设置固定牢靠的脚手板，其与结构之间的间距应满足国家现行标准《建筑施工扣件式钢管脚手架安全技术规范》JGJ 130 的相关规定。

9.4.15 附着升降脚手架构配件的制作应符合下列规定：

1 应具有完整的设计图纸、工艺文件、产品标准和产品质量检验规程；制作单位应有完善有效的质量管理体系。

2 制作构配件的原材料和辅料的材质及性能应符合设计要求，并应按本规程第 9.1.2 条、第 9.1.3 条的规定对其进行验证和检验。

3 加工构配件的工装、设备及工具应满足构配件制作精度的要求，并应定期进行检查，工装应有设计图纸。

4 构配件应按工艺要求及检验规程进行检验；对附着支承结构、防倾、防坠落装置等关键部件的加工件应进行 100%检验；构配件出厂时，应提供出厂合格证。

9.4.16 附着升降脚手架应在每个竖向主框架处设置升降设备，

升降设备应采用电动葫芦或电动液压设备，单跨升降时可采用手动葫芦，并应符合下列规定：

    1 升降设备应与建筑结构和架体有可靠连接。

    2 固定电动升降动力设备的建筑结构应安全可靠。

    3 设置电动液压设备的架体部位，应有加强措施。

9.4.17 两主框架之间架体的搭设应符合国家现行标准《建筑施工扣件式钢管脚手架安全技术规范》JGJ 130 的规定。

9.4.18 附着升降脚手架必须具有防倾覆、防坠落和同步升降控制的安全装置。

9.4.19 防倾覆装置应符合下列规定：

    1 防倾覆装置中应包括导轨和两个以上与导轨连接的可滑动的导向件。

    2 在防倾覆导向件的范围内应设置防倾覆导轨，且应与竖向主框架可靠连接。

    3 在升降和使用两种工况下，最上和最下两个导向件之间的最小间距不得小于 2.8 m 或架体高度的 1/4。

    4 应具有防止竖向主框架倾斜的功能。

    5 应采用螺栓与附墙支座连接，其装置与导轨之间的间隙应小于 5 mm。

9.4.20 防坠落装置必须符合下列规定：

    1 防坠落装置应设置在竖向主框架处并附着在建筑结构上，每一升降点不得少于一个防坠落装置，防坠落装置在使用和升降工况下都必须起作用。

    2 防坠落装置必须采用机械式的全自动装置，严禁使用每次升降都需重组的手动装置。

3 防坠落装置技术性能除应满足承载能力要求外，还应符合表 9.4.20 的规定。

表 9.4.20　防坠落装置技术性能

脚手架类别	制动距离/mm
整体式升降脚手架	≤80
单片式升降脚手架	≤150

4 防坠落装置应具有防尘、防污染的措施，并应灵敏可靠和运转自如。

5 防坠落装置与升降设备必须分别独立固定在建筑结构上。

6 钢吊杆式防坠落装置，钢吊杆规格应由计算确定，且不应小于 $\phi 25$ mm。

9.4.21 同步控制装置应符合下列规定：

1 附着升降脚手架升降时，必须配备有限制荷载或水平高差的同步控制系统。连续式水平支承桁架，应采用限制荷载自控系统；简支静定水平支承桁架，应采用水平高差同步自控系统；当设备受限时，可选择限制荷载自控系统。

2 限制荷载自控系统应具有下列功能：

1）当某一机位的荷载超过设计值的 15%时，应采用声光形式自动报警和显示报警机位；当超过 30%时，应能使该升降设备自动停机；

2）应具有超载、失载、报警和停机的功能；宜增设显示记忆和储存功能；

3）应具有自身故障报警功能，并应能适应施工现场环境；

4）性能应可靠、稳定，控制精度应在 5%以内。

3 水平高差同步控制系统应具有下列功能：

1）当水平支承桁架两端高差达到 30 mm 时，应能自动停机；

2）应具有显示各提升点的实际升高和超高的数据，并应有记忆和储存的功能；

3）不得采用附加重量的措施控制同步。

9.5 附着升降脚手架施工工艺

9.5.1 工艺流程

1 附着升降脚手架安装、第一次提升工艺流程：

搭设安装操作平台、安装穿墙螺栓和附墙支座→安装竖向主框架→安装底部水平支承桁架→安装架体构架→铺设操作层脚手板，安装密目安全网→安装防坠落装置→安装升降设备→敷设电控系统、安装同步控制装置→进行升降调试→自检验收和签字→提升到位、固定架体，安装限位锁、斜拉杆→架体上部与建筑物临时拉接→施工人员上架作业

2 附着升降脚手架楼层提升工艺流程：

上一层楼施工完毕→安装上一层穿墙螺栓和附墙支座→上移一层楼面提升挂座位置→挂好电动葫芦，预紧提升钢丝绳→拆除限位锁，斜拉杆及架体连墙构件→检查各工序是否完成，有无障碍，做好记录，符合要求，准备提升→架体提升一层→固定架体，安装限位锁、斜拉杆→架体上部与建筑物临时拉接→检查验收、做好记录→施工人员上架作业

9.5.2 附着升降脚手架安装作业规定

1 附着升降脚手架应按专项施工方案进行安装，可采用单片式主框架的架体（图 9.5.2-1），也可采用空间桁架式主框架的架体（图 9.5.2-2）。

2 附着升降脚手架在首层安装前应设置安装平台，安装平台应有保障施工人员安全的防护设施，安装平台的水平精度和承载能力应满足架体安装的要求。

3 安装时应符合下列规定：

1）相邻竖向主框架的高差不应大于 20 mm；

2）竖向主框架和防倾导向装置的垂直偏差应不大于 5‰，且不得大于 60 mm；

3）预留穿墙螺栓孔和预埋件应垂直于建筑结构外表面，其中心误差应小于 15 mm；

4）连接处所需要的建筑结构混凝土强度应由计算确定，但不应小于 C10；

5）升降机构连接应正确且牢固可靠；

6）安全控制系统的设置和试运行效果符合设计要求；

7）升降动力设备工作正常。

4 附着支承结构的安装应符合设计规定，不得少装和使用不合格螺栓及连接件。

5 安全保险装置应全部合格，安全防护设施应齐备，且应符合设计要求，并应设置必要的消防设施。

6 电源、电缆及控制柜等的设置应符合国家现行标准《施工现场临时用电安全技术规范》JGJ 46 的有关规定。

7 采用扣件式脚手架搭设的架体构架，其构造应符合国家现行标准《建筑施工扣件式钢管脚手架安全技术规范》JBJ 130 的要求。

8 升降设备、同步控制系统及防坠落装置等专项设备，均应采用同一厂家的产品。

9 升降设备、控制系统、防坠落装置等应采取防雨、防砸、防尘等措施。

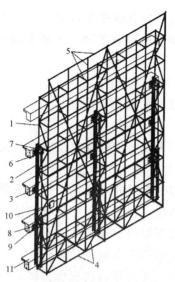

图 9.5.2-1　单片式主框架的架体示意图

1—竖向主框架（单片式）；2—导轨；3—附墙支座（含防倾覆、防坠落装置）；4—水平支承桁架；5—架体构架；6—升降设备；7—升降上吊挂件；8—升降下吊点（含荷载传感器）；9—定位装置；10—同步控制装置；11—工程结构

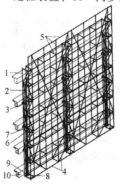

图 9.5.2-2　空间桁架式主框架的架体示意图

1—竖向主框架（空间桁架式）；2—导轨；3—悬臂梁（含防倾覆装置）；4—水平支承桁架；5—架体构架；6—升降设备；7—悬吊梁；8—下提升点；9—防坠落装置；10—工程结构

9.5.3 附着升降脚手架升降作业规定

1 附着升降脚手架可有手动、电动和液压三种升降形式，并应符合下列规定：

1）单跨架体升降时，可采用手动、电动和液压三种升降形式；

2）当两跨以上的架体同时整体升降时，应采用电动或液压设备。

2 附着升降脚手架每次升降前，应按本规程表 9.6.5 的规定进行检查，经检查合格后，方可进行升降。

3 附着升降脚手架的升降操作应符合下列规定：

1）应按升降作业程序和操作规程规进行作业；

2）操作人员不得停留在架体上；

3）升降过程中不得有施工荷载；

4）所有妨碍升降的障碍物应已拆除；

5）所有影响升降作业的约束应已解除；

6）各相邻提升点间的高差不得大于 30 mm，整体架最大升降差不得大于 80 mm。

4 升降过程中应实行统一指挥、统一指令。升降指令应由总指挥一人下达；当有异常情况出现时，任何人均可立即发出停止指令。

5 当采用环链葫芦作升降动力时，应严密监视其运行情况，及时排除翻链、铰链和其他影响正常运行的故障。

6 当采用液压设备作升降动力时，应排除液压系统的泄漏、失压、颤动、油缸爬行和不同步等问题和故障，确保正常工作。

7 架体升降到位后，应及时按使用状况要求进行附着固定。在没有完成架体固定工作前，施工人员不得擅自离岗或下班。

8 附着升降脚手架架体升降到位固定后，应按本规程表 9.6.4 进行检查，合格后方可使用。

9.5.4 附着升降脚手架使用作业规定

1 附着升降脚手架应按设计性能指标进行使用，不得随意扩大使用范围。架体上的施工荷载应符合设计规定，不得超载，不得放置影响局部杆件安全的集中荷载。

2 架体内的建筑垃圾和杂物应及时清理干净。

3 附着升降脚手架在使用过程中不得进行下列作业：

1）利用架体吊运物料；

2）在架体上拉结吊装缆绳（或缆索）；

3）在架体上推车；

4）任意拆除结构件或松动连接件；

5）拆除或移动架体上的安全防护设施；

6）利用架体支撑模板或卸料平台；

7）其他影响架体安全的作业。

4 当附着升降脚手架停用超过 3 个月时，应提前采取加固措施。

5 当附着升降脚手架停用超过 1 个月或遇 6 级及以上大风后复工时，应进行检查，确认合格后方可使用。

6 螺栓连接件、升降设备、防倾装置、防坠落装置、电控设备、同步控制装置等应每月进行维护保养。

9.5.5 附着升降脚手架拆除作业规定

1 附着升降脚手架的拆除工作应按专项施工方案及安全操作规程的有关要求进行。

2 应对拆除作业人员进行安全技术交底。

3 拆除时应有可靠的防止人员或物料坠落的措施，拆除的材料及设备不得抛扔。

4 拆除作业应在白天进行。遇 5 级及以上大风、大雨、大雪、浓雾和雷雨等恶劣天气时，不得进行拆除作业。

9.6 质量记录

9.6.1 附着升降脚手架安装、升降、使用及拆除检查验收时，应提供下列文件和记录：

    1 相应资质证书及安全生产许可证；

    2 附着升降脚手架的鉴定或验收证书；

    3 产品进场前的自检记录；

    4 特种作业人员和管理人员岗位证书；

    5 各种材料、工具的质量合格证、材质单、测试报告；

    6 主要部件及提升机构的合格证；

    7 附着升降脚手架安装、升降、使用及拆除的专项施工方案（并应附有计算书），专家组的专项论证审查报告；

    8 安全技术交底文件；

    9 检查验收记录。

9.6.2 附着升降脚手架应在下列阶段进行检查与验收：

    1 首次安装完毕；

    2 提升或下降前；

    3 提升、下降到位，投入使用前。

9.6.3 在附着升降脚手架使用、提升和下降阶段均应对防坠、防倾装置进行检查验收，合格后方可作业。

9.6.4 附着升降脚手架首次安装完毕及使用前，应按表 9.6.4 的规定进行检验验收，合格后方可使用。

表 9.6.4 附着升降脚手架首次安装完毕及使用前检查验收表

工程名称			结构形式	
建筑面积			机位布置情况	
总包单位			项目经理	
租赁单位			项目经理	
安拆单位			项目经理	

序号	检查项目		标　准	检查结果
1	保证项目	竖向主框架	各杆件的轴线应汇交于节点处，并应采用螺栓或焊接连接，如不汇交于一点，应进行附加弯矩验算	
2			各节点应焊接或螺栓连接	
3			相邻竖向主框架的高差 ≤ 30 mm	
4		水平支承桁架	桁架上、下弦应采用整根通长杆件，或设置刚性接头；腹杆上、下弦连接应采用焊接或螺栓连接	
5			桁架各杆件的轴线应相交于节点上，并宜用节点板构造连接，节点板的厚度不得小于 6 mm	
6		架体构造	空间几何不可变体系的稳定结构	
7		立杆支承位置	架体构架的立杆底端应放置在上弦节点各轴线的交汇处	
8		立杆间距	应符合国家现行标准《建筑施工扣件式钢管脚手架安全技术规范》JGJ 130 中小于等于 1.5 m 的要求	
9		纵向水平杆的步距	应符合国家现行标准《建筑施工扣件式钢管脚手架安全技术规范》JGJ 130 中小于等于 1.8 m 的要求	
10		剪刀撑设置	水平夹角应满足 45° ~ 60°	
11		脚手板设置	架体底部铺设严密，与墙体无间隙，操作层脚手板应铺满、铺牢，孔洞直径小于 25 mm	
12		扣件拧紧扭力矩	40 ~ 65 N·m	

序号	检查项目		标　准	检查结果
13	保证项目	附墙支座	每个竖向主框架所覆盖的每一楼层处应设置一道附墙支座	
14			使用工况，应将竖向主框架固定于附墙支座上	
15			升降工况，附墙支座上应设有防倾、导向的结构装置	
16			附墙支座应采用锚固螺栓与建筑结构连接，受拉螺栓的螺母不得少于两个或采用单螺母加弹簧垫圈	
17			附墙支座支承在建筑物上连接处混凝土的强度应按设计要求确定，但不得小于 C10	
18		架体构造尺寸	架高 ≤ 5 倍层高	
19			架宽 ≤ 1.2 m	
20			架体全高 × 支承跨度 ≤ 110 m²	
21			支承跨度直线型 ≤ 7 m	
22			支承跨度折线或曲线型架体，相邻两主框架支撑点处的架体外侧距离 ≤ 5.4 m	
23			水平悬挑长度不大于 2 m，且不大于跨度的 1/2	
24			升降工况上端悬臂高度不大于 2/5 架体高度，且不大于 6 m	
25			水平悬挑端以竖向主框架为中心对称斜拉杆水平夹角 ≥ 45°	
26		防坠落装置	防坠落装置应设置在竖向主框架处并附着在建筑结构上	
27			每一升降点不得少于一个，在使用和升降工况下都能起作用	
28			防坠落装置与升降设备应分别独立固定在建筑结构上	
29			应具有防尘防污染的措施，并应灵敏可靠和运转自如	
30			钢吊杆式防坠落装置，钢吊杆规格应由计算确定，且不应小于 φ25 mm	

序号	检查项目		标　　准	检查结果
31	保证项目	防倾覆装置设置情况	防倾覆装置中应包括导轨和两个以上与导轨连接的可滑动的导向件	
32			在防倾覆导向件的范围内应设置防倾覆导轨，且应与竖向主框架可靠连接	
33			在升降和使用两种工况下，最上和最下两个导向件之间的最小间距不得小于 2.8 m 或架体高度的 1/4	
34			应具有防止竖向主框架倾斜的功能	
35			应用螺栓与附墙支座连接，其装置与导轨之间的间隙应小于 5 mm	
36		同步装置设置情况	连续式水平支承桁架，应采用限制荷载自控系统	
37			简支静定水平支承桁架，应采用水平高差同步自控系统，若设备受限时可选择限制荷载自控系统	
38	一般项目	防护设施	密目式安全立网规格型号 ≥2 000 目/100 cm^2，≥3 kg/张	
39			防护栏杆高度为 1.2 m	
40			档脚板高度为 180 mm	
42			架体底层脚手板铺设严密，与墙体无间隙	

检查结论				
检查人签字	总包单位	分包单位	租赁单位	安拆单位

符合要求，同意使用（　　　）

不符合要求，不同意使用（　　　）

总监理工程师（签字）

　　　　　　　　　　　　　　　　　　　年　　　月　　　日

注：本表由施工单位填报，监理单位、施工单位、租赁单位、安拆单位各存一份。

9.6.5 附着升降脚手架提升、下降作业前应按表 9.6.5 的规定进行检验验收，合格后方可实施提升或下降作业。

表 9.6.5 附着升降脚手架提升、下降作业前检查验收表

工程名称			结构形式	
建筑面积			机位布置情况	
总包单位			项目经理	
租赁单位			项目经理	
安拆单位			项目经理	
序号		检查项目	标　准	检查结果
1	保证项目	支承结构与工程结构连接处混凝土强度	达到专项方案计算值，且≥C10	
2		附墙支座设置情况	每个竖向主框架所覆盖的每一楼层处应设置一道附墙支座	
3			附墙支座上应设有完整的防坠、防倾、导向装置	
4		升降装置设置情况	单跨升降式可采用手动葫芦；整体升降式应采用电动葫芦或液压设备；应启动灵敏，运转可靠，旋转方向正确；控制柜工作正常，功能齐备	
5		防坠落装置设置情况	防坠落装置应设置在竖向主框架处，并附着在建筑结构上	
6			每一升降点不得小于一个，在使用和升降工况下都能起作用	
7			防坠落装置与升降设备应分别独立固定在建筑结构上	
8			应具有防尘防污染的措施，并应灵敏可靠和运转自如	
9			设置方法及部位正确，灵敏可靠，不应人为失效和减少	
10			钢吊杆式防坠落装置，钢吊杆规格应由计算确定，且不应小于ϕ25 mm	

序号	检查项目		标 准	检查结果
11		防倾覆装置设置情况	防倾覆装置中应包括导轨和两个以上与导轨连接的可滑动的导向件	
12			在防倾覆导向件的范围内应设置防倾覆导轨，且应与竖向主框架可靠连接	
13			在升降和使用两种工况下，最上和最下两个导向件之间的最小间距不得小于 2.8 m 或架体高度的 1/4	
14		建筑物的障碍物清除情况	无障碍物阻碍外架的正常滑升	
15		架体构架上的连墙杆	应全部拆除	
16		塔吊或施工电梯附墙装置	符合专项施工方案的规定	
17		专项施工方案	符合专项施工方案的规定	
18	一般项目	操作人员	经过安全技术交底并持证上岗	
19		运行指挥人员、通讯设备	人员已到位，设备工作正常	
20		监督检查人员	总包单位和监理单位人员已到场	
21		电缆线路、开关箱	符合国家现行标准《施工现场临时用电安全技术规范》JGJ 46 中的对线路负荷的计算要求；设置专用的开关箱	

检查结论				

检查人签字	总包单位	分包单位	租赁单位	安拆单位

符合要求，同意使用（　　　）

不符合要求，不同意使用（　　　）

总监理工程师（签字）

年　　　　月　　　　日

注：本表由施工单位填报，监理单位、施工单位、租赁单位、安拆单位各存一份。

10 钢筋加工

10.1 一般规定

10.1.1 适用范围

适用于建筑物和构筑物的现浇结构或预制构件的钢筋加工。

10.1.2 施工现场所用钢筋的材质、规格应与设计的施工图相一致。

10.1.3 钢筋的原材料质量应符合本规程第 10.5.1 条的规定。

10.1.4 当钢筋的品种、级别或规格需做变更时，应办理设计变更文件。

10.1.5 钢筋工程宜采用专业化生产的成型钢筋。

10.1.6 钢筋进场检查应符合下列规定：

1 应检查钢筋的质量证明文件。

2 应按国家现行有关标准的规定抽样检验屈服强度、抗拉强度、伸长率、弯曲性能及单位长度重量偏差。

3 经产品质量认证符合要求的钢筋，其检验批量可扩大一倍。在同一工程中，同一厂家、同一牌号、同一规格的钢筋连续三次进场检验均一次检验合格时，其后的检验批量可扩大一倍。

4 当无法准确判断钢筋品种、牌号时，应增加化学成分、晶粒度等检验项目。

5 成型钢筋进场时，应检查成型钢筋的质量证明文件、成型钢筋所用材料质量证明文件及检验报告，并应抽样检验成型钢筋的屈服强度、抗拉强度、伸长率和重量偏差。检验批量可由合同约定，同一工程、同一原材料来源、同一组生产设备生产的成型钢筋，检验批量不宜大于 30 t。

10.1.7 钢筋加工宜在常温状态下进行，加工过程中不应对钢筋加热，钢筋应一次弯折到位。

10.1.8 施工过程中应采取防止钢筋混淆的措施。

10.2 施 工 准 备

10.2.1 技术准备

熟悉施工图，编制钢筋配料单，进行技术交底。

10.2.2 材料准备

1 钢筋进场时和使用前应对外观质量进行检查，弯折钢筋不得校直后作为受力钢筋使用。

2 钢筋表层的油渍、漆污和铁锈等应在使用前清理干净。表面有颗粒状、片状老锈或有损伤的钢筋不得使用。

10.2.3 主要机具准备

电动除锈机、调直机、钢筋冷拉机、钢筋切断机、钢筋弯曲机、手工扳手、电动切割机、钢剪等。

10.2.4 作业条件

1 钢筋应按施工现场平面布置图中指定位置分类堆放。

2 钢筋机具应按施工现场平面布置图中指定位置安放，并检查机具运行是否正常。

3 敷设用电专线，并保证电压稳定。

10.3 施 工 工 艺

10.3.1 工艺流程

复核配料单→统一排料→调置挡板→直筋就位→切断→成型→堆放

10.3.2　钢筋加工作业规定

1　钢筋切断应在调直后进行。

2　断料准备：

1）根据配料单复核料牌所写钢筋级别、规格、尺寸、数量是否正确；

2）对同规格钢筋应分别进行长短搭配，统筹排料；

3）在工作台上标出尺寸刻度线，并设置控制断料尺寸用的挡板。

3　断料注意事项：

1）计算下料长度时，应扣除钢筋弯曲时的延伸值，钢筋弯曲调整值参见表10.3.2；

表 10.3.2　钢筋弯曲调整值

钢筋弯曲角度	30°	45°	60°	90°	135°
钢筋弯曲调整值	0.30d	0.50d	0.80d	2d	2.50d

注：d 为钢筋直径。

2）一次切断根数严禁超过机械性能规定范围；

3）手执钢筋处应距刀口150 mm以外，待活动片往后退时，再将钢筋握紧送入刀口。

4）钢筋切断后应按级别、规格、类型分别堆放并挂牌。

4　钢筋成型：

钢筋成型应根据料牌所注形式、尺寸进行加工。形式复杂的应先放样、试弯并经检查合格后再成批加工。钢筋应在弯曲成型

198

机上弯曲成型。成型好的钢筋应按级别、规格、类型分别堆放并挂牌。

10.3.3 钢筋弯钩与弯折应符合下列规定：

1 HPB235、HPB300 级光圆钢筋，钢筋末端应做 180° 弯钩，弯弧内直径 D 不应小于钢筋直径的 2.5 倍，弯钩的平直段长度不应小于钢筋直径的 3 倍，见图 10.3.3（a）。

2 HRB335、HRBF335、HRB400、HRBF400、RRB400 级带肋钢筋，钢筋末端需作 135° 弯钩时，弯弧内直径 D 不应小于钢筋直径的 4 倍，弯钩的平直段长度应符合设计要求，见图 10.3.3（b）。

3 弯折钢筋作不大于 90° 的弯折时，弯折处的弯弧内直径 D 不应小于钢筋直径的 5 倍，见图 10.3.3（c）、图 10.3.3（d）。

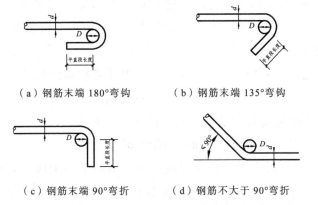

（a）钢筋末端 180°弯钩　　　（b）钢筋末端 135°弯钩

（c）钢筋末端 90°弯折　　　（d）钢筋不大于 90°弯折

图 10.3.3　钢筋弯钩、弯折及弯弧内直径"D"示意图

4 HRB500、HRBF500 级带肋钢筋，当直径为 28 mm 以下时弯弧内直径 D 不应小于钢筋直径的 6 倍，当钢筋直径为 28 mm 及以上时弯弧内直径 D 不应小于钢筋直径的 7 倍。

5 位于框架结构顶层端节点处的梁上部纵向钢筋和柱外侧

纵向钢筋，在节点角部弯折处，当钢筋直径为 28 mm 以下时弯弧内直径 D 不宜小于钢筋直径的 12 倍，当钢筋直径为 28 mm 及以上时弯弧内直径 "D" 不宜小于钢筋直径的 16 倍。

6 冷扎带肋钢筋末端可不做弯钩。当钢筋末端需作 90°或 135°弯折时，钢筋的弯弧内直径 D 不应小于钢筋直径的 5 倍。

10.3.4 箍筋、拉筋弯钩应符合设计要求，当设计无具体要求时，应符合下列规定：

1 箍筋弯钩的弯弧内直径除应满足本规程第 10.3.3 条第 2 款的规定外，尚不应小于受力钢筋直径。

2 箍筋弯钩的弯折角度：对一般结构不应小于 90°；对有抗震设防要求的结构应为 135°。

3 箍筋弯钩的平直段长度：对一般结构，不应小于箍筋直径的 5 倍；对有抗震设防要求的结构，不应小于箍筋直径的 10 倍和 75 mm 的较大值。

4 圆形箍筋的搭接长度不应小于其受拉锚固长度，且两末端均应作不小于 135°的弯钩，弯钩的平直段长度对一般结构构件不应小于箍筋直径的 5 倍，对有抗震设防要求的结构构件不应小于箍筋直径的 10 倍和 75 mm 的较大值。

5 拉筋用作梁、柱复合箍筋中单肢箍筋或梁腰筋间拉结筋时，两端弯钩的弯折角度均不应小于 135°，弯钩的平直段长度应符合本规程第 10.3.4 条第 3 款的规定；拉筋用作剪力墙、楼板等构件中拉结筋时，两端弯钩可采用一段 135°另一端 90°，弯钩的平直段长度不应小于拉筋直径的 5 倍。

10.3.5 焊接封闭箍筋宜采用闪光对焊，也可采用气压焊或单面搭接焊，并宜采用专用设备进行焊接。焊接封闭箍筋下料长度和端头加工应按焊接工艺确定。焊接封闭箍筋的焊点设置，应符合下列规定：

1 每个箍筋的焊点数量应为 1 个，焊点宜位于多边形箍筋中的某边中部，且距箍筋弯折处的位置不宜小于 100 mm。

2 矩形柱箍筋焊点宜设置在柱短边，等边多边形柱箍筋焊点可设在任一边；不等边多边形柱箍筋焊点应位于不同边上。

3 梁箍筋焊点应设置在顶边或底边。

10.3.6 当钢筋采用机械锚固措施时，钢筋锚固端的加工应符合国家现行相关标准的规定。采用钢筋锚固板时，应符合国家现行标准《钢筋锚固板应用技术规程》JGJ 256 的有关规定。

10.4 预埋件制作施工

10.4.1 预埋件锚板的厚度和锚筋的数量、直径、锚固长度由设计确定，同时应满足下列要求：

1 受力预埋件的锚筋应采用热轧钢筋，严禁采用冷加工钢筋。

2 预埋件的受力直锚筋应满足设计要求。

3 对用于有抗震要求的预埋件，其锚筋在靠近锚板 50 mm 处，宜设置一根直径不小于 10 mm 的封闭箍筋。

4 对排架柱顶预埋件的锚板边长大于 300 mm × 300 mm 时，宜在锚板中设置排气及观察孔若干个，以确保锚板下混凝土浇筑密实。

10.4.2 预埋件钢筋电弧焊 T 形接头可分为角焊和穿孔塞焊两种（图 10.4.2），装配和焊接时，应符合下列规定：

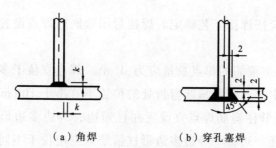

（a）角焊　　　　　（b）穿孔塞焊

图 10.4.2　预埋件钢筋电弧焊 T 形接头

k—焊脚尺寸

1　当采用 HPB300 级钢筋时，角焊缝焊脚尺寸"*k*"不得小于钢筋直径的 50%；采用其他牌号钢筋时，焊脚尺寸"*k*"不得小于钢筋直径的 60%。

2　施焊中，不得使钢筋咬边和烧伤。

10.4.3　钢筋与钢板搭接焊时，焊接接头（图 10.4.3）应符合下列规定：

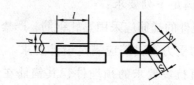

图 10.4.3　钢筋与钢板搭接焊接头

d—钢筋直径；*l*—搭接长度；*b*—焊缝宽度，*S*—焊缝有效厚度

1　HPB300 级钢筋的搭接长度"*l*"不得小于 4 倍钢筋直径，其他牌号钢筋的搭接长度"*l*"不得小于 5 倍钢筋直径。

2　焊缝宽度不得小于钢筋直径的 60%，焊缝有效厚度不得小于钢筋直径的 35%。

10.4.4 预埋件钢筋埋弧压力焊

1 预埋件钢筋埋弧压力焊设备应符合下列规定：

1）当钢筋直径为 6 mm 时，可选用 500 型弧焊变压器作为焊接电源；当钢筋直径为 8 mm 及以上时，应选用 1000 型弧焊变压器作为焊接电源；

2）焊接机构应操作方便、灵活；宜装有高频引弧装置；焊接地线宜采取对称接地法，以减少电弧偏移；操作台面上应装有电压表和电流表；

3）控制系统应灵敏、准确，并应配备时间显示装置或时间继电器，以控制焊接通电时间。

2 埋弧压力焊工艺过程应符合下列规定：

1）钢板应放平，并应与铜板电极接触紧密；

2）将锚固钢筋夹于夹钳内，应夹牢；并应放好挡圈，注满焊剂；

3）接通高频引弧装置和焊接电源后，应立即将钢筋上提，引燃电弧，使电弧稳定燃烧，再渐渐下送；

4）顶压时，用力应适度；

5）敲去渣壳，四周焊包凸出钢筋表面的高度，当钢筋直径为 18 mm 及以下时，不得小于 3 mm；当钢筋直径为 20 mm 及以上时，不得小于 4 mm。

3 埋弧压力焊的焊接参数应包括引弧提升高度、电弧电压、焊接电流和焊接通电时间。

4 在埋弧压力焊生产中，引弧、燃弧（钢筋维持原位或缓慢下送）和顶压等环节应密切配合；焊接地线应与铜板电极接触紧密，并应及时消除电极钳口的铁锈和污物，修理电极钳口的形状。

5 在埋弧压力焊生产中，焊工应自检，当发现焊接缺陷时，应查找原因，并采取措施，及时消除。

10.4.5 预埋件钢筋埋弧螺柱焊

1 预埋件钢筋埋弧螺柱焊设备应包括：埋弧螺柱焊机、焊枪、焊接电缆、控制电缆和钢筋夹头等。

2 埋弧螺柱焊机应由晶闸管整流器和调节-控制系统组成，有多种型号，在生产中，应根据表 10.4.5-1 选用。

表 10.4.5-1　埋弧螺柱焊机选用

序　号	钢筋直径/mm	焊机型号	焊接电流调节范围/A	焊接时间调节范围/s
1	6 ~ 14	RSM-1000	100 ~ 1 000	1.30 ~ 13.00
2	14 ~ 25	RSM-2500	200 ~ 2 500	1.30 ~ 13.00
3	16 ~ 28	RSM-3150	300 ~ 3 150	1.30 ~ 13.00

3 埋弧螺柱焊焊枪有电磁铁提升式和电机拖动式两种，生产中，应根据钢筋直径和长度选用焊枪。

4 预埋件钢筋埋弧螺柱焊工艺应符合下列规定：

1）将预埋件钢板放平，在钢板的远处对称点，用两根电缆将钢板与焊机的正极连接，将焊枪与焊机的负极连接，连接应紧密、牢固；

2）将钢筋推入焊枪的夹持钳内，顶紧于钢板，在焊剂挡圈内注满焊剂；

3）应在焊机上设定合适的焊接电流和焊接通电时间，应在焊枪上设定合适的钢筋伸出长度和钢筋提升高度（表 10.4.5-2）；

表 10.4.5-2 埋弧螺柱焊焊接参数

钢筋牌号	钢筋直径/mm	焊接电流/A	焊接时间/s	提升高度/mm	伸出长度/mm	焊剂牌号	焊机型号
HPB300 HRB335 HRBF335 HRB400 HRBF400	6	450 ~ 550	3.2 ~ 2.3	4.8 ~ 5.5	5.5 ~ 6.0	HJ 431 SJ 110	RSM1000
	8	470 ~ 580	3.4 ~ 2.5	4.8 ~ 5.5	5.5 ~ 6.5		RSM1000
	10	500 ~ 600	3.8 ~ 2.8	5.0 ~ 6.0	5.5 ~ 7.0		RSM1000
	12	550 ~ 650	4.0 ~ 3.0	5.5 ~ 6.5	6.5 ~ 7.0		RSM1000
	14	600 ~ 700	4.4 ~ 3.2	5.8 ~ 6.6	6.8 ~ 7.2		RSM1000/ 2500
	16	850 ~ 1100	4.8 ~ 4.0	7.0 ~ 8.5	7.5 ~ 8.5		RSM2500
	18	950 ~ 1200	5.2 ~ 4.5	7.2 ~ 8.6	7.8 ~ 8.8		RSM2500
	20	1000 ~ 1250	6.5 ~ 5.2	8.0 ~ 10.0	8.0 ~ 9.0		RSM3150/ 2500
	22	1200 ~ 1350	6.7 ~ 5.5	8.0 ~ 10.5	8.2 ~ 9.2		RSM3150/ 2500
	25	1250 ~ 1400	8.8 ~ 7.8	9.0 ~ 11.0	8.4 ~ 10.0		RSM3150/ 2500
	28	1350 ~ 1550	9.2 ~ 8.5	9.5 ~ 11.0	9.0 ~ 10.5		RSM3150

4）按动焊枪上按钮"开"，接通电源，钢筋上提，引燃电弧（图 10.4.5）；

5）经过设定燃弧时间，钢筋自动插入熔池，并断电；

6）停息数秒钟，打掉渣壳，四周焊包应凸出钢筋表面；当钢筋直径为 18 mm 及以下时，凸出高度不得小于 3 mm；当钢筋直径为 20 mm 及以上时，凸出高度不得小于 4 mm。

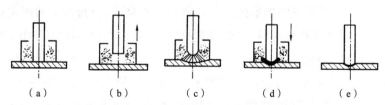

图 10.4.5 预埋件钢筋埋弧螺柱焊示意图

（a）套上焊剂挡圈，顶紧钢筋，注满焊剂；
（b）接通电源，钢筋上提，引燃电弧；（c）燃弧；
（d）钢筋插入熔池，自动断电；(e)打掉渣壳，焊接完成

10.4.6 预埋件钢筋 T 形接头质量检验与验收

1 预埋件钢筋 T 形接头拉伸试验结果,3 个试件的抗拉强度均大于或等于表 10.4.6 的规定值时,应评定该检验批接头拉伸试验合格。若有一个接头试件抗拉强度小于表 10.4.6 的规定值时,应进行复验。

复验时,应切取 6 个试件进行试验。复验结果,其抗拉强度均大于或等于表 10.4.6 的规定值时,应评定该检验批接头拉伸试验复验合格。

表 10.4.6 预埋件钢筋 T 形接头抗拉强度规定值

钢筋牌号	抗拉强度规定值/MPa
HPB300	400
HRB335　HRBF335	435
HRB400　HRBF400	520
HRB500　HRBF500	610
RRB400W	520

2 预埋件钢筋 T 形接头的外观质量检查,应从同一台班内完成的同类型预埋件中抽查 5%,且不得少于 10 件。

3 预埋件钢筋 T 形接头外观质量检查结果,应符合下列规定:

1)焊条电弧焊时,角焊缝焊脚尺寸“k”应符合本规程第 10.4.2 条第 1 款的规定;

2)埋弧压力焊或埋弧螺柱焊时,四周焊包凸出钢筋表面的高度;当钢筋直径为 18 mm 及以下时,凸出高度不得小于 3 mm;当钢筋直径为 20 mm 及以上时,凸出高度不得小于 4 mm;

3)焊缝表面不得有气孔、夹渣和肉眼可见裂纹;

4）钢筋咬边深度不得超过 0.5 mm；

5）钢筋相对钢板的直角偏差不得大于 2°。

4 预埋件外观质量检查结果，当有 2 个接头不符合上述规定时，应对全数接头的这一项目进行检查，并剔出不合格品，不合格接头经补焊后可提交二次验收。

5 力学性能检验时，应以 300 件同类型预埋件作为一批，一周内连续焊接时，可累计计算；当不足 300 件时，亦应按一批计算。应从每批预埋件中随机切取 3 个接头做拉伸试验，试件的钢筋长度 "l" 应大于或等于 200 mm，钢板（锚板）的长度和宽度应等于 60 mm，并视钢筋直径的增大而适当增大（图 10.4.6）。

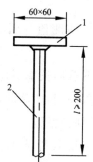

图 10.4.6 预埋件钢筋 T 形接头拉伸试件

1—钢板；2—钢筋

6 预埋件钢筋 T 形接头拉伸试验时，应采用专用夹具。

10.5 质 量 标 准

10.5.1 原材料主控项目

1 钢筋进场时，应按国家现行相关标准的规定抽取试件作力学性能和重量偏差检验，检验结果必须符合有关标准的规定。

检查数量：按进场的批次和产品的抽样检验方案确定。

检验方法：检查产品合格证、出厂检验报告和进场复验报告。

2 对有抗震设防要求的结构，其纵向受力钢筋的性能应满足设计要求；当设计无具体要求时，对按一、二、三级抗震等级设计的框架和斜撑构件（含梯段）中的纵向受力钢筋应采用HRB335E、HRB400E、HRB500E、HRBF335E、HRBF400E 或HRBF500E 钢筋，其强度和最大力下总伸长率的实测值应符合下列规定：

1）钢筋的抗拉强度实测值与屈服强度实测值的比值不应小于 1.25；

2）钢筋的屈服强度实测值与屈服强度标准值的比值不应大于 1.30；

3）钢筋的最大力下总伸长率不应小于 9%。

检查数量：按进场的批次和产品的抽样检验方案确定。

检验方法：检查进场复验报告。

3 当发现钢筋脆断、焊接性能不良或力学性能显著不正常等现象时，应对该批钢筋进行化学成分检验或其他专项检验。

检验方法：检查化学成分等专项检验报告。

10. 5. 2 原材料一般项目

钢筋应平直、无损伤，表面不得有裂纹、油污、颗粒状或片状老锈。

检查数量：进场时和使用前全数检查。

检验方法：观察。

10. 5. 3 钢筋加工主控项目

1 受力钢筋的弯钩和弯折应符合本规程第 10.3.3 条的规定。

检查数量：按每工作班同一类型钢筋、同一加工设备抽查不应少于3件。

检验方法：钢尺检查。

2 除焊接封闭环式箍筋外，箍筋、拉筋弯钩应符合本规程第10.3.4条的规定。

检查数量：按每工作班同一类型钢筋、同一加工设备抽查不应少于3件。

检验方法：钢尺检查。

3 钢筋调直后应进行力学性能和重量偏差的检验，其强度应符合有关标准的规定。盘卷钢筋和直条钢筋调直后的断后伸长率、重量负偏差应符合表10.5.3的规定。

表10.5.3 盘卷钢筋和直条钢筋调直后的断后伸长率、重量负偏差要求

钢筋牌号	断后伸长率 A/%	重量负偏差/%		
		直径 6~12 mm	直径 14~20 mm	直径 22~50 mm
HPB235，HPB300	≥21	≤10	—	—
HRB335，HRBF335	≥16	≤8	≤6	≤5
HRB400，HRBF400	≥15	≤8	≤6	≤5
RRB400	≥13	≤8	≤6	≤5
HRB500，HRBF500	≥14	≤8	≤6	≤5

注：1 断后伸长率 A 的量测标距为5倍钢筋公称直径；
　　2 重量负偏差（%）按公式（$W_0 - W_d$）/$W_0 \times 100$ 计算，其中 W_0 为钢筋理论重量（kg/m），W_d 为调直后钢筋的实际重量（kg/m）；
　　3 对直径为28~40 mm的带肋钢筋，表中断后伸长率可降低1%；对直径大于40 mm的带肋钢筋，表中断后伸长率可降低2%。

采用无延伸功能的机械设备调直的钢筋，可不进行本款规定的检验。

检查数量：同一厂家，同一牌号，同一规格调直钢筋，重量不大于 30t 为一批；每批见证取 3 件试件。

检验方法：3 个试件先进行重量偏差检验，再取其中 2 个试件经时效处理后进行力学性能检验。检验重量偏差时，试件切口应平滑且与长度方向垂直，且长度不应小于 500 mm；长度和重量的量测精度分别不应低于 1 mm 和 1g。

10.5.4　钢筋加工一般项目

1　钢筋宜采用无延伸功能的机械设备进行调直，也可采用冷拉方法调直。当采用冷拉方法调直时，HPB235、HPB300 光圆钢筋的冷拉率不宜大于 4%；HRB335、HRB400、HRB500、HRBF335、HRBF400、HRBF500 及 RRB400 带肋钢筋的冷拉率不宜大于 1%。

检查数量：按每工作班同一类型钢筋、同一加工设备抽查不应少于 3 件。

检验方法：观察，钢尺检查。

2　钢筋加工的形状、尺寸应符合设计要求，其偏差应符合表 10.5.4 的规定。

检查数量：按每工作班同一类型钢筋、同一加工设备抽查不应少于 3 件。

检验方法：钢尺检查。

表 10.5.4　钢筋加工的允许偏差

项　　目	允许偏差/mm	检验方法
受力钢筋顺长度方向全长的净尺寸	±10	钢尺检查
弯起钢筋的弯折位置	±20	钢尺检查
箍筋内净尺寸	±5	钢尺检查

10.6　成 品 保 护

10.6.1　加工成型的钢筋，应按不同规格及形状分类扎捆堆放，尽量减少钢筋翻垛时翘曲变形。且不宜长时间在露天储存。

10.6.2　钢筋在搬运、堆放时，应轻轻抬放，放置地点应平整。

10.7　安全环保措施

10.7.1　钢筋加工应有相应的安全技术操作规程，钢筋加工作业人员应培训后持证上岗。

10.7.2　钢筋加工的施工场地宜硬化、无积水。

10.7.3　钢筋加工机械不得带病运转。运转中发现不正常时，应先停机检查，排除故障后方可使用。

10.7.4　电动工具应符合有关规定，电源线、插头、插座应完好，电源线不得任意接长和调换，工具的外绝缘应完好无损，维护和保管由专人负责。

10.7.5　钢筋运输、装卸、加工应防止不必要的噪声产生，最大限度减少施工噪声污染。

10.7.6　废旧钢筋头应及时收集，保持工完场清。

10.8 质量记录

10.8.1 钢筋加工施工质量验收时，应提供下列文件和记录：

1 钢筋出厂合格证和进场复验报告；

2 钢筋在加工过程中出现脆断，焊接性能不良或力学性能显著不正常的情况，应进行化学成分检验或其他专项检验，并应提供相应地检验报告；

3 技术交底文件、钢筋加工质量验收记录；

4 预埋件质量验收记录。

10.8.2 质量验收记录

钢筋加工质量验收时，应按《四川省工程建设统一用表》的规定提供有关质量验收记录。

11 钢 筋 安 装

11.1 一 般 规 定

11.1.1 适用范围

适用于建筑物和构筑物混凝土结构中的钢筋绑扎和安装。

11.1.2 材料要求

应符合本规程第 10.1.2 条和第 10.5.1 的规定。

11.1.3 在浇筑混凝土之前，应进行钢筋隐蔽工程验收，其内容包括：

1 纵向受力钢筋的品种、规格、数量、位置等；

2 钢筋的连接方式、接头位置、接头数量、接头面积百分率等；

3 箍筋、横向钢筋的品种、规格、数量、间距等；

4 预埋件的规格、数量、位置等。

11.1.4 施工中应保证钢筋保护层厚度准确，若采用双排筋时，应保证上下两排筋的净距符合国家现行有关标准及图集的规定。

11.1.5 混凝土结构暴露的环境类别应按表 11.1.5 的要求划分。

表 11.1.5　混凝土结构的环境类别

环境类别	条　　件
一	室内干燥环境；无侵蚀性静水浸没环境
二 a	室内潮湿环境；非严寒和非寒冷地区的露天环境；非严寒和非寒冷地区与无侵蚀性的水或土壤直接接触的环境；严寒和寒冷地区的冰冻线以下与无侵蚀性的水或土壤直接接触的环境

环境类别	条　件
二 b	干湿交替环境；水位频繁变动环境；严寒和寒冷地区的露天环境；严寒和寒冷地区的冰冻线以上与无侵蚀性的水或土壤直接接触的环境
三 a	严寒和寒冷地区冬季水位变动区环境；受除冰盐影响环境；海风环境
三 b	盐渍土环境；受除冰盐作用环境；海岸环境
四	海水环境
五	受人为或自然的侵蚀性物质影响的环境

11.1.6　构件中普通钢筋及预应力筋的混凝土保护层厚度应满足下列要求。

1　构件中受力钢筋的保护层厚度不应小于钢筋的公称直径 d。

2　设计使用年限为 50 年的混凝土结构，最外层钢筋的保护层厚度应符合表 11.1.6 的规定；设计使用年限为 100 年的混凝土结构，最外层钢筋的保护层厚度不应小于表 11.1.6 中数值的 1.4 倍。

表 11.1.6　混凝土保护层的最小厚度 c（mm）

环　境　类　别	板、墙、壳	梁、柱、杆
一	15	20
二 a	20	25
二 b	25	35
三 a	30	40
三 b	40	50

注：1　混凝土强度等级不大于 C25 时，表中保护层厚度数值应增加 5 mm。
　　2　钢筋混凝土基础宜设置混凝土垫层，基础中钢筋的混凝土保护层厚度应从垫层顶面算起，且不应小于 40 mm。

3 当梁、柱、墙中纵向受力钢筋的保护层厚度大于 50 mm 时，宜对保护层采取有效的构造措施。当在保护层内配置防裂、防剥落的钢筋网片时，网片钢筋的保护层厚度不应小于 25 mm。

11.1.7 受拉钢筋的基本锚固长度 l_{ab}、l_{abE} 见表 11.1.7。

表 11.1.7 受拉钢筋基本锚固长度 l_{ab}、l_{abE}

钢筋种类	抗震等级	混凝土强度等级								
		C20	C25	C30	C35	C40	C45	C50	C55	≥ C60
HPB300	一、二级	$45d$	$39d$	$35d$	$32d$	$29d$	$28d$	$26d$	$25d$	$24d$
	三级	$41d$	$36d$	$32d$	$29d$	$26d$	$25d$	$24d$	$23d$	$22d$
	四级非抗震	$39d$	$34d$	$30d$	$28d$	$25d$	$24d$	$23d$	$22d$	$21d$
HRB335 HRBF335	一、二级	$44d$	$38d$	$33d$	$31d$	$29d$	$26d$	$25d$	$24d$	$24d$
	三级	$40d$	$35d$	$31d$	$28d$	$26d$	$24d$	$23d$	$22d$	$22d$
	四级非抗震	$38d$	$33d$	$29d$	$27d$	$25d$	$23d$	$22d$	$21d$	$21d$
HRB400 HRBF400 RRB400	一、二级	—	$46d$	$40d$	$37d$	$33d$	$32d$	$31d$	$30d$	$29d$
	三级	—	$42d$	$37d$	$34d$	$30d$	$29d$	$28d$	$27d$	$26d$
	四级非抗震	—	$40d$	$35d$	$32d$	$29d$	$28d$	$27d$	$26d$	$25d$
HRB500 HRBF500	一、二级	—	$55d$	$49d$	$45d$	$41d$	$39d$	$37d$	$36d$	$35d$
	三级	—	$50d$	$45d$	$41d$	$38d$	$36d$	$34d$	$33d$	$32d$
	四级非抗震	—	$48d$	$43d$	$39d$	$36d$	$34d$	$32d$	$31d$	$30d$

11.1.8 受拉钢筋的锚固长度 l_a、抗震锚固长度 l_{aE} 见表 11.1.8-1，受拉钢筋锚固长度修正系数 ζ_a 见表 11.1.8-2。

表 11.1.8-1　受拉钢筋锚固长度 l_a、抗震锚固长度 l_{aE}

非抗震	抗震	注：1　l_a 不应小于 200 mm 2　锚固长度修正系数ζ_a按本规程表 11.1.8-2 取用，当多于一项时，可按连乘计算，但不应小于 0.6 3　ζ_{aE} 为抗震锚固长度修正系数，对于一、二级抗震等级取 1.15；对三级抗震等级取 1.05；对四级抗震等级取 1.00
$l_a = \zeta_a l_{ab}$	$l_{aE} = \zeta_{aE} l_a$	

注：1　HPB300 级钢筋末端应做 180° 弯钩，弯后平直段长度不应小于 3d，但作受压钢筋时可不做弯钩

2　当锚固钢筋的保护层厚度不大于 5d 时，锚固钢筋长度范围内应设置横向构造钢筋，其直径不应小于 d/4（d 为锚固钢筋的最大直径）；对梁、柱等构件间距不应大于 5d，对板、墙等构件间距不应大于 10d，且均不应大于 100 mm（d 为锚固钢筋的最小直径）。

表 11.1.8-2　受拉钢筋锚固长度修正系数ζ_a

锚　固　条　件		ζ_a	备　　注
带肋钢筋的公称直径大于 25 mm		1.10	
环氧树脂涂层带肋钢筋		1.25	—
施工过程中易受扰动的钢筋		1.10	
锚固区保护层厚度	3d	0.80	中间时按内插值，d 为锚固钢筋直径
	5d	0.70	

11.1.9　当纵向受拉钢筋末端采用弯钩或机械锚固措施时，包括弯钩或锚固端头在内的锚固长度（投影长度）可取为基本锚固长度 l_{ab} 的 60%。弯钩和机械锚固的形式和技术要求应符合《混凝土结构设计规范》GB 50010 的有关规定。

11.1.10　纵向受压钢筋的锚固长度不应小于受拉钢筋锚固长度的 70%。受压钢筋不应采用末端弯钩和一侧贴焊锚筋的锚固措施。受压钢筋锚固长度范围内应设置横向构造钢筋，设置要求应符合本规程表 11.1.8-1 注 2 的规定。

11.1.11 纵向受力钢筋的绑扎搭接接头应符合下列规定：

1 纵向受拉钢筋的绑扎搭接长度应符合表 11.1.11 的规定。

表 11.1.11 纵向受拉钢筋绑扎搭接长度 l_l、l_{lE}

纵向受拉钢筋绑扎搭接长度 l_l、l_{lE}			注：1	当直径不同的钢筋搭接时，l_l、l_{lE} 按直径较小的钢筋计算
抗 震	非 抗 震			
$l_{lE}=\zeta_l l_{aE}$	$l_l = \zeta_l l_a$		2	任何情况下不应小于意 300 mm
纵向受拉钢筋搭接长度修正系数 ζ_l			3	式中 ζ_l 为纵向受拉钢筋搭接长度修正系数，当纵向钢筋搭接接头百分率为表中的中间值时，可按内插法取值
纵向钢筋搭接接头面积百分率/%	≤25	50	100	
ζ_l	1.2	1.4	1.6	

2 轴心受拉及小偏心受拉杆件（如桁架和拱的拉杆）的纵向受力钢筋不得采用绑扎搭接。当受拉钢筋的直径大于 25 mm 及受压钢筋的直径大于 28 mm 时，不宜采用绑扎搭接。

3 纵向受压钢筋当采用搭接连接时，受压搭接长度不应小于纵向受拉钢筋搭接长度的 70%，且不应小于 200 mm。

4 纵向受力钢筋连接位置宜避开梁端、柱端箍筋加密区。如必须在此连接时，应采用机械连接或焊接。

5 在梁、柱构件的纵向受力钢筋搭接长度范围内应设置横向箍筋，其直径不应小于 $d/4$（d 为搭接钢筋的最大直径）；间距不应大于 $5d$ 及 100 mm（d 为搭接钢筋的最小直径）。当受压钢筋直径大于 25 mm 时，尚应在搭接接头两个端面外 100 mm 的范围内各设置两道箍筋。

11.1.12 冷轧带肋钢筋的纵向受拉钢筋最小锚固长度，纵向受拉钢筋绑扎搭接接头的最小搭接长度应符合国家现行标准《冷轧带肋钢筋混凝土结构技术规程》JGJ 95 的有关规定。

11.1.13 冷轧带肋钢筋的连接可采用绑扎搭接或专门焊机进行的电阻点焊，不得采用对焊或手工电弧焊。

11.2 施 工 准 备

11.2.1 技术准备

1 熟悉图纸及所采用的标准图集、熟悉规范及规程中有关条文。

2 编制钢筋安装方案，确定重要部位和关键部位的钢筋安装方法，进行技术交底。

11.2.2 材料准备

1 工程所用钢筋的种类、规格、半成品经检验合格，并得到监理工程师签字确认。

2 钢筋绑扎用的钢丝（镀锌钢丝）可采用 20～22 号钢丝，钢筋绑扎所用钢丝长度可参考表 11.2.2。

表 11.2.2 钢筋绑扎所用钢丝长度参考表（mm）

钢筋直径	6～8	10～12	14～16	18～20	22	25	28	32
6～8	150	170	190	220	250	270	290	320
10～12	—	190	220	250	270	290	310	340
14～16	—	—	250	270	290	310	330	360
18～20	—	—	—	290	310	330	350	380
22	—	—	—	—	330	350	370	400

11.2.3　主要机具准备

钢筋钩子、撬棍、钢筋扳手、手工铡刀、绑扎架、钢丝刷、钢筋运输车、石笔、墨斗、尺子、吊线锤等。

11.2.4　作业条件

1　按施工现场平面图规定的位置，将钢筋堆放场地进行清理、平整。准备好垫木，按钢筋绑扎的顺序分类堆放。

2　检查钢筋的出厂合格证、复试报告、钢筋焊接试验报告。

3　钢筋外表面如有油污、铁锈时，应在绑扎前清除干净，锈蚀严重的钢筋不得使用。

4　清理干净钢筋安放地点或模内的垃圾。

5　检查操作平台及支撑部位是否安全牢固，并做好夜间施工照明和雨季施工准备。

11.3　基础钢筋绑扎

11.3.1　工艺流程

基础垫层施工完毕→弹轴线及底板钢筋位置线→钢筋半成品运输到位→按弹线布放钢筋→绑扎

11.3.2　作业规定

1　将基础垫层清扫干净，用石笔和墨斗弹出轴线及钢筋位置线。

2　按钢筋位置线布放基础钢筋。

3　基础钢筋四周两行交叉点应每点扎牢，中间部分交叉点可相隔交错扎牢，但必须保证受力钢筋不移位。双向主筋的交叉网，则需将全部钢筋交叉点扎牢。相邻绑扎点的钢丝扣成八字形，以免网片歪斜变形。

4　摆放底板混凝土保护层垫块，间距 1 m 左右按梅花形摆放。

5 基础底板采用双层钢筋网时，在下层钢筋上面应设置钢筋马凳或钢筋支架，间距 1 m 左右为宜，以保证上下层钢筋位置的正确。

6 钢筋的弯钩应朝上，不应倒向一边；双层钢筋网的上层钢筋弯钩应朝下。

7 独立柱基础双向弯曲受力时，底板短向钢筋应放在长向钢筋上面。

8 设计无具体要求时，当柱下独立基础的边长和墙下钢筋混凝土条形基础的宽度大于或等于 2.5 m 时，底板受力钢筋的长度可取边长或宽度的 0.9 倍，并应交错布置。

9 墙、柱插筋位置应准确。基础浇筑完毕后，扶正理顺墙、柱插筋。

10 承台钢筋绑扎前，必须保证桩顶伸出钢筋伸入承台内的锚固长度。

11.4 剪力墙钢筋绑扎

11.4.1 工艺流程

弹墙体线→剔凿墙体混凝土浮浆→修理预留搭接筋→绑扎竖向钢筋→绑扎水平钢筋→绑扎拉筋或支撑筋

11.4.2 作业规定

1 将预留钢筋调直理顺，表面砂浆等杂物清理干净。先立 2~4 根竖向钢筋，并画好水平钢筋分档标志，然后于下部及齐胸处绑扎两根定位水平钢筋，并在水平钢筋上画好分档标志，然后绑扎其余竖向钢筋，最后绑扎其余水平钢筋。如剪力墙中有暗梁、暗柱时，应先绑扎暗梁、暗柱钢筋，再绑扎墙体钢筋。

2 剪力墙钢筋绑扎完后，将垫块或垫圈固定好，以保证钢筋保护层厚度准确。

3 剪力墙竖向钢筋每段长度不宜超过 4 m（直径小于等于 12 mm）或 6 m（直径大于 12 mm），水平钢筋每段长度不宜超过 8 m，以利于绑扎。

4 剪力墙钢筋网的钢筋相交点均应扎牢，相邻绑扎点的钢丝扣成八字形，以免网片歪斜变形。双排钢筋之间应绑扎拉筋或支撑筋，其纵横间距不应大于 600 mm。

5 混凝土浇筑前，对伸出的墙体钢筋进行修整，并绑扎一道临时水平钢筋固定伸出筋的间距（甩筋的间距）。

6 剪力墙钢筋的接头位置，在暗柱、端柱、转角柱、T 形暗柱、底部梁和顶部梁、暗梁等部位的连接构造，以及在洞口周边的补强钢筋等，应符合设计和国家现行有关标准及图集的要求。

7 剪力墙焊接钢筋网的接头位置、锚固长度、绑扎搭接长度，在暗柱、转角暗柱、T 形暗柱、底部梁和顶部梁、暗梁等部位的连接构造，应符合国家现行标准《钢筋焊接网混凝土结构技术规程》JGJ 114 的有关规定。

11.5 柱钢筋绑扎

11.5.1 工艺流程

剔凿柱根部混凝土表面浮浆→清理插筋→套柱箍筋→接长柱竖向受力筋→画箍筋间距线→绑扎箍筋

11.5.2 作业规定

1 套柱箍筋：按图纸要求间距，计算好每根柱箍筋数量，先将箍筋套在下层伸出的搭接筋上，然后立柱子钢筋。如果柱子主筋采用光圆钢筋搭接时，角部弯钩应与模板成 45°，中间钢筋的弯钩应与模板成 90°。

2 接长柱竖向受力筋：绑扎接长柱竖向受力筋时，接头的搭接长度应符合本规程第11.1.11条第1款的规定。采用机械连接、焊接或绑扎接长柱竖向受力筋的接头位置和接头面积百分率应符合国家现行有关标准和图集的规定。当上下柱截面有变化时，下层钢筋的伸出部分必须在绑扎梁钢筋前收缩准确，不宜在楼面混凝土浇筑后再扳动钢筋。

3 画箍筋间距线：在立好的柱竖向钢筋上，按设计图要求用粉笔画出箍筋间距线。

4 柱箍筋绑扎：

1）按已画好的箍筋位置线，将已套好的箍筋往上移动，由上往下绑扎，宜采用缠扣法绑扎，如图 11.5.2-1 所示。

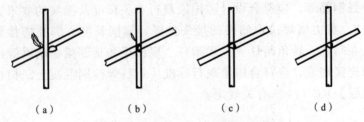

（a）　　　　（b）　　　　（c）　　　　（d）

图 11.5.2-1　缠扣法绑扎示意图

2）箍筋应与主筋垂直，箍筋与主筋的交点均应绑扎。

3）箍筋的弯钩应沿柱子竖筋交错布置，并绑扎牢固，见图 11.5.2-2。如采用焊接封闭箍时，焊接位置也应交错布置。

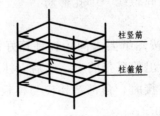

柱竖筋

柱箍筋

图 11.5.2-2　柱箍筋交错布置示意图

4）当设计有抗震要求时，柱箍筋端头应作 135°弯钩，平直部分长度不应小于箍筋直径的 10 倍和 75 mm 的较大值，见图 11.5.2-3。

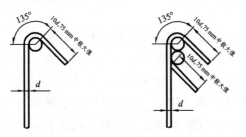

图 11.5.2-3　箍筋抗震要求示意图

5）柱基上部、柱上下两端、梁柱交接的节点处箍筋加密区长度及间距应符合设计和国家现行有关标准及图集的要求。如设计要求设拉筋时，拉筋应钩住箍筋，见图 11.5.2-4。

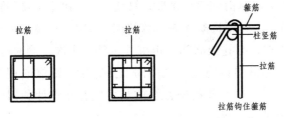

图 11.5.2-4　拉筋布置示意图

6）柱筋保护层厚度应符合设计和国家现行有关标准的要求，垫块应绑在柱竖筋外皮上，或用塑料卡卡在外竖筋上，间距不宜大于 1 m。

11.6　梁钢筋绑扎

11.6.1　工艺流程

1　模内绑扎：

画主次梁箍筋间距→放主次梁箍筋→穿主梁底层纵筋→

穿次梁底层纵筋并与箍筋固定→穿主梁上层纵筋→按箍筋间距绑扎→穿次梁上层纵筋→按箍筋间距绑扎

2 模外绑扎：

在梁模板上口用支架架设横杆几根→放梁上部一排纵筋→在钢筋上画箍筋间距→套箍筋并与纵筋绑扎→穿梁下部一排纵筋，排放均匀后与箍筋绑扎→穿梁下部二排筋并用 φ25 短节钢筋垫起绑牢固→穿梁上部二排筋并用 φ25 短节钢筋与上排钢筋固定→穿腰筋和吊筋并与箍筋绑扎→在模内放保护层垫块→钢筋骨架入模→调整位置并安放两侧保护层垫块

11.6.2 作业规定

1 在梁侧模板上画出箍筋间距，摆放箍筋。

2 先穿主梁下部纵向钢筋，将箍筋按已画好的间距逐个分开；穿次梁下部纵向钢筋，并套好箍筋；穿主次梁上部纵向钢筋及架立筋；隔一定间距将架立筋与箍筋绑扎牢固；调整箍筋间距使其符合设计要求，绑扎架立筋，再绑扎主筋，主次梁同时配合进行。

框架梁上部纵向钢筋应贯穿中间节点，梁下部纵向钢筋伸入中间节点的锚固长度及伸过中心线的长度应符合设计和国家现行有关标准及图集的要求。

3 箍筋与主筋的交点均应绑扎。绑扎梁上部纵向筋的箍筋，宜采用套扣法绑扎，见图 11.6.2。

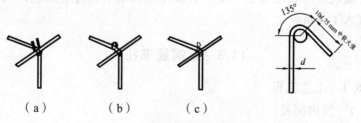

（a） （b） （c）

图 11.6.2 梁钢筋套扣法绑扎顺序

4 箍筋的弯钩在梁角部纵筋位置应交错布置，箍筋弯钩为135°，平直部分长度不应小于箍筋直径的 10 倍和 75 mm 的较大值。如采用焊接封闭箍时，焊接位置也应交错布置。

5 梁端第一个箍筋应设置在距离柱边缘 50 mm 处。梁端箍筋加密区长度及间距应符合设计和国家现行有关标准及图集的要求。

6 主、次梁受力筋下均应设置垫块（或塑料卡），保护层厚度应符合设计和国家现行有关标准的要求。

7 接头不应设置在构件最大弯矩处。绑扎搭接接头应在中心和两端扎牢。

11.7 板钢筋绑扎

11.7.1 工艺流程

清理模板→模板上画线→绑扎板下部钢筋→绑扎板上部负弯矩钢筋

11.7.2 作业规定

1 清理模板杂物，用粉笔在模板上画出主筋，分布筋间距。

2 摆放受力钢筋，摆放分布筋，预埋件、电线管、预留孔等，及时配合安装。

3 有板带梁时，应先绑扎板带梁钢筋，再摆放板钢筋。

4 绑扎板底钢筋一般采用顺扣（见图 11.7.2）或八字扣，除外围两根钢筋的相交点应全部绑扎外，其余各点可交错绑扎（双向板钢筋相交点应全部绑扎）。如板为双层钢筋，两层筋之间应加钢筋撑脚，以确保上部钢筋位置正确。负弯矩钢筋每个相交点均应绑扎。

对雨篷、挑檐、阳台等悬臂板，应严格控制负弯矩筋的位置，防止踩踏变形。

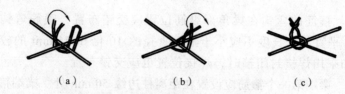

（a）　　　　　　（b）　　　　　　（c）

图 11.7.2　板钢筋绑扎顺序

5　在钢筋的下面垫好砂浆垫块，间距不宜大于 1 m。

6　绑扎双向板的下部纵横向受力筋时，短边方向的受力筋应放在长边方向的钢筋下面。

7　板与次梁、主梁交叉处的上部钢筋，板的钢筋在最上面，次梁钢筋居中，主梁钢筋在次梁钢筋下面。

11.8　楼梯钢筋绑扎

11.8.1　工艺流程

画位置线→绑扎受力筋和分布筋→绑扎踏步筋

11.8.2　作业规定

1　在楼梯底板上画出受力筋和分布筋间距。

2　受力筋和分布筋每个交点均应绑扎，底部筋绑完，绑扎梯板负弯矩筋。

3　如有楼梯斜梁时，先绑梁筋后绑板筋，板筋应锚固到梁内，踏步吊帮模板支好后，再绑扎踏步钢筋。

11.9　质　量　标　准

11.9.1　主控项目

1　钢筋安装时，受力钢筋的品种、级别、规格和数量必须符合设计要求。

检查数量：全数检查。

检验方法：观察，钢尺检查。

2 纵向受力钢筋的连接方式应符合设计要求。

检查数量：全数检查。

检验方法：观察。

3 在施工现场，应按国家现行标准《钢筋机械连接技术规程》JGJ 107、《钢筋焊接及验收规程》JGJ 18 的规定抽取钢筋机械连接接头、焊接接头试件作力学性能检验，其质量应符合有关规程的规定。

检查数量：按有关规程确定。

检验方法：检查产品合格证、接头力学性能试验报告。

11.9.2 一般项目

1 钢筋的接头宜设置在受力较小处。同一纵向受力钢筋不宜设置两个或两个以上接头。接头末端至钢筋弯起点的距离不应小于钢筋直径的 10 倍。

检查数量：全数检查。

检验方法：观察，钢尺检查。

2 在施工现场，应按国家现行标准《钢筋机械连接术规程》JGJ 107、《钢筋焊接及验收规程》JGJ 18 的规定对钢筋机械连接接头、焊接接头的外观进行检查，其质量应符合有关规程的规定。

检查数量：全数检查。

检验方法：观察。

3 同一构件中相邻纵向受力钢筋的绑扎搭接接头宜相互错开。绑扎搭接接头中钢筋的横向净距不应小于钢筋直径，且不应小于 25 mm。

钢筋绑扎搭接接头连接区段的长度为 $1.3 l_l$（l_l 为搭接长度），凡搭接接头中点位于该连接区段长度内的搭接接头均属于同一连

接区段。同一连接区段内，纵向受力钢筋搭接接头面积百分率为
该区段内有搭接接头的纵向受力钢筋与全部纵向受力钢筋截面
积的比值（图 11.9.2）。当直径不同的钢筋搭接时，按直径较小的
钢筋计算。

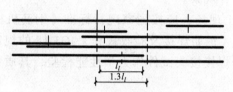

图 11.9.2　同一连接区段内纵向受拉钢筋的绑扎搭接接头

注：图中所示同一连接区段内的搭接接头钢筋为两根，当钢筋直径相同时，接
头面积百分率为 50%

同一连接区段内，纵向受拉钢筋搭接接头面积百分率应符合
下列规定：

1）对梁类、板类及墙类构件，不宜大于 25%。

2）对柱类构件，不宜大于 50%。

3）当工程中确有必要增大接头面积百分率时，对梁类构
件，不应大于 50%；对其他构件，可根据实际情况放宽。

4）并筋采用绑扎搭接连接时，应按每根单筋错开搭接的
方式连接。接头面积百分率应按同一连接区段内所有的单根钢筋
计算。并筋中钢筋的搭接长度应按单筋分别计算。

纵向受力钢筋绑扎搭接接头的搭接长度应符合本规程第
11.1.11 条的规定。

检查数量：在同一检验批内，对梁、柱和独立基础，应抽查
构件数量的 10%，且不少于 3 件；对墙和板，应按有代表性的自
然间抽查 10%，且不少于 3 间；对大空间结构，墙可按相邻轴线

228

间高度 5 m 左右划分检查面，板可按纵、横轴线划分检查面，抽查 10%，且均不少于 3 面。

检验方法：观察，钢尺检查。

4 纵向受力钢筋机械连接接头宜相互错开，连接接头连接区段的长度为 35d；钢筋焊接接头应相互错开，连接区段的长度为 35d 且不小于 500 mm；d 为连接钢筋的较小直径。凡接头中点位于该连接区段长度内的接头均属于同一连接区段，同一连接区段内纵向受力钢筋接头面积百分率应符合下列规定：

1）纵向受拉钢筋不宜大于 50%。

2）接头不宜设置在有抗震设防要求的框架梁端、柱端的箍筋加密区；当无法避开时，对等强度高质量机械连接接头，不应大于 50%。

3）直接承受动力荷载的结构构件中，不宜采用焊接接头；当采用机械连接接头时，不应大于 50%。

检查数量：在同一检验批内，对梁、柱和独立基础，应抽查构件数量的 10%，且不少于 3 件；对墙和板，应按有代表性的自然间抽查 10%，且不少于 3 间；对大空间结构，墙可按相邻轴线间高度 5 m 左右划分检查面，板可按纵、横轴线划分检查面，抽查 10%，且均不少于 3 面。

检验方法：观察，钢尺检查。

5 在梁、柱类构件的纵向受力钢筋搭接长度范围内，应按设计要求配置箍筋。当设计无具体要求时，应符合本规程第 11.1.11 条第 5 款的规定。

检查数量：在同一检验批内，对梁、柱和独立基础，应抽查构件数量的 10%，且不少于 3 件；对墙和板，应按有代表性的自然间抽查 10%，且不少于 3 间；对大空间结构，墙可按相邻轴线间高度 5 m 左右划分检查面，板可按纵、横轴线划分检查面，抽查 10%，且均不少于 3 面。

检验方法：钢尺检查。

6 钢筋安装位置的偏差应符合表 11.9.2 的规定。

检查数量：在同一检验批内，对梁、柱和独立基础，应抽查构件数量的 10%，且不少于 3 件；对墙和板，应按有代表性的自然间抽查 10%，且不少于 3 间；对大空间结构，墙可按相邻轴线间高度 5 m 左右划分检查面，板可按纵、横轴线划分检查面，抽查 10%，且均不少于 3 面。

表 11.9.2 钢筋安装位置的允许偏差和检验方法

项　　　目			允许偏差 /mm	检　验　方　法
绑扎钢筋网	长、宽		± 10	钢尺检查
	网眼尺寸		± 20	钢尺量连续三挡，取最大值
绑扎钢筋骨架	长		± 10	钢尺检查
	宽、高		± 5	钢尺检查
受力钢筋	间距		± 10	钢尺量两端、中间各一点，取最大值
	排距		± 5	
	保护层厚度	基础	± 10	钢尺检查
		柱、梁	± 5	钢尺检查
		板、墙、壳	± 3	钢尺检查

续表 11.9.2

项 目		允许偏差/mm	检 验 方 法
绑扎箍筋、横向钢筋间距		±20	钢尺量连续三挡,取最大值
钢筋弯起点位置		20	钢尺检查
预埋件	中心线位置	5	钢尺检查
	水平高差	+3,0	钢尺和塞尺检查

注:1 检查预埋件中心线位置时,应沿纵、横两个方向量测,并取其中的较大值。
　　2 表中梁类、板类构件上部纵向受力钢筋保护层厚度的合格点率应达到 90%
　　　及以上,且不得有超过表中数值 1.5 倍的尺寸偏差。

11.10 成 品 保 护

11.10.1 柱、墙钢筋绑扎后,不准随意扳动。

11.10.2 楼板的负弯矩钢筋绑扎好后,不准在上面踩踏行走,浇筑混凝土时派钢筋工专门负责修理,保证负弯矩钢筋位置的正确。

11.10.3 模板表面刷隔离剂时不应污染钢筋。

11.10.4 安装电线管、水暖管线及其他设施时,不得任意切断和移动钢筋。

11.11 安全环保措施

11.11.1 安全措施

　　1 建立健全安全生产责任制和安全管理制度。所有操作人员必须持证上岗。

2 坚持安全技术交底，落实到人，交底内容应有较强的可行性和针对性，所有接受交底人应有签字手续。

3 应根据工程特点、施工工艺、作业条件、队伍素质等编制有针对性的安全防护措施，列出钢筋安装过程中的危险源和制定危险源的控制措施。

4 配备必要完好的安全防护装备（安全帽、安全带、防滑鞋、手套、工具等），并能正确使用。

5 多人合运钢筋时，起落转停动作应一致，人工上下传递不得在同一垂直线上。钢筋堆放应分散，防止倾斜和塌落。

11.11.2 环保措施

1 严格执行《中华人民共和国环境保护法》及国家现行有关标准。

2 施工现场夜间作业配备可拆除灯罩，使夜间照明只照射施工区而不影响周围社区。

3 施工现场钢筋安装阶段噪声排放标准：白天小于 70 dB；夜间小于 55 dB。

4 钢筋安装后的余料及时回收，加强材料管理。

11.12　质　量　记　录

11.12.1 钢筋安装施工质量验收时，应提供下列文件和记录：

1 设计变更文件；

2 钢筋出厂质量证明书、钢筋力学性能和重量偏差检验报告；

3 钢筋焊接试验报告，焊条、焊剂合格证、焊工操作证；

4 钢筋机械连接试验报告；

5 钢筋隐蔽工程验收记录；

6 钢筋分项工程质量验收记录；

7 其他必要的文件和记录。

11.12.2 质量验收记录

钢筋安装质量验收时，应按《四川省工程建设统一用表》的规定提供有关质量验收记录。

12 钢筋焊接

12.1 一般规定

12.1.1 适用范围

适用于工业与民用建筑和构筑物混凝土结构中的钢筋焊接施工。

12.1.2 焊接钢筋的化学成分和力学性能应符合国家现行有关标准的规定。

12.1.3 钢筋焊条电弧焊所采用的焊条，应符合现行国家标准《碳钢焊条》GB/T 5117 或《低合金钢焊条》GB/T 5118 的规定。钢筋二氧化碳气体保护电弧焊所采用的焊丝，应符合现行国家标准《气体保护电弧焊用碳钢、低合金钢焊丝》GB/T 8110 的规定。其焊条型号和焊丝型号应根据设计确定，若设计无规定时，可按表 12.1.3 选用。

12.1.3 钢筋电弧焊所采用焊条、焊丝推荐表

钢筋牌号	电弧焊接头形式			
	帮条焊 搭接焊	坡口焊 熔槽帮条焊 预埋件穿孔塞焊	窄间隙焊	钢筋与钢板搭接焊 预埋件T形角焊
HPB235 HPB300	E4303 ER50-X	E4303 ER50-X	E4316 E4315 ER50-X	E4303 ER50-X
HRB335 HRBF335	E5003 E4303 E5016 E5015 ER50-X	E5003 E5016 E5015 ER50-X	E5016 E5015 ER50-X	E5003 E4303 E5016 E5015 ER50-X

钢筋牌号	电弧焊接头形式			
	帮条焊 搭接焊	坡口焊 熔槽帮条焊 预埋件穿孔塞焊	窄间隙焊	钢筋与钢板搭接焊 预埋件 T 形角焊
HRB400 HRBF400	E5003 E5516 E5515 ER50-X	E5503 E5516 E5515 ER55-X	E5516 E5515 ER55-X	E5003 E5516 E5515 ER50-X
HRB500 HRBF500	E5503 E6003 E6016 E6015 ER55-X	E6003 E6016 E6015	E6016 E6015	E5503 E6003 E6016 E6015 ER55-X
RRB400W	E5003 E5516 E5515 ER50-X	E5503 E5516 E5515 ER55-X	E5516 E5515 ER55-X	E5003 E5516 E5515 ER50-X

12.1.4 焊接用气体质量应符合下列规定：

1 氧气的质量应符合现行国家标准《工业氧》GB/T 3863 的规定，其纯度应大于或等于 99.5%；

2 乙炔的质量应符合现行国家标准《溶解乙炔》GB 6819 的规定，其纯度应大于或等于 98.0%；

3 液化石油气应符合现行国家标准《液化石油气》GB 11174 或《油气田液化石油气》GB 9052.1 的各项规定；

4 二氧化碳气体应符合现行化工行业标准《焊接用二氧化碳》HG/T 2537 中优等品的规定。

12.1.5 在电渣压力焊、预埋件钢筋埋弧压力焊和预埋件钢筋埋弧螺柱焊中，可采用熔炼型 HJ 431 焊剂；在埋弧螺柱焊中。亦可采用氟碱型烧结焊剂 SJ 101。

12.1.6 施焊的各种钢筋、钢板均应有质量证明书；焊条、焊丝、氧气、溶解乙炔、液化石油气、二氧化碳气体、焊剂应有产品合格证。

12.1.7 各种焊接材料应分类存放、妥善处理；应采取防止锈蚀、受潮变质等措施。

12.1.8 钢筋焊接时，各种焊接方法的适用范围应符合表 12.1.8 的规定。

表 12.1.8　钢筋焊接方法的适用范围

项次	焊接方法		接头形式	适用范围	
				钢筋牌号	钢筋直径/mm
1	电阻点焊			HPB300	6～16
				HRB335，HRBF335	6～16
				HRB400，HRBF400	6～16
				HRB500，HRBF500	6～16
				CRB550	4～12
				CDW550	3～8
2	闪光对焊			HPB300	8～22
				HRB335，HRBF335	8～40
				HRB400，HRBF400	8～40
				HRB500，HRBF500	8～40
				RRB400W	8～32
3	箍筋闪光对焊			HPB300	6～18
				HRB335，HRBF335	6～18
				HRB400，HRBF400	6～18
				HRB500，HRBF500	6～18
				RRB400W	8～18
4	电弧焊	帮条焊 双面焊		HPB300	10～22
				HRB335，HRBF335	10～40
				HRB400，HRBF400	10～40
				HRB500，HRBF500	10～32
				RRB400W	10～25
		帮条焊 单面焊		HPB300	10～22
				HRB335，HRBF335	10～40
				HRB400，HRBF400	10～40
				HRB500，HRBF500	10～32
				RRB400W	10～25
		搭接焊 双面焊		HPB300	10～22
				HRB335，HRBF335	10～40
				HRB400，HRBF400	10～40
				HRB500，HRBF500	10～32
				RRB400W	10～25

236

项次	焊接方法		接 头 形 式	适 用 范 围	
				钢筋牌号	钢筋直径 /mm
4	电弧焊	搭接焊 单面焊		HPB300 HRB335，HRBF335 HRB400，HRBF400 HRB500，HRBF500 RRB400W	10 ~ 22 10 ~ 40 10 ~ 40 10 ~ 32 10 ~ 25
		熔槽帮条焊		HPB300 HRB335，HRBF335 HRB400，HRBF400 HRB500，HRBF500 RRB400W	20 ~ 22 20 ~ 40 20 ~ 40 20 ~ 32 20 ~ 25
		坡口焊 平焊		HPB300 HRB335，HRBF335 HRB400，HRBF400 HRB500，HRBF500 RRB400W	18 ~ 22 18 ~ 40 18 ~ 40 18 ~ 32 18 ~ 25
		坡口焊 立焊		HPB300 HRB335，HRBF335 HRB400，HRBF400 HRB500，HRBF500 RRB400W	18 ~ 22 18 ~ 40 18 ~ 40 18 ~ 32 18 ~ 25
		窄间隙焊		HPB300 HRB335，HRBF335 HRB400，HRBF400 HRB500，HRBF500 RRB400W	16 ~ 22 16 ~ 40 16 ~ 40 18 ~ 32 18 ~ 25
5	电渣压力焊			HPB300 HRB335 HRB400 HRB500	12 ~ 22 12 ~ 32 12 ~ 32 12 ~ 32
6	气压焊	固态		HPB300 HRB335	12 ~ 22 12 ~ 40
		熔态		HRB400 HRB500	12 ~ 40 12 ~ 32

注：1 电阻点焊时，适用范围的钢筋直径指两根不同直径钢筋交叉叠接中较小钢筋的直径。

　　2 电弧焊含焊条电弧焊和二氧化碳气体保护电弧焊两种工艺方法。

　　3 在生产中，对于有较高要求的抗震结构用钢筋，在牌号后加 E，焊接工艺可按同级别热轧钢筋施焊；焊条应采用低氢型碱性焊条。

　　4 生产中，如果有 HPB235 钢筋需要进行焊接时，可按 HPB300 钢筋的焊接材料和焊接工艺参数，以及接头质量检验与验收的有关规定施焊。

12.1.9 电渣压力焊应用于柱、墙等现浇混凝土结构中竖向受力钢筋的连接，不得用于梁、板等构件中水平钢筋的连接。

12.1.10 在钢筋工程焊接开工之前，参与该项工程施焊的焊工必须进行现场条件下的焊接工艺试验，应经试验合格后，方准于焊接生产。

12.1.11 钢筋焊接施工之前，应清除钢筋、钢板焊接部位以及钢筋与电极接触处表面上的锈斑、油污、杂物等；钢筋端部当有弯折、扭曲时，应予以矫直或切除。

12.1.12 带肋钢筋进行闪光对焊、电弧焊、电渣压力焊和气压焊时，应将纵肋对纵肋安放和焊接。

12.1.13 焊剂应存放在干燥的库房内，若受潮时，在使用前应经 250～350 °C 烘焙 2 h。使用中回收的焊剂应清除熔渣和杂物，并应与新焊剂混合均匀后使用。

12.1.14 两根同牌号、不同直径的钢筋可进行闪光对焊、电渣压力焊或气压焊。闪光对焊时钢筋直径差不得超过 4 mm；电渣压力焊或气压焊时，钢筋直径差不得超过 7 mm。焊接工艺参数可在大、小直径钢筋焊接工艺参数之间偏大选用。两根钢筋的轴线应在同一直线上，轴线偏移的允许值应按较小直径钢筋计算；对接头强度的要求，应按较小直径钢筋计算。

12.1.15 两根同直径、不同牌号的钢筋可进行闪光对焊、电弧焊、电渣压力焊或气压焊，其钢筋牌号应在本规程表 12.1.8 规定的范围内。焊条、焊丝和焊接工艺参数应按较高牌号钢筋选用，对接头强度的要求应按较低牌号钢筋强度计算。

12.1.16 进行电阻点焊、闪光对焊、埋弧压力焊、埋弧螺柱焊时，应随时观察电源电压的波动情况；当电源电压下降大于5%、小于 8%时，应采取提高焊接变压器级数等措施；当大于或等于 8%时，不得进行焊接。

12.1.17 在环境温度低于 – 5 ℃ 条件下施焊时，焊接工艺应符合下列要求：

    1 闪光对焊时，宜采用预热闪光焊或闪光—预热闪光焊，可增加调伸长度，采用较低变压器级数，增加预热次数和间歇时间。

    2 电弧焊时，宜增大焊接电流，降低焊接速度。电弧帮条焊或搭接焊时，第一层焊缝应从中间引弧，向两端施焊；以后各层控温施焊，层间温度应控制在 150～350 ℃。多层施焊时，可采用回火焊道施焊。

12.1.18 当环境温度低于 – 20 ℃ 时，不应进行各种焊接。

12.1.19 雨天、雪天进行施焊时，应采取有效遮蔽措施。焊后未冷却接头不得碰到雨和冰雪，并应采取有效的防滑、防触电措施，确保人身安全。

12.1.20 当焊接区风速超过 8 m/s 在现场进行闪光对焊或焊条电弧焊时，当风速超过 5 m/s 进行气压焊时，当风速超过 2 m/s 进行二氧化碳气体保护电弧焊时，均应采取挡风措施。

12.1.21 焊机应经常维护保养和定期检修，确保正常使用。

12.1.22 从事钢筋焊接施工的焊工必须持有钢筋焊工考试合格证，并应按照合格证规定的范围上岗操作。

12.1.23 持有合格证的焊工，每两年应复试一次；当脱离焊接生产岗位半年以上，在生产操作前应首先进行复试。复试可只进行操作技能考试。

12.1.24 焊工考试完毕，考试单位应填写"钢筋焊工考试结果登记表"，连同合格证复印件一起，立卷归档备查。

12.1.25 工程质量监督单位应对上岗操作的焊工随机抽查验证。

12.2 钢筋电阻点焊

12.2.1 混凝土结构中钢筋焊接骨架和钢筋焊接网，宜采用电阻点焊制作。

12.2.2 钢筋焊接骨架和钢筋焊接网在焊接生产中，当两根钢筋直径不同时，焊接骨架较小钢筋直径小于或等于 10 mm 时，大、小钢筋直径之比不宜大于 3 倍；当较小钢筋直径为 12~16 mm 时，大、小钢筋直径之比不宜大于 2 倍。焊接网较小钢筋直径不得小于较大钢筋直径的 60%。

12.2.3 电阻点焊的工艺过程中，应包括预压、通电、锻压三个阶段。

12.2.4 电阻点焊的工艺参数应根据钢筋牌号、直径及焊机性能等具体情况，选择变压器级数、焊接通电时间和电极压力。

12.2.5 焊点的压入深度应为较小钢筋直径的 18%~25%。

12.2.6 钢筋焊接网、钢筋焊接骨架宜用于成批生产；焊接时应按设备使用说明书中的规定进行安装、调试和操作，根据钢筋直径选用合适电极压力、焊接电流和焊接通电时间。

12.2.7 在点焊生产中，应经常保持电极与钢筋之间接触面的清洁平整；当电极使用变形时，应及时修整。

12.2.8 钢筋点焊生产过程中，应随时检查制品的外观质量；当发现焊接缺陷时，应查找原因并采取措施，及时消除。

12.2.9 钢筋焊接骨架和钢筋焊接网质量检查与验收

    1 不属于专门规定的焊接骨架和焊接网可按下列规定的检验批只进行外观质量检查：

        1）凡钢筋牌号、直径及尺寸相同的焊接骨架和焊接网应视为同一类型制品，且每 300 件作为一批，一周内不足 300 件的亦应按一批计算，每周至少检查一次。

2）外观质量检查时，每批应抽查 5%，且不得少于 5 件。

2 焊接骨架外观质量检查结果，应符合下列规定：

1）焊点压入深度应符合本规程第 12.2.5 条的规定。

2）每件制品的焊点脱落、漏焊数量不得超过焊点总数的 4%，且相邻两焊点不得有漏焊及脱落。

3）应量测焊接骨架的长度、宽度和高度，并应抽查纵、横方向 3~5 个网格的尺寸，其允许偏差应符合表 12.2.9 的规定。

4）当外观质量检查结果不符合上述规定时，应逐件检查，并剔出不合格品。对不合格品经整修后，可提交二次验收。

表 12.2.9　焊接骨架的允许偏差

项　目		允许偏差/mm
焊接骨架	长　度	±10
	宽　度	±5
	高　度	±5
骨架箍筋间距		±10
受力主筋	间　距	±15
	排　距	±5

3 焊接网外形尺寸检查和外观质量检查结果，应符合下列规定：

1）焊点压入深度应符合本规程第 12.2.5 条的规定。

2）钢筋焊接网间距的允许偏差应取 ±10 mm 和规定间距的 ±5%的较大值；网片长度和宽度的允许偏差应取 ±25 mm 和规定长度的 0.5%的较大值。网格数量应符合设计要求。

3）钢筋焊接网焊点开焊数量不应超过整张网片交叉点总

数的 1%，并且任一根钢筋上开焊点不得超过该支钢筋上交叉点总数的一半，焊接网最外边钢筋上的交叉点不得开焊。

4）钢筋焊接网表面不应有影响使用的缺陷。当性能符合要求时，允许钢筋表面存在浮锈和因矫直造成的钢筋表面轻微损伤。

12.3 钢筋电弧焊

12.3.1 工艺流程

检查设备、电源→钢筋端头制备→选择焊接接头形式及参数→试焊、做试件→施焊→质量检查

12.3.2 作业规定

1 钢筋电弧焊时，可采用焊条电弧焊或二氧化碳气体保护电弧焊两种工艺方法。二氧化碳气体保护电弧焊设备应由焊接电源、送丝系统、焊枪、供气系统、控制电路 5 部分组成。

2 钢筋二氧化碳气体保护电弧焊时，应根据焊机性能、焊接接头形状、焊接位置等条件选用焊接电流、极性、电弧电压（弧长）、焊接速度、焊丝伸出长度（干伸长）、焊枪角度及焊丝直径等焊接工艺参数。

3 钢筋电弧焊应包括帮条焊、搭接焊、坡口焊、窄间隙焊和熔槽帮条焊 5 种接头形式。焊接时，应符合下列规定：

1）应根据钢筋牌号、直径、接头形式和焊接位置，选择焊接材料，确定焊接工艺和焊接参数；

2）焊接时，引弧应在垫板、帮条或形成焊缝的部位进行，不得烧伤主筋；

3）焊接地线与钢筋应接触良好；

4）焊接过程中应及时清渣，焊缝表面应光滑，焊缝余高应平缓过渡，弧坑应填满。

4 帮条焊时，宜采用双面焊（图 12.3.2-1（b））；当不能进行双面焊时，可采用单面焊（图 12.3.2-1（a））。帮条长度应符合表 12.3.2 的规定。当帮条牌号与主筋相同时，帮条直径可与主筋相同或小一个规格；当帮条直径与主筋相同时，帮条牌号可与主筋相同或低一个牌号等级。

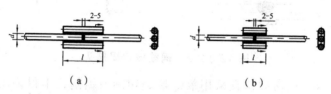

（a） （b）

图 12.3.2-1 钢筋帮条焊接头

表 12.3.2 钢筋帮条长度

钢筋牌号	焊缝形式	帮条长度（ *l* ）
HPB235 HPB300	单面焊	≥8*d*
	双面焊	≥4*d*
HRB335，HRBF335 HRB400，HRBF400 HRB500，HRBF500 RRB400W	单面焊	≥10*d*
	双面焊	≥5*d*

注：*d* 为主筋直径（mm）。

5 搭接焊时，宜采用双面焊，当不能进行双面焊时，可采用单面焊。搭接长度可与本规程表 12.3.2 帮条长度相同。焊接前先将钢筋预弯，应使两钢筋搭接的轴线位于同一直线上。

6 帮条焊接头或搭接焊接头的焊缝有效厚度不应小于主筋

直径的 30%；焊缝宽度不应小于主筋直径的 80%。

7 坡口焊的准备工作和焊接工艺应符合下列规定（图 12.3.2-2）：

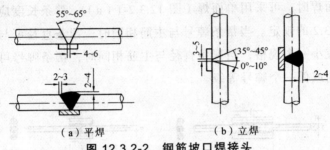

（a）平焊 （b）立焊

图 12.3.2-2 钢筋坡口焊接头

1）钢筋坡口宜采用氧乙炔焰切割或锯割，不得采用电弧切割。坡口面应平顺，凹凸不平度不得超过 1.5 mm，切口边缘不得有裂纹、钝边和缺棱。

2）钢垫板的厚度宜为 4~6 mm，长度宜为 40~60 mm；平焊时，垫板宽度应为钢筋直径加 10 mm；立焊时，垫板宽度宜等于钢筋直径。

3）焊缝的宽度应大于 V 形坡口的边缘 2~3 mm，焊缝余高应为 2~4 mm，并平缓过渡至钢筋表面。

4）钢筋与钢垫板之间，应加焊二层、三层侧面焊缝。

5）当发现接头中有弧坑、气孔及咬边等缺陷时，应立即补焊。

8 熔槽帮条焊应用于直径 20 mm 及以上钢筋的现场安装焊接。焊接时应加角钢作垫板模。接头形式（图 12.3.2-3）、角钢尺寸和焊接工艺应符合下列规定：

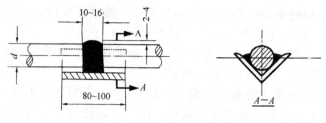

图 12.3.2-3 钢筋熔槽帮条焊接头

1）角钢边长宜为 40～70 mm；

2）钢筋端头应加工平整；

3）从接缝处垫板引弧后应连续施焊，并应使钢筋端部熔合，防止未焊透、气孔或夹渣；

4）焊接过程中应及时停焊清渣；焊平后，再进行焊缝余高的焊接，其高度应为 2～4 mm；

5）钢筋与角钢垫板之间，应加焊侧面焊缝 1～3 层，焊缝应饱满，表面应平整。

9 窄间隙焊应用于直径 16 mm 及以上钢筋的现场水平连接。焊接时，钢筋端部应置于铜模中，并应留出一定间隙，连续焊接，熔化钢筋端面，使熔敷金属填充间隙并形成接头（图 12.3.2-4）。其焊接工艺应符合下列规定：

1）钢筋端面应平整；

2）宜选用低氢型焊接材料；

3）从焊缝根部引弧后应连续进行焊接，左右来回运弧，在钢筋端面处电弧应少许停留，并使熔合；

4）当焊至端面间隙的 4/5 高度后，焊缝逐渐扩宽；当熔池过大时，应改连续焊为断续焊，避免过热；

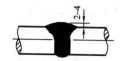

图 12.3.2-4 钢筋窄间隙焊接头

5）焊缝余高应为 2～4 mm，且应平缓过渡至钢筋表面。

12.3.3 钢筋电弧焊接头质量检查与验收

1 电弧焊接头的质量检验，应分批进行外观质量检查和力学性能检验，并应符合下列规定：

1）在现浇混凝土结构中，应以 300 个同牌号钢筋、同形式接头作为一批；在房屋结构中，应在不超过连续二楼层中 300 个同牌号钢筋、同形式接头作为一批；每批随机切取 3 个接头，做拉伸试验；

2）在装配式结构中，可按生产条件制作模拟试件，每批 3 个，做拉伸试验；

3）钢筋与钢板搭接焊接头可只进行外观质量检查；

4）在同一批中若有 3 种不同直径的钢筋焊接接头，应在最大直径钢筋接头和最小直径钢筋接头中分别切取 3 个试件进行拉伸试验。

2 电弧焊接头外观质量检查结果，应符合下列规定：

1）焊缝表面应平整，不得有凹陷或焊瘤；

2）焊缝接头区域不得有肉眼可见的裂纹；

3）焊缝余高应为 2～4 mm；

4）咬边深度、气孔、夹渣等缺陷允许值及接头尺寸的允许偏差，应符合表 12.3.3 的规定。

表 12.3.3　钢筋电弧焊接头尺寸偏差及缺陷允许值

名　称	单位	接头形式		
		帮条焊	搭接焊 钢筋与钢板 搭接焊	坡口焊窄间隙 焊熔槽帮条焊
帮条沿接头中心线的纵向偏移	mm	0.3d	—	—
接头处弯折角度	°	2	2	2
接头处钢筋轴线的偏移	mm	0.1d	0.1d	0.1d
		1	1	1

246

名　称		单位	接 头 形 式		
			帮条焊	搭接焊 钢筋与钢板 搭接焊	坡口焊窄间隙 焊熔槽帮条焊
焊缝宽度		mm	+0.1d	+0.1d	—
焊缝长度		mm	−0.3d	−0.3d	—
咬边深度		mm	0.5	0.5	0.5
在长 2d 焊缝表面上的气孔 及夹渣	数量	个	2	2	—
	面积	mm^2	6	6	—
在全部焊缝表面上的气孔 及夹渣	数量	个	—	—	2
	面积	mm^2	—	—	6

注：d 为钢筋直径（mm）。

3 当模拟试件试验结果不符合要求时，应进行复验。复验应从现场焊接接头中切取，其数量和要求与初始试验时相同。

12.4 钢筋电渣压力焊

12.4.1 工艺流程

1 工艺流程：

检查设备、电源→钢筋端头制备→试焊、做试件→选择焊接参数→安装焊接夹具和钢筋→安放钢丝球（也可省去）→安放焊剂罐、填装焊剂→确定焊接参数→施焊→回收焊剂→卸下夹具→质量检查

2 施焊过程：

闭合电路→引弧→电弧过程→电渣过程→挤压断电

12.4.2 作业规定

1 电渣压力焊应用于现浇混凝土结构中竖向或斜向（倾斜度不大于 10°）钢筋的连接。

2 直径 12 mm 钢筋电渣压力焊时，应采用小型焊接夹具，上下两根钢筋对正、不偏斜，多做焊接工艺试验，确保焊接质量。

3 钢筋安装之前进行钢筋端头制备，焊接部位和电极钳口接触的（150 mm 区段内）钢筋表面上的锈斑、油污、杂物等应清除干净。

4 钢筋电渣压力焊的焊接参数应包括：焊接电流、焊接电压和焊接通电时间。采用 HJ431 焊剂时，宜符合表 12.4.2 的规定。采用专用焊剂或自动电渣压力焊机时，应根据焊剂或焊机使用说明书中推荐数据，通过试验确定。

不同直径钢筋焊接时，上下两钢筋轴线应在同一直线上。

表 12.4.2　钢筋电渣压力焊焊接参数

钢筋直径 /mm	焊接电流/A	焊接电压/V		焊接通电时间/s	
		电弧过程 $U_{2.1}$	电渣过程 $U_{2.2}$	电弧过程 t_1	电渣过程 t_2
12	280 ~ 320			12	2
14	300 ~ 350			13	4
16	300 ~ 350			15	5
18	300 ~ 350			16	6
20	350 ~ 400	35 ~ 45	18 ~ 22	18	7
22	350 ~ 400			20	8
25	350 ~ 400			22	9
28	400 ~ 450			25	10
32	450 ~ 500			30	11

5 安装焊接夹具和钢筋：

1）夹具的下钳口应夹紧下钢筋端部的适当位置，一般为 1/2 焊剂罐高度偏下 5 ~ 10 mm，以确保焊接处的焊剂有足够的掩埋深度。

2）上钢筋放入夹具钳口后，调准动夹头的起始点，使上下钢筋的焊接部位位于同轴状态，方可夹紧钢筋。

3）钢筋一经夹紧，严防晃动，以免上下钢筋错位和夹具变形。

6 安放引弧用的钢丝球（也可省去），安放焊剂罐、填装焊剂。

7 施焊操作要点：

1）通过操纵杆或操纵盒上的开关，先后接通焊机的焊接电流回路和电源的输入回路，在钢筋端面之间引燃电弧，开始焊接。

2）引燃电弧后，应控制电压值。借助操纵杆使上下钢筋端面之间保持一定的间距，进行电弧过程的延时，使焊剂不断熔化而形成必要深度的渣池。

3）随后逐渐下送钢筋，使上钢筋端部插入渣池，电弧熄灭，进入电渣过程的延时，使钢筋全断面加速熔化。

4）电渣过程结束，迅速下送上钢筋，使其端面与下钢筋端面相互接触，趁热排除熔渣和熔化金属。同时切断焊接电源。

5）接头焊毕，应稍作停歇，方可回收焊剂和卸下焊接夹具。

8 在钢筋电渣压力焊的焊接生产中，若发现偏心、弯折、烧伤、焊包不饱满等焊接缺陷，应切除接头重焊，并查找原因，及时消除。切除接头时，应切除热影响区的钢筋，即离焊缝中心约为 1.1 倍钢筋直径的长度范围内的部分应切除。

12.4.3 钢筋电渣压力焊接头质量检验与验收

1 电渣压力焊接头的质量检验，应分批进行外观质量检查

249

和力学性能检验，并应符合列规定：

1）在现浇混凝土结构中，应以 300 个同牌号钢筋接头作为一批；在房屋结构中，应在不超过连续二楼层中 300 个同牌号钢筋接头作为一批；当不足 300 个接头时，仍应作为一批。每批随机切取 3 个接头试件做拉伸试验；

2）在同一批中若有 3 种不同直径的钢筋焊接接头，应在最大直径钢筋接头和最小直径钢筋接头中分别切取 3 个试件进行拉伸试验。

2 电渣压力焊接头外观质量检查结果，应符合下列规定：

1）四周焊包凸出钢筋表面的高度，当钢筋直径为 25 mm 及以下时，不得小于 4 mm；当钢筋直径为 28 mm 及以上时，不得小于 6 mm；

2）钢筋与电极接触处，应无烧伤缺陷；

3）接头处的弯折角度不得大于 2°；

4）接头处的轴线偏移不得大于 1 mm。

12.5 钢筋闪光对焊

12.5.1 工艺流程

1 工艺流程：

检查设备、电源→钢筋端头制备→试焊、做试件→选择焊接参数→施焊→质量检查

2 施焊过程：

安装钢筋→预热阶段（非预热闪光焊可省去）→闪光阶段→顶锻阶段

12.5.2 作业规定

1 钢筋闪光对焊可采用连续闪光焊、预热闪光焊或闪光-预热闪光焊工艺方法。生产中，可根据不同条件按下列规定选用：

1）当钢筋直径较小，钢筋牌号较低，在表 12.5.2 的规定范围内，可采用"连续闪光焊"；

2）当钢筋直径超过表 12.5.2 的规定，钢筋端面较平整，宜采用"预热闪光焊"；

3）当钢筋直径超过表 12.5.2 的规定，钢筋端面不平整，应采用"闪光-预热闪光焊"。

2 连续闪光焊所能焊接的钢筋直径上限，应根据焊机容量、钢筋牌号等具体情况而定，并应符合表12.5.2 的规定。

表 12.5.2 连续闪光焊钢筋直径上限

焊机容量/kV·A	钢 筋 牌 号	钢 筋 直 径/mm
160 （150）	HPB300 HRB335，HRBF335 HRB400，HRBF400	22 22 20
100	HPB300 HRB335，HRBF335 HRB400，HRBF400	20 20 18
80 （75）	HPB300 HRB335，HRBF335 HRB400，HRBF400	16 14 12

3 闪光对焊时，应按下列规定选择调伸长度、烧化留量、顶锻留量以及变压器级数等焊接参数：

1）调伸长度的选择，应随着钢筋牌号的提高和钢筋直径的加大而增长，主要是减缓接头的温度梯度，防止热影响区产生淬硬组织。当焊接 HRB400、HRBF400 等牌号钢筋时，调伸长度宜在 40～60 mm 内选用。

2）烧化留量的选择，应根据焊接工艺方法确定。当连续闪光焊时，闪光过程应较长；烧化留量应等于两根钢筋在断料时切断机刀口严重压伤部分（包括端面的不平整度），再加 8 ~ 10 mm；当闪光-预热闪光焊时，应区分一次烧化留量和二次烧化留量。一次烧化留量不应小于 10 mm，二次烧化留量不应小于 6 mm。

3）需要预热时，宜采用电阻预热法。预热留量应为 1 ~ 2 mm，预热次数应为 1 ~ 4 次；每次预热时间应为 1.5 ~ 2 s，间歇时间应为 3 ~ 4 s。

4）顶锻留量应为 3 ~ 7 mm，并应随钢筋直径的增大和钢筋牌号的提高而增加。其中，有电顶锻留量约占 1/3，无电顶锻留量约占 2/3，焊接时必须控制得当。焊接 HRB500 钢筋时，顶锻留量宜稍微增大，以确保焊接质量。

4　当 HRBF335 钢筋、HRBF400 钢筋、HRBF500 钢筋或 RRB400W 进行闪光对焊时，与热轧钢筋比较，应减小调伸长度，提高焊接变压器级数，缩短加热时间，快速顶锻，形成快热快冷条件，使热影响区长度控制在钢筋直径的 60% 范围之内。

5　HRB500、HRBF500 钢筋焊接时，应采用预热闪光焊或闪光-预热闪光焊工艺。当接头拉伸试验结果发生脆性断裂或弯曲试验不能达到规定要求时，尚应在焊机上进行焊后热处理。

6　不同直径的钢筋对焊时，其直径之比不宜大于 1.5；同时除应按大直径钢筋选择焊接参数外，并应减小大直径钢筋的调伸长度，或利用短料先将大直径钢筋预热，以便两者在焊接过程中加热均匀，保证焊接质量。

7　在钢筋闪光对焊生产中，若出现异常现象或焊接缺陷时，应查找原因，采取措施，及时消除。切除接头时，应切除热影响区的钢筋，即离焊缝中心约为 1.1 倍钢筋直径的长度范围内的部分应切除。

8 箍筋闪光对焊的焊点位置宜设在箍筋受力较小一边的中部。不等边的多边形柱箍筋对焊点位置宜设在两个边上的中部。

9 箍筋切断宜采用钢筋专用切割机下料；当用钢筋切断机时，刀口间隙不得大于 0.3 mm。切断后的钢筋端面应与轴线垂直，无压弯、无斜口。

10 箍筋闪光对焊应符合下列规定：

1）宜使用 100 kV·A 的箍筋专用对焊机。

2）宜采用预热闪光焊，焊接变压器级数应适当提高，二次电流稍大。

3）两钢筋顶锻闭合后，应延续数秒钟再松开夹具。

12.5.3 钢筋闪光对焊接头质量检验与验收

1 闪光对焊接头的质量检验，应分批进行外观质量检查和力学性能检验，并应符合下列规定：

1）在同一台班内，由同一焊工完成的 300 个同牌号、同直径钢筋焊接接头应作为一批。当同一台班内焊接的接头数量较少，可在一周之内累计计算；累计仍不足 300 个接头时，应按一批计算。

2）力学性能检验时，应从每批接头中随机切取 6 个接头，3 个做拉伸试验，3 个做弯曲试验。

3）异径钢筋接头可只做拉伸试验。

2 闪光对焊接头外观质量检查结果，应符合下列规定：

1）对焊接头表面应呈圆滑、带毛刺状，不得有肉眼可见的裂纹。

2）与电极接触处的钢筋表面不得有明显烧伤。

3）接头处的弯折角度不得大于 2°。

4）接头处的轴线偏移不得大于钢筋直径的 1/10，且不得大于 1 mm。

3 箍筋闪光对焊接头应分批进行外观质量检查和力学性能检验，并应符合下列规定：

1）在同一台班内，由同一焊工完成的 600 个同牌号、同直径箍筋闪光对焊接头作为一个检验批；如超出 600 个接头，其超出部分可以与下一台班完成接头累计计算。

2）每一检验批中，应随机抽查 5%的接头进行外观质量检查。

3）每个检验批中应随机切取 3 个对焊接头做拉伸试验。

4 箍筋闪光对焊接头外观质量检查结果，应符合下列规定：

1）对焊接头表面应呈圆滑、带毛刺状，不得有肉眼可见的裂纹。

2）轴线偏移不得大于钢筋直径的 1/10，且不得大于 1 mm。

3）对焊接头所在直线边的顺直度检测结果凹凸不得大于 5 mm。

4）对焊箍筋外皮尺寸应符合设计图的要求，允许偏差应为 ±5 mm。

5）与电极接触处的钢筋表面不得有明显烧伤。

12.6 钢筋气压焊

12.6.1 工艺流程

检查设备、气源→钢筋端头制备→安装焊接夹具和钢筋→试焊、做试件→施焊→卸下夹具→质量检查

12.6.2 作业规定

1 气压焊可用于钢筋在垂直位置、水平位置或倾斜位置的对接焊接。

2 气压焊按加热温度和工艺方法的不同，分为熔态气压焊和固态气压焊两种。一般情况下，宜优先采用熔态气压焊。

3 气压焊按加热火焰所用燃料气体的不同，可分为氧乙炔气压焊和氧液化石油气气压焊两种。氧液化石油气火焰的加热温度稍低，施工单位应根据具体情况选用。

4 气压焊设备应符合下列规定：

1）供气装置应包括氧气瓶、溶解乙炔气瓶或液化石油气瓶、减压器及胶管等。溶解乙炔气瓶或液化石油气瓶出口处应安装干式回火防止器。

2）焊接夹具应能夹紧钢筋，当钢筋承受最大的轴向压力时，钢筋与夹头之间不得产生相对滑移；应便于钢筋的安装定位，并在施焊过程中保持刚度；动夹头应与定夹头同心，当不同直径钢筋焊接时，亦应保持同心；动夹头的位移应大于或等于现场最大直径钢筋焊接时所需要的压缩长度。

3）采用半自动钢筋固态气压焊或半自动钢筋容态气压焊时，应增加电动加压装置、带有加压控制开关的多嘴环管加热器；采用固态气压焊时，宜增加带有陶瓷切割片的钢筋常温直角切断机。

4）当采用氧液化石油气火焰进行加热焊接时，应配备梅花状喷嘴的多嘴环管加热器。

5 采用固态气压焊时，其焊接工艺应符合下列规定：

1）焊前钢筋端面应切平、打磨，使其露出金属光泽。钢筋安装应夹牢，预压顶紧后，两钢筋端面局部间隙不得大于 3 mm。

2）气压焊加热开始至钢筋端面密合前，应采用碳化焰集中加热；钢筋端面密合后可采用中性焰宽幅加热；钢筋端面合适加热温度应为 1 150～1 250 ℃；钢筋镦粗区表面的加热温度应稍高于该温度，并随钢筋直径增大而适当提高。

3）气压焊顶压时，对钢筋施加的顶压力应为 30～40 MPa。

4）三次加压法的工艺过程应包括预压、密合和成型三个阶段。

5）当采用半自动钢筋固态气压焊时，应使用钢筋常温直角切断机断料，两钢筋端面间隙应控制在 1～2 mm，钢筋端面应平滑，可直接焊接。

6 采用熔态气压焊时，其焊接工艺应符合下列规定：

1）安装时，两钢筋端面之间应预留 3～5 mm 间隙。

2）当采用氧液化石油气熔态气压焊时，应调整好火焰，适当增大氧气用量。

3）气压焊开始时，应首先使用中性焰加热，待钢筋端头至熔化状态，附着物随熔滴流走，端部呈凸状时，应加压，挤出熔化金属，并密合牢固。

7 在加热过程中，当在钢筋端面缝隙完全密合之前发生灭火中断现象时，应将钢筋取下重新打磨、安装，然后点燃火焰进行焊接。当灭火中断发生在钢筋端面缝隙完全密合之后，可继续加热加压，完成焊接作业。

8 在焊接生产中，焊工应自检，当发现偏心、弯折、镦粗直径及长度不够、压焊面偏移、环向裂纹、钢筋表面严重烧伤、接头金属过烧、未焊合等质量缺陷时，应查找原因及时消除，并应切除接头重焊。

12.6.3 钢筋气压焊接头质量检验与验收

1 气压焊接头的质量检验，应分批进行外观质量检查和力学性能检验，并应符合下列规定：

1）在现浇混凝土结构中，应以 300 个同牌号钢筋接头作为一批；在房屋结构中，应在不超过连续二楼层中 300 个同牌号钢筋接头作为一批；当不足 300 个接头时，仍应作为一批。

2）在柱、墙的竖向钢筋连接中，应从每批接头中随机切取 3 个接头做拉伸试验；在梁、板的水平钢筋连接中，应另切取 3 个接头做弯曲试验。

3）在同一批中若有 3 种不同直径的钢筋焊接接头，应在最大直径钢筋接头和最小直径钢筋接头中分别切取 3 个试件进行拉伸试验。

2 气压焊接头外观质量检查结果，应符合下列规定：

1）接头处的轴线偏移 e 不得大于钢筋直径的 1/10，且不得大于 1 mm（见图 12.6.3（a））；当不同直径钢筋焊接时，应按较小钢筋直径计算；当大于上述规定值，但在钢筋直径的 3/10 以下时，可加热矫正；当大于 3/10 时，应切除重焊。

2）接头处表面不得有肉眼可见的裂纹。

3）接头处的弯折角度不得大于 2°；当大于规定值时，应重新加热矫正。

4）固态气压焊接头镦粗直径 d_c 不得小于钢筋直径的 1.4 倍；熔态气压焊接头镦粗直径 d_c 不得小于钢筋直径的 1.2 倍（见图 12.6.3（b））；当小于上述规定值时，应重新加热镦粗。

5）镦粗长度 L_c 不得小于钢筋直径的 1.0 倍，且凸起部分平缓圆滑（见图 12.6.3（c））；当小于上述规定值时，应重新加热镦长。

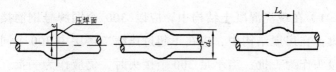

（a）轴线偏移 e 　（b）镦粗直径 d_c 　（c）镦粗长度 L_c

图 12.6.3　钢筋气压焊接头外观质量图解

12.7　质　量　标　准

12.7.1　纵向受力钢筋焊接接头验收中，闪光对焊接头、电弧焊接头、电渣压力焊接头、气压焊接头和非纵向受力箍筋闪光对焊接头、预埋件钢筋 T 形接头的连接方式应符合设计要求，并应全数检查，检查方法为目视观察。焊接接头力学性能检验应为主控项目，外观质量检查应为一般项目。

12.7.2　不属于专门规定的电阻点焊和钢筋与钢板电弧搭接焊接头可只做外观质量检查，属一般项目。

12.7.3　纵向受力钢筋焊接接头、箍筋闪光对焊接头、预埋件钢筋 T 形接头的外观质量检查应符合下列规定：

　　1　纵向受力钢筋焊接接头，每一检验批中应随机抽取 10% 的焊接接头；箍筋闪光对焊接头和预埋件钢筋 T 形接头应随机抽取 5% 的焊接接头。检查结果，外观质量应符合本规程第 12.7.9 条～第 12.7.13 条的有关规定。

　　2　焊接接头外观质量检查时，首先应由焊工对所焊接头或制品进行自检；在自检合格的基础上由施工单位项目专业质量检查员检查，并应做好检查验收记录。

12.7.4　外观质量检查结果，当各小项不合格数均小于或等于抽

258

检数的 15%，则该批焊接接头外观质量评为合格；当某一小项不合格数超过抽检数的 15% 时，应对该批焊接接头该小项逐个进行复检，并剔出不合格接头。对外观质量检查不合格接头采取修整或补焊措施后，可提交二次验收。

12.7.5 施工单位项目专业质量检查员应检查钢筋、钢板质量证明书、焊接材料产品合格证和焊接工艺试验时的接头力学性能试验报告。钢筋焊接接头力学性能检验时，应在接头外观质量检查合格后随机切取试件进行试验，试验方法应按国家现行标准《钢筋焊接接头试验方法标准》JGJ/T 27 有关规定执行。试验报告应包括下列内容：

  1 工程名称、取样部位；

  2 批号、批量；

  3 钢筋生产厂家和钢筋批号、钢筋牌号、规格；

  4 焊接方法；

  5 焊工姓名及考试合格证编号；

  6 施工单位；

  7 焊接工艺试验时的力学性能试验报告。

12.7.6 钢筋闪光对焊接头、电弧焊接头、电渣压力焊接头、气压焊接头、箍筋闪光对焊接头、预埋件钢筋 T 形接头的拉伸试验，应从每一检验批接头中随机切取 3 个接头进行试验并应按下列规定对试验结果进行评定：

  1 符合下列条件之一，应评定该检验批接头拉伸试验合格：

  1）3 个试件均断于钢筋母材，呈延性断裂，其抗拉强度大于或等于钢筋母材抗拉强度标准值。

  2）2 个试件断于钢筋母材，呈延性断裂，其抗拉强度大于或等于钢筋母材抗拉强度标准值；另一试件断于焊缝，呈脆性断裂，其抗拉强度大于或等于钢筋母材抗拉强度标准值的 1.0 倍。

注：试件断于热影响区，呈延性断裂，应视作与断于钢筋母材等同；试件断于热影响区，呈脆性断裂，应视作与断于焊缝等同。

    2 符合下列条件之一，应进行复验：

      1）2 个试件断于钢筋母材，呈延性断裂，其抗拉强度大于或等于钢筋母材抗拉强度标准值；另一试件断于焊缝或热影响区，呈脆性断裂，其抗拉强度小于钢筋母材抗拉强度标准值的 1.0 倍。

      2）1 个试件断于钢筋母材，呈延性断裂，其抗拉强度大于或等于钢筋母材抗拉强度标准值；另 2 个试件断于焊缝或热影响区，呈脆性断裂。

    3 3 个试件均断于焊缝，呈脆性断裂，其抗拉强度均大于或等于钢筋母材抗拉强度标准值的 1.0 倍，应进行复验。当 3 个试件中有 1 个试件抗拉强度小于钢筋母材抗拉强度标准值的 1.0 倍，应评定该检验批接头拉伸试验不合格。

    4 复验时，应切取 6 个试件进行试验。试验结果，若有 4 个或 4 个以上试件断于钢筋母材，呈延性断裂，其抗拉强度大于或等于钢筋母材抗拉强度标准值，另 2 个或 2 个以下试件断于焊缝，呈脆性断裂，其抗拉强度大于或等于钢筋母材抗拉强度标准值的 1.0 倍，应评定该检验批接头拉伸试验复验合格。

    5 可焊接余热处理钢筋 RRB400W 焊接接头拉伸试验结果，其抗拉强度应符合同级别热轧带肋钢筋抗拉强度标准值 540 MPa 的规定。

12.7.7 钢筋闪光对焊接头、气压焊接头进行弯曲试验时，应从每一个检验批接头中随机切取 3 个接头，焊缝应处于弯曲中心点，弯心直径和弯曲角度应符合表 12.7.7 的规定。

表 12.7.7 接头弯曲试验指标

钢筋牌号	弯心直径	弯曲角度/(°)
HPB300	2d	90
HRB335，HRBF335	4d	90
HRB400，HRBF400 RRB400W	5d	90
HRB500，HRBF500	7d	90

注：1 d 为钢筋直径（mm）。
　　2 直径大于 25 mm 的钢筋焊接接头，弯心直径应增加 1 倍钢筋直径。

弯曲试验结果应按下列规定进行评定：

1 当试验结果，弯曲至 90°，有 2 个或 3 个试件外侧（含焊缝和热影响区）未发生宽度达到 0.5 mm 的裂纹，应评定该检验批接头弯曲试验合格。

2 当有 2 个试件发生宽度达到 0.5 mm 的裂纹，应进行复验。

3 当有 3 个试件发生宽度达到 0.5 mm 的裂纹，应评定该检验批接头弯曲试验不合格。

4 复验时，应切取 6 个试件进行试验。复验结果，当不超过 2 个试件发生宽度达到 0.5 mm 的裂纹时，应评定该检验批接头弯曲试验复验合格。

12.7.8 钢筋焊接接头或焊接制品质量验收时，应在施工单位自行质量评定合格的基础上，由监理（建设）单位对检验批有关资料进行检查，组织项目专业质量检查员等进行验收，并应做好质量验收记录。

12.7.9 钢筋焊接骨架和焊接网质量检验与验收应符合本规程第 12.2.9 条的规定。

12.7.10 钢筋电弧焊接头质量检验与验收应符合本规程第 12.3.3 条的规定。

12.7.11 钢筋电渣压力焊接头质量检验与验收应符合本规程第12.4.3条的规定。

12.7.12 钢筋闪光对焊接头质量检验与验收应符合本规程第12.5.3条的规定。

12.7.13 钢筋气压焊接头质量检验与验收应符合本规程第12.6.3条的规定。

12.8 成品保护

12.8.1 钢筋电弧焊接头焊接完毕，应停歇使接头冷却后，方能承载，以免接头过早受力产生偏移或裂纹。

12.8.2 钢筋电渣压力焊接头焊接完毕，应停歇20～30 s后（在寒冷季节施焊时，停歇时间适当延长），方可回收焊剂和卸下焊接夹具，以免接头弯折。

12.8.3 钢筋闪光对焊接头焊接后稍冷却方可松开电极钳口，取出钢筋时必须平稳，以免接头弯折。堆放时轻轻放下并按顺序分规格堆放。

12.8.4 钢筋焊接骨架、钢筋焊接网、焊接钢筋在运输装卸时，不应随意抛掷。

12.9 安全环保措施

12.9.1 安全培训与人员管理应符合下列规定：

  1 承担钢筋焊接工程的企业应建立健全钢筋焊接安全生产管理制度，并应对实施焊接操作和安全管理人员进行安全培训，经考核合格后方可上岗；

  2 操作人员必须按焊接设备的操作说明书或国家现行有关

规程，正确使用设备和实施焊接操作。

12.9.2 焊接操作及配合人员应按下列规定并结合实际情况穿戴劳动防护用品：

1 焊接人员操作前，应戴好安全帽，佩戴电焊手套、围裙、护腿，穿阻燃工作服；穿焊工皮鞋或电焊工劳保鞋，应戴防护眼镜（滤光或遮光镜）、头罩或手持面罩；高处作业时应系好安全带。

2 焊接人员进行仰焊时，应穿戴皮制或耐火材质的套袖、披肩罩或斗篷，以防头部灼伤。

12.9.3 焊接工作区域的防护应符合下列规定：

1 焊接设备应安放在通风、干燥、无碰撞、无剧烈振动、无高温、无易燃品存在的地方；特殊环境条件下还应对设备采取特殊的防护措施。

2 闪光火花飞溅的区域内，应设置薄钢板或水泥石棉挡板防护装置；在对焊机与操作人员之间，可在机上装置活动罩，防止火花四射灼伤操作人员。

3 焊机不得受潮或雨淋；露天使用的焊接设备应予以保护，受潮的焊接设备在使用前必须彻底干燥并经适当试验或检测。

4 焊接作业应在足够的通风条件下（自然通风或机械通风）进行，避免操作人员吸入焊接操作产生的烟气流。

5 在焊接作业场所应当设置警告标志。

12.9.4 焊接作业区防火安全应符合下列规定：

1 焊接作业区和焊机周围 6 m 以内，严禁堆放装饰材料、油料、木材、氧气瓶、溶解乙炔气瓶、液化石油气瓶等易燃、易爆物品。

2 除必须在施工工作面焊接外，钢筋应在专门搭设的防雨、防潮、防晒的工房内焊接；工房的屋顶应有安全防护和排水设施，地面应干燥，应有防止飞溅的金属火花伤人的设施。

3 高空作业的下方和焊接火星所及范围内，必须彻底清除易燃、易爆物品。

4 焊接作业区应配备足够的灭火设备，如水池、沙箱、水龙带、消火栓、手提灭火器。

12.9.5 各种焊机的配电开关箱内，应安装熔断器和漏电保护开关；焊接电源的外壳应有可靠的接地或接零；焊机的保护接地线应直接从接地极处引接，其接地电阻值不应大于 4 Ω。

12.9.6 电渣压力焊焊接时二次线必须双线到位，严禁借用金属管道、金属脚手架、轨道及结构钢筋作回路地线。

12.9.7 钢筋闪光对焊完毕不应过早松开夹具，焊接接头尚处高温时避免抛掷，不得往高温接头上浇水，较长钢筋对接时应安放在台架上操作。

12.9.8 冷却水管、输气管、控制电缆、焊接电缆均应完好无损；接头处应连接牢固，无渗漏，绝缘良好；发现损坏应及时修理；各种管线和电缆不得挪作拖拉设备的工具。

12.9.9 在封闭空间内进行焊接操作时，应设专人监护。

12.9.10 氧气瓶、溶解乙炔气瓶或液化石油气瓶、干式回火防止器、减压器及胶管等，应防止损坏。发现压力表指针失灵，瓶阀、胶管有泄漏，应立即修理或更换；气瓶必须进行定期检查，使用期满或送检不合格的气瓶禁止继续使用。

12.9.11 气瓶使用应符合下列规定：

1 各种气瓶应摆放稳固；钢瓶在装车、卸车及运输时，应避免互相碰撞；氧气瓶不能与燃气瓶、油类材料以及其他易燃物品同车运输。

2 调运钢瓶时应使用吊架或合适的台架，不得使用吊钩、钢索和电磁吸盘；钢瓶使用完时，要留有一定的余压力。

3 钢瓶在夏季使用时要防止暴晒；冬季使用时如发生冻结、结霜或出气量不足时，应用温水解冻。

12.10 质 量 记 录

12.10.1 钢筋焊接施工质量验收时，应提供下列文件和记录：

1 钢筋、钢板均应有质量证明书；焊条、焊丝、氧气、溶解乙炔、液化石油气、二氧化碳气体、焊剂应有产品合格证；

2 钢筋原材料复试报告；

3 钢筋焊接试验报告。

12.10.2 质量验收记录

钢筋焊接施工质量验收时，应按《四川省工程建设统一用表》的规定提供有关质量验收记录。

13 滚轧直螺纹钢筋连接接头

13.1 一般规定

13.1.1 适用范围

适用于混凝土结构中 HRB335、HRBF335、HRB400、HRBF400、RRB400、HRB500、HRBF500 钢筋（可直接滚轧或经前期加工）最终以滚轧加工形成直螺纹的各种形式的钢筋连接接头。

13.1.2 用于机械连接的钢筋应符合现行国家标准《钢筋混凝土用钢 第2部分：热轧带肋钢筋》GB 1499.2 的规定。

13.1.3 接头连接件的屈服承载力和受拉承载力的标准值不应小于被连接钢筋的屈服承载力和受拉承载力标准值的 1.10 倍。

13.1.4 接头应根据抗拉强度、残余变形以及高应力和大变形条件下反复拉压性能的差异，分为以下三个性能等级：

Ⅰ级：接头抗拉强度等于被连接钢筋的实际拉断强度或不小于 1.10 倍钢筋抗拉强度标准值，残余变形小并具有高延性及反复拉压性能；

Ⅱ级：接头抗拉强度不小于被连接钢筋抗拉强度标准值，残余变形较小并具有高延性及反复拉压性能；

Ⅲ级：接头抗拉强度不小于被连接钢筋屈服强度标准值的 1.25 倍，残余变形较小并具有一定的延性及反复拉压性能。

13.1.5 Ⅰ级、Ⅱ级、Ⅲ级接头的抗拉强度必须符合表 13.1.5 的规定。

表 13.1.5 接头的抗拉强度

接头等级	Ⅰ级	Ⅱ级	Ⅲ级
抗拉强度	$f_{mst}^0 \geqslant f_{stk}$ 断于钢筋 或 $f_{mst}^0 \geqslant 1.10 f_{stk}$ 断于接头	$f_{mst}^0 \geqslant f_{stk}$	$f_{mst}^0 \geqslant 1.25 f_{yk}$

注：f_{mst}^0——接头试件实测抗拉强度；f_{stk}——钢筋抗拉强度标准值；

f_{yk}——钢筋屈服强度标准值。

13.1.6 Ⅰ级、Ⅱ级、Ⅲ级接头应能经受规定的高应力和大变形反复拉压循环，且在经历拉压循环后，其抗拉强度仍应符合本规程表 13.1.5 的规定。

13.1.7 Ⅰ级、Ⅱ级、Ⅲ级接头的变形性能应符合表 13.1.7 的规定。

表 13.1.7 接头的变形性能

接头等级		Ⅰ级	Ⅱ级	Ⅲ级
单向拉伸	残余变形 /mm	$u_0 \leqslant 0.10$ （$d \leqslant 32$） $u_0 \leqslant 0.14$ （$d > 32$）	$u_0 \leqslant 0.14$ （$d \leqslant 32$） $u_0 \leqslant 0.16$ （$d > 32$）	$u_0 \leqslant 0.14$ （$d \leqslant 32$） $u_0 \leqslant 0.16$ （$d > 32$）
	最大力总伸 长率/%	$A_{sgt} \geqslant 6.0$	$A_{sgt} \geqslant 6.0$	$A_{sgt} \geqslant 3.0$
高应力反复 拉压	残余变形 /mm	$u_{20} \leqslant 0.3$	$u_{20} \leqslant 0.3$	$u_{20} \leqslant 0.3$
大变形反复 拉压	残余变形 /mm	$u_4 \leqslant 0.3$ 且 $u_8 \leqslant 0.6$	$u_4 \leqslant 0.3$ 且 $u_8 \leqslant 0.6$	$u_4 \leqslant 0.6$

注：1 u_0——接头试件加载至 $0.6 f_{yk}$ 并卸载后在规定标距内的残余变形；

u_{20}——接头试件经高应力反复拉压 20 次后的残余变形；

u_4——接头试件经大变形反复拉压 4 次后的残余变形；

u_8——接头试件经大变形反复拉压 8 次后的残余变形；

A_{sgt}——接头试件的最大力总伸长率。

2 当频遇荷载组合下，构件中钢筋应力明显高于 $0.6 f_{yk}$ 时，设计部门可对单向拉伸残余变形 u_0 的加载峰值提出调整要求。

13.1.8 钢筋接头在承受 2 倍和 5 倍于钢筋屈服应变的大变形情

况下，经受 4~8 次反复拉压，满足强度和变形要求（即：钢筋屈服应变是指与钢筋屈服强度标准值相对应的应变值）。对国产 HRB335 级钢筋，可取 $\varepsilon_{yk}=0.001\,68$，对国产 HRB400 级和 HRB500 级钢筋，可分别取 $\varepsilon_{yk}=0.002\,00$ 和 $\varepsilon_{yk}=0.002\,50$。

13.1.9 结构设计图中应列出设计选用的钢筋接头等级和应用部位。接头等级的选定应符合下列规定：

1 混凝土结构中要求充分发挥钢筋强度或对延性要求高的部位应优先选用 II 级接头。当在同一连接区段内必须实施 100% 钢筋接头的连接时，应采用 I 级接头。

2 混凝土结构中钢筋应力较高但对延性要求不高的部位，可采用 III 级接头。

13.1.10 滚轧直螺纹接头按钢筋强度级别分类如表 13.1.10 所示。

表 13.1.10　滚轧直螺纹接头按钢筋强度级别分类

序　号	接头钢筋强度级别	代　号
1	HRB335，HRBF335	Φ、Φ^F
2	HRB400，HRBF400、RRB400	Φ、Φ^F、Φ^R
3	HRB500，HRBF500	$\Phi\!\!\!=$、$\Phi\!\!\!=^F$

13.1.11 滚轧直螺纹接头按连接套筒的基本使用条件分类如表 13.1.11 所示。

表 13.1.11　接头按连接套筒的基本使用条件分类

序　号	使用要求	套筒形式	代　号
1	正常情况下钢筋连接	标准型	省略
2	用于两端钢筋均不能转动的场合	正反丝扣型	F

268

续表 13.1.11

序 号	使用要求	套筒形式	代 号
3	用于不同直径的钢筋连接	异径型	Y
4	用于较难对中的钢筋连接	扩口型	K
5	钢筋完全不能转动，通过转动连接套筒连接钢筋，用锁母锁紧套筒	加锁母型	S

13.1.12 滚轧直螺纹接头连接套筒的标记由名称代号、特征代号及主要参数代号组成。

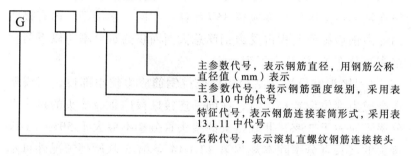

注：1 当同类型接头需要改型时（如改变套筒长度、改变套筒壁厚等），可增加改型序号按 A、B、C 排列；
　　2 当接头的使用条件为基本使用条件的组合时，可将其特征代号按顺序排列组合表达。

标记示例：

1 滚轧直螺纹钢筋连接接头，HRB335 级钢筋，公称直径 25 mm，标准型连接套筒，第一次改型。套筒标记为 G 25A。

2 滚轧直螺纹钢筋连接接头，HRB400 级钢筋，公称直径 32 mm，正反丝扣型连接套筒。套筒标记为 GF 32。

3 滚轧直螺纹钢筋连接接头，HRB400 级钢筋，公称直径分别为 36 mm 及 32 mm，异径型连接套筒。套筒标记为 GY 36/32。

4 滚轧直螺纹钢筋连接接头，HRB400 级钢筋，公称直径分别为 36 mm 及 32 mm，且被连接两根钢筋均不能转动，异径型 + 正反丝扣型连接套筒。套筒标记为 GY F 36/32。

13.1.13 接头连接件的混凝土保护层厚度宜符合现行国家标准《混凝土结构设计规范》GB 50010 中受力钢筋的混凝土保护层最小厚度的规定，且不得小于 15 mm。连接件之间的横向净距不宜小于 25 mm。

13.1.14 结构构件中纵向受力钢筋的接头宜相互错开。钢筋机械连接的连接区段长度应按 $35d$ 计算。在同一连接区段内有接头的受力钢筋截面面积占受力钢筋总截面面积的百分率（以下简称接头百分率），应符合下列规定：

1 接头宜设置在结构构件受拉钢筋应力较小部位，当需要在高应力部位设置接头时，在同一连接区段内Ⅲ级接头的接头百分率不应大于 25%，Ⅱ级接头的接头百分率不应大于 50%。Ⅰ级接头的接头百分率除本规程第 13.1.14 条第 2 款所列情况外可不受限制。

2 接头宜避开有抗震设防要求的框架的梁端、柱端箍筋加密区；当无法避开时，应采用Ⅱ级接头或Ⅰ级接头，且接头百分率不应大于 50%。

3 受拉钢筋应力较小部位或纵向受压钢筋，接头百分率可不受限制。

4 对直接承受动力荷载的结构构件，接头百分率不应大于 50%。

13.1.15 连接套筒及锁母宜选用 45 号优质碳素结构钢或其他经型式检验确认符合要求的钢材。供货单位应提供质量保证书，并应符合现行国家标准《优质碳素结构钢》GB/T 699 及国家现行标准《钢筋机械连接技术规程》JGJ 107 的有关规定。

13.1.16 不同直径钢筋连接时，一次连接钢筋直径规格不宜超过 2 级。

13.1.17 接头端头距钢筋弯折点的距离不应小于钢筋直径的 10 倍。

13.1.18 直螺纹钢筋接头施工应符合现行行业标准《滚轧直螺纹钢筋连接接头》JG 163 的规定。

13.2 施 工 准 备

13.2.1 技术准备

1 操作工人必须经过培训，经考核合格后方可持证上岗。

2 核对加工单与成品数量。

3 做好技术交底工作。

13.2.2 材料准备

1 钢筋的级别、直径必须符合设计要求及国家现行标准的规定，应有出厂质量证明及复试报告。

2 套筒应分批验收，并具有型式检验报告和出厂合格证。

3 钢筋应先调直再下料，钢筋端面应平整并与钢筋轴线垂直，钢筋下料宜用切断机和砂轮片切断，不得用气割下料。

4 成品直螺纹连接套筒两端螺纹孔应有保护端盖，套筒表面应有规格标记。

13.2.3 主要机具准备

切割机、钢筋滚压直螺纹成型机、力矩扳手、普通扳手及量规（牙形规、环规、塞规）。

13.2.4 作业条件

1 清除钢筋接头部位的锈污、油污、砂浆等杂物。

2 应对连接套筒作外观尺寸检查，并分规格挂牌堆码整齐。

3 钢筋与钢套筒试套，如钢筋端头有马蹄形、飞边及弯曲时，应先矫正或用手砂轮修磨。

13.3 施 工 工 艺

13.3.1 工艺流程

钢筋检查→合格→切割→套丝→合格→加保护套 ⎫
套筒加工→合格→加保护套→运至工地→复检→合格 ⎬→
现场连接→检查验收→合格→下道工序

13.3.2 连接套筒及锁母加工

1 连接套筒应按照产品设计图纸要求制造，每个套筒均应经塞规自检合格。

2 连接套筒内螺纹尺寸宜按《普通螺纹基本尺寸》GB/T 196确定，螺纹中径公差宜满足《普通螺纹的公差与配合》GB/T 197中6H级精度规定的要求。

3 连接套筒装箱前套筒应有保护端盖，套筒内不得混入杂物。

4 连接套筒及锁母的外观质量及内螺纹尺寸的检验应符合下列规定：

1）连接套筒表面不得有裂纹，螺纹牙型应饱满，表面及内螺纹不得有严重的锈蚀及其他肉眼可见的缺陷；

2）用专用的螺纹塞规进行内螺纹尺寸的检验，其通塞规应能顺利旋入，止塞规旋入长度不得超过 $3P$。内螺纹检验示意见图 13.3.2。

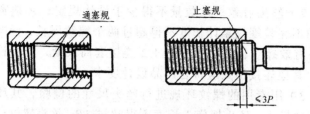

图 13.3.2 塞规使用示意图

13.3.3 钢筋丝头螺纹加工

1 丝头加工时应使用水性润滑液，不得使用油性润滑液。

2 钢筋端部应切平或镦平后加工螺纹，镦粗头不得有与钢筋轴线相垂直的横向裂缝。

3 丝头中径、牙型角及丝头有效螺纹长度应符合设计规定。丝头螺纹尺寸宜按《普通螺纹基本尺寸》GB/T 196 确定，有效螺纹中径尺寸公差宜满足《普通螺纹的公差与配合》GB/T 197 中 $6f$ 级精度规定的要求。

4 钢筋丝头长度应满足企业标准中产品设计要求，公差应为 $0 \sim 2.0P$（P 为螺距）。

5 丝头螺纹尺寸示意见图 13.3.3-1。

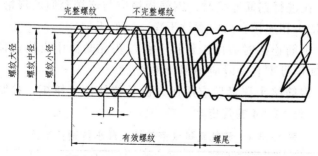

图 13.3.3-1 丝头螺纹尺寸示意图

6 丝头的外观质量及尺寸的检验应符合下列规定：

1）丝头表面不得有影响接头性能的损坏及锈蚀。

2）丝头有效螺纹数量不得少于设计规定；牙顶宽度大于0.3P的不完整螺纹累计长度不得超过两个螺纹周长；标准型接头的丝头有效螺纹长度应不小于1/2连接套筒长度，且允许误差为+2P；其他连接形式应符合产品设计要求。

3）用专用的螺纹环规进行丝头尺寸的检验，其环通规应能顺利地旋入，环止规旋入长度不得超过3P。丝头螺纹检验示意见图13.3.3-2。

7 丝头加工完毕经检验合格后，应立即带上丝头保护帽或拧上连接套筒，防止装拆钢筋时损坏丝头，并按规格分类堆放整齐待用。

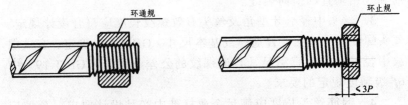

图 13.3.3-2 环规使用示意图

13.3.4 钢筋连接施工

1 在进行钢筋连接时，钢筋规格应与连接套筒的规格一致，并保证丝头和连接套筒内螺纹干净、完好无损。

2 钢筋连接时应用工作扳手将丝头在套筒中央位置顶紧。当采用加锁母型套筒时应用锁母锁紧。

3 钢筋接头拧紧后应用扭力扳手校核拧紧扭矩，拧紧扭矩值应符合表13.3.4的规定。

表 13.3.4 滚轧直螺纹钢筋接头最小拧紧扭矩值

钢筋直径/mm	≤16	18～20	22～25	28～32	36～40
拧紧扭矩/N·m	100	200	260	320	360

注：校核用扭力扳手的准确度级别可选用10级。

4 钢筋连接完毕后，标准型接头连接套筒外应外露有效螺纹，且连接套筒单边外露有效螺纹不宜超过 $2P$，其他连接形式应符合产品设计要求。

13.4 质 量 标 准

13.4.1 接头的型式检验

1 钢筋连接接头的型式检验应由国家、省部级主管部门认可的检测机构进行，并出具检验报告和评定结论。

2 对每种型式、级别、规格、材料、工艺的钢筋机械连接接头，型式检验试件不应少于 9 个：单向拉伸试件不应少于 3 个，高应力反复拉压试件不应少于 3 个，大应变反复拉压试件不应少于 3 个。同时应另取 3 根钢筋试件作抗拉强度试验。全部试件均应在同一根钢筋上截取。

3 用于型式检验的接头试件应散装送达检验单位，由型式检验单位或在其监督下由接头技术提供单位按本规程表 13.3.4 的拧紧扭矩进行装配，拧紧扭矩值应记录在检验报告中，型式检验试件必须采用未经过预拉的试件。

4 型式检验的试验方法应按国家现行标准《钢筋机械连接技术规程》JGJ 107 的规定进行，当试验结果符合下列规定时评为合格：

1）强度检验：每个接头试件的强度实测值均应符合本规程表 13.1.5 中相应接头等级的强度要求。

2）变形检验：对残余变形和最大力总伸长率，3 个试件实测值的平均值应符合本规程表 13.1.7 的规定。

13.4.2 施工现场接头的检验与验收

1　工程中应用滚轧直螺纹钢筋连接接头时，应由该技术提供单位提交有效的型式检验报告。

2　钢筋连接工程开始前，应对不同钢筋生产厂的进场钢筋进行接头工艺检验；施工过程中，更换钢筋生产厂时，应补充进行工艺检验。工艺检验应符合下列规定：

1）每种规格钢筋的接头试件不应少于 3 根。

2）每根试件的抗拉强度和 3 根接头试件的残余变形的平均值均应符合本规程表 13.1.5 和表 13.1.7 的规定。

3）接头试件在测量残余变形后可再进行抗拉强度试验，并宜按国家现行标准《钢筋机械连接技术规程》JGJ 107 中的单项拉伸加载制度进行试验。

4）第一次工艺检验中 1 根试件抗拉强度或 3 根试件的残余变形平均值不合格时，允许再抽 3 根试件进行复检，复检仍不合格时判为工艺检验不合格。

3　接头安装前应检查连接件产品合格证及套筒、锁母表面生产批号标识；产品合格证应包括适用钢筋直径和接头性能等级、套筒和锁母类型、生产单位、生产日期以及可追溯产品原材料力学性能和加工质量的生产批号。

4　丝头现场检验：

1）加工的丝头应逐个进行自检，自检合格的丝头，应由现场质检员以一个工作班加工的丝头为一个检验批，随机抽检 10%，且不少于 10 个，不合格的丝头应切去重新加工。

2）现场丝头的抽检合格率不应小于 95%。当抽检合格率小于 95% 时，应另抽取同样数量的丝头重新检验。当两次检验的总合格率不小于 95% 时，该批产品合格。若合格率仍小于 95% 时，则应对全部丝头进行逐个检验，合格者方可使用。

5 接头外观质量及拧紧扭矩检验：

1）接头的外观质量在施工时应逐个自检，不符合要求的接头应及时调整或采取其他有效的连接措施。

2）外观质量自检合格的钢筋连接接头，应由现场质检员随机抽样进行检验。同一施工条件下采用同一批材料的同等级、同型式、同规格接头，应以 500 个为一个检验批进行检验和验收，不足 500 个也按一个检验批计算。

3）对每一检验批的接头，于正在施工的工程结构中随机抽取 10%，且不少于 50 个接头，检验其外观质量及拧紧扭矩校核，拧紧扭矩值不合格数超过被校核接头数的 5%时，应重新拧紧全部接头，直到合格为止。

6 接头力学性能检验：

1）接头的现场检验按检验批进行。同一施工条件下采用同一批材料的同等级、同型式、同规格接头，以连续生产的 500 个为一个检验批进行检验和验收，不足 500 个也按一个检验批计算。

2）对接头的每一验收批，必须在工程结构中随机截取 3 个接头试件作抗拉强度试验，按设计要求的接头等级进行评定。当 3 个接头试件的抗拉强度均符合本规程表 13.1.5 中相应等级的强度要求时，该验收批应评为合格。如有 1 个试件的抗拉强度不符合要求，应再取 6 个试件进行复验。复验中如仍有 1 个试件的抗拉强度不符合要求，则该验收批应评为不合格。

3）现场检验连续 10 个检验批抽样试件抗拉强度试验一次合格率为 100%时，检验批接头数量可扩大 1 倍。

7 现场截取抽样试件后，原接头位置的钢筋可采用同等规格的钢筋进行搭接连接，或采用焊接及机械连接方法补接。

8 对抽检不合格的接头验收批，应由建设单位会同设计等有关方面研究后提出处理方案。

13.5 成品保护

13.5.1 在地面安装好的接头应用垫木垫好，分规格码放整齐，不得随意抛掷。

13.5.2 套筒应用塑料盖封上，内部不得有砂浆等杂物。钢筋丝头应带上保护帽或拧上连接套筒，以防装拆钢筋时损坏丝头。

13.5.3 在高空连接接头时，应搭好临时架子，不得蹬踩接头。

13.6 安全环保措施

13.6.1 使用扭力扳手时，不得用力过猛，以免伤人。

13.6.2 钢筋套丝机的使用应严格按照操作规程进行。

13.6.3 施工现场用电应符合国家现行标准《施工现场临时用电安全技术规范》JGJ 46 的规定。

13.6.4 机械废润滑液应流入专设液池集中处理，铁屑杂物应回收处理。

13.7 质量记录

13.7.1 滚轧直螺纹钢筋连接接头施工质量验收时，应提供下列文件和记录：

    1 钢筋出厂质量证明书及复试报告；

    2 钢筋连接接头型式检验报告；

    3 套筒和锁母材质质量证明书；

    4 钢筋连接接头外观质量检验记录；

    5 施工现场钢筋连接接头抗拉强度抽检试验报告。

13.7.2 现场钢筋丝头加工质量检验可按表 13.7.2 记录。

表 13.7.2 现场钢筋丝头加工质量检验记录表

工程名称			钢筋规格		抽检数量	
工程部位			生产班次		代表数量	
提供单位			生产日期		接头类型	

序号	钢筋直径	丝头螺纹检验		丝头外观检验			备 注
		环通规	环止规	有效螺纹长度	不完整螺纹	外观检查	

质检负责人：_____　　　检验员_____　　　检验日期_____

注：1　丝头螺纹尺寸检验应按本规程第 13.3.3 条第 6 款的规定，选用专用的螺纹环规检验。

　　2　相关尺寸检验合格后，在相应的格里打"√"，不合格时打"×"，并在备注拦加以标注。

13.7.3 现场钢筋接头连接质量检验可按表 13.7.3 记录。

表 13.7.3 现场钢筋接头连接质量检验记录表

工程名称		钢筋规格		抽检数量	
工程部位		生产班次		代表数量	
提供单位		生产日期		接头类型	

检 验 结 果					
序号	钢筋直径	拧紧扭矩值检验	外露有效螺纹检验		备 注
			左	右	

质检负责人：_____　检验员_____　检验日期_____

注：1　拧紧扭矩值检验应按本规程表 13.3.4 的规定进行检验。
　　2　外露有效螺纹检验应按本规程第 13.3.4 条第 4 款的规定检验。
　　3　相关内容检验合格后，在相应的格里打"√"，不合格时打"×"，并在备注拦加以标注。

280

13. 7. 4 施工现场钢筋连接接头抗拉强度试验可按表 13.7.4 记录。

表 13.7.4　施工现场钢筋连接接头抗拉强度试验报告

工程名称	钢筋直径	横截面积	结构层数		构件名称			接头等级	
试件编号	d /mm	A_s^0 /mm^2	钢筋屈服强度标准值 f_{yk} /N·mm^{-2}	钢筋抗拉强度标准值 f_{stk} /N·mm^{-2}	接头试件极限拉力实测值 P/kN	接头试件抗拉强度实测值 $f_{mst}^0 = P / A_s^0$ /N·mm^{-2}	评定结果		试验日期
评定结论									
备　注									

试验单位＿＿＿＿　　负责人＿＿＿＿　　试验员＿＿＿＿　　试验日期＿＿＿＿

14 现浇结构

14.1 一般规定

14.1.1 适用范围

适用于工业与民用建筑和构筑物混凝土结构工程的施工。

14.1.2 水泥选用要求

1 通用硅酸盐水泥按混合材料的品种和掺量分为：硅酸盐水泥、普通硅酸盐水泥、矿渣硅酸盐水泥、火山灰质硅酸盐水泥、粉煤灰硅酸盐水泥及复合硅酸盐水泥。通用硅酸盐水泥的主要技术指标应符合本规程附录 A 的要求。

2 水泥应有出厂质量证明文件，质量证明文件内容应包括本规程附录 A 规定的各项技术指标及试验结果。水泥厂在水泥发出之日起 7 d 内寄发的质量证明文件应包括除 28 d 强度以外的各项试验结果；28 d 强度数值应在水泥发出之日起 32 d 内补报。

14.1.3 细骨料（砂）选用要求

1 普通混凝土所用细骨料的质量应符合国家现行标准《普通混凝土用砂、石质量及检验方法标准》JGJ 52 的规定。砂的各项主要技术指标应符合本规程附录 B 的要求。

2 对于长期处于潮湿环境的重要混凝土结构所用的砂，应进行碱活性检验。

3 砂中氯离子含量应符合下列规定：

1）对于钢筋混凝土用砂，其氯离子含量不得大于 0.06%（以干砂的质量百分率计）；

2）对于预应力混凝土用砂，其氯离子含量不得大于 0.02%

（以干砂的质量百分率计）。

4 为使特细砂混凝土获得较好的技术性能和经济效益，配制不同强度等级混凝土所用特细砂的细度模数应参照《建筑用砂》GB/T 14684 检验，并应满足下列要求。当受客观条件限制，配制混凝土的特细砂细度模数不能满足下列要求时，应通过试验确定。

    1）强度等级 C60 及以上混凝土，特细砂的细度模数不应低于 1.1，且宜采用特细砂与人工砂组成的混合砂，混合砂的细度模数不宜低于 2.3；

    2）强度等级 C45 及以上混凝土，宜采用细度模数不低于 1.0 的特细砂与人工砂组成的混合砂，且混合砂的细度模数不宜低于 1.6；

    3）强度等级 C40 混凝土，砂的细度模数不小于 1.0；

    4）强度等级 C35 混凝土，砂的细度模数不小于 0.9；

    5）强度等级 C30 混凝土，砂的细度模数不小于 0.8；

    6）强度等级 C25 及以下混凝土，砂的细度模数不小于 0.7。

5 特细砂的含泥量测定应采用《普通混凝土用砂、石质量及检验方法标准》JGJ 52 中的"虹吸管法"。特细砂的含泥量应参照《特细砂混凝土应用技术规程》DB 50/5028 的规定，并不得含有泥块。

14.1.4 粗骨料（石子）选用要求

1 普通混凝土所用粗骨料的质量应符合国家现行标准《普通混凝土用砂、石质量及检验方法标准》JGJ 52 的规定。碎石或卵石的各项主要技术指标应符合本规程附录 C 的要求。

2 对于长期处于潮湿环境的重要混凝土结构所用的石子，应进行碱活性检验。

3 特细砂混凝土中粗骨料宜采用二级配或三级配，其质量标准应参照《建筑用卵石、碎石》GB/T 14685 的规定。

14.1.5 拌和用水要求

拌制混凝土宜采用饮用水，当采用其他水源时，水质应符合国家现行标准《混凝土用水标准》JGJ 63 的规定。

14.1.6 外加剂选用要求

1 施工中常用的外加剂有减水剂、早强剂、引气剂、缓凝剂、泵送剂等，混凝土外加剂的各项技术指标应符合本规程附录 F 的要求。

2 特细砂混凝土宜采用混凝土外加剂，其质量应符合国家现行有关标准的规定。

3 未经试验验证，严禁随意搭配使用不同品种的外加剂。

14.1.7 掺合料选用要求

1 掺合料的种类有粒化高炉矿渣粉、粉煤灰、火山灰质混合材料。混凝土掺合料的技术指标应符合本规程附录 G 的要求。

2 粉煤灰的掺用应遵守现行国家标准《用于水泥和混凝土中的粉煤灰》GB/T 1596 的规定。

14.1.8 混凝土拌和物的稠度可采用坍落度、维勃稠度或扩展度表示。混凝土拌和物性能应满足设计和施工要求，并应符合本规程第 16.2.1 条的规定。

14.1.9 混凝土的长期性能和耐久性能应满足设计要求，并应符合本规程第 16.2.3 条的规定。

14.2 施 工 准 备

14.2.1 技术准备

1 熟悉图纸，熟悉规范、规程，做好图纸会审纪要。

2 编制混凝土施工组织设计和施工技术方案，明确重要部位的技术要求和施工方法。

3 做好安全技术交底工作，对重点工程、关键部位应由有关技术人员分别进行安全技术交底。特殊施工方法（如系首次使用），还应进行必要的技术培训。

4 计划安排：

1）根据混凝土强度等级、混凝土性能要求、施工气温、浇筑方法、委托有资质的专业试验室完成混凝土配合比设计。

2）根据混凝土工程量及配合比，提出各种材料需用计划。需分批进场的材料，应落实供应计划。

3）确定标准养护和同条件养护混凝土试件需用计划。

5 施工环境：

1）落实水、电供应情况，对水、电供应不正常的地区，应自备发电设备和抽水蓄水设施。

2）在闹市区施工，应根据交通许可条件和环境保护要求安排施工作业。

3）尽量避免在大风、大雨、大雾和大雪等不利天气下施工。

14.2.2 材料准备

1 水泥：

1）水泥应按品种、级别、出厂日期分别堆放，并应挂上明显标签，以防堆错混用。先进场的水泥先用，存放两个月应翻仓一次（上下对调）。

2）袋装水泥应贮存在地面干燥的库房内，散装水泥的贮仓必须有防潮设施。条件许可时，应优先采用封闭式贮罐。

2 细骨料：普通混凝土宜用粗砂或中砂。

3 粗骨料：宜用中碎（卵）石，粒径 5～40 mm；或细碎（卵）

石，粒经 5～20 mm。粗骨料最大粒径不得超过构件截面最小尺寸的 1/4，且不得超过钢筋最小净间距的 3/4；对混凝土实心板，不宜超过板厚的 1/3，且不得超过 40 mm。

4 粗、细骨料在生产、采集、运输与贮存过程中，严禁混入影响混凝土性能的有害物质。粗、细骨料应按品种、规格分别堆放，不得混进泥块、垃圾等。

5 外加剂：

1）外加剂掺量应严格按产品说明书推荐的数据执行；试验用材料，应采用现场实际用材料。

2）贮存时，应分品种堆放并注意防潮。有毒的外加剂应在容器上有明显标志，防止误用中毒。

6 掺合料：掺合料的掺用量应根据水泥的品种与级别、掺合料的类别和质量、混凝土的强度等经试验确定。

14.2.3 主要机械及工具准备

1 主要机械设备：

1）泵送混凝土采用的主要施工机械参见本规程第 16.3.3 条的规定。现场搅拌混凝土应根据施工方案选定搅拌机型号和数量，并应定期测试搅拌机自控加水装置的可靠性和准确度。

2）商品混凝土采用混凝土搅拌运输车运送混凝土。现场搅拌混凝土应根据工程特点和计划安排确定运输设备类型和数量。

3）振捣设备包括插入式振动器、平板式振动器以及外部振动器等。振捣设备在使用前应经试运转，并应有一定的备用品。

2 主要工具包括尖锹、平锹、铁板、铁钎、混凝土吊斗、贮料斗、手推车、串筒、溜槽、铁插尺、刮杠、抹子、扳手，电工常规工具、机械常规工具、对讲机等。

3 主要试验工具包括混凝土坍落度筒、混凝土标准试模；

主要检测工具包括靠尺、塞尺、水准仪、经纬仪、测温工具、混凝土结构实体检验工具等。

14.2.4 作业条件

1 混凝土浇筑前木模板应浇水润湿，并用松软材料堵孔嵌缝；金属模板应刷隔离剂。剪力墙及柱根部的松散混凝土支模前应剔除干净，模板内的杂物应清除干净。

2 混凝土浇筑前应进行隐蔽验收，隐蔽验收各项记录和图示必须有监理单位（建设单位）、施工单位签字、盖章，并有结论性意见。

3 安装工程与土建工程应密切配合，并应相互创造施工条件。水、电、气、风和设备安装的预埋部分，在混凝土浇筑前应安装完毕，并做好记录，浇筑中不得移动、损坏。

4 检查电源、线路，并做好夜间施工照明的准备。搭设好浇筑混凝土必需的脚手架和马道，铺设好材料及混凝土运输的临时道路，确保施工现场运输道路畅通。

14.3 施 工 工 艺

14.3.1 工艺流程

混凝土搅拌→混凝土运输→混凝土浇筑与振捣→混凝土养护

14.3.2 混凝土搅拌

1 混凝土搅拌机应符合现行国家标准《混凝土搅拌机》GB/T 9142 的有关规定，混凝土搅拌宜采用强制式搅拌机。

2 混凝土搅拌时应对原材料准确计量。计量设备的精度应符合现行国家标准《混凝土搅拌站（楼）》GB/T 10171 的有关规定，并应定期校验。使用前应对计量设备进行零点校准。

3 在配料、搅拌地点应设置施工配合比标示牌，当粗、细骨料的实际含水率发生变化时，应及时调整粗、细骨料和拌和用水的用量。雨后必须重新测定砂、石含水率。

4 混凝土搅拌中必须严格控制水灰比和坍落度，未经试验人员同意严禁随意加减用水量。

5 不同品种外加剂首次复合使用时，应检验混凝土外加剂的相容性。

6 原材料的计量应按重量计，水和外加剂溶液可按体积计，其允许偏差应符合表 14.3.2-1 的规定。

表 14.3.2-1 混凝土原材料计量允许偏差（%）

原材料品种	水泥	细骨料	粗骨料	水	矿物掺合料	外加剂
每盘计量允许偏差	± 2	± 3	± 3	± 1	± 2	± 1
累计计量允许偏差	± 1	± 2	± 2	± 1	± 1	± 1

注：1 现场搅拌时原材料计量允许偏差应满足每盘计量允许偏差要求；

2 累计计量允许偏差指每一运输车中各盘混凝土的每种材料累计称量的偏差，该项指标仅适用于采用计算机控制计量的搅拌站。

7 采用分次投料搅拌方法时，应通过试验确定投料顺序、数量及分段搅拌的时间等工艺参数。矿物掺合料宜与水泥同步投料，液体外加剂宜滞后于水和水泥投料；粉状外加剂宜溶解后再投料。

8 混凝土应搅拌至各种材料混合均匀、颜色一致为止。自全部材料投入搅拌筒中至出料止，搅拌的最短时间可按表 14.3.2-2 的规定采用。

表 14.3.2-2　混凝土搅拌的最短时间（s）

混凝土坍落度/mm	搅拌机机型	搅拌机出料量/L		
		< 250	250 ~ 500	> 500
≤40	强制式	60	90	120
> 40，且 < 100	强制式	60	60	90
≥100	强制式	60		

注：1　采用自落式搅拌机时，搅拌时间宜延长 30 s；
　　2　当掺有外加剂与矿物掺合料时，搅拌时间应适当延长；搅拌强度等级 C60 及以上的混凝土时，搅拌时间应适当延长。

9　测定混凝土的坍落度应在搅拌地点或浇筑地点进行。每工作班应测定两次（上、下午各一次），并应作好坍落度测定记录。

14.3.3　混凝土运输

1　商品混凝土的运送应符合本规程第 16.4.4 条的规定。

2　当采用泵送混凝土时，混凝土运输应保证混凝土连续泵送，并应符合国家现行标准《混凝土泵送施工技术规程》JGJ/T 10 的有关规定。

3　采用自卸汽车、机动翻斗车运输混凝土时，道路应畅通，路面应平整、坚实。

4　混凝土运输应保证混凝土连续浇筑。混凝土从运输到输送入模的延续时间不宜超过表 14.3.3-1 的规定，且不应超过表 14.3.3-2 的规定。掺早强型减水剂、早强剂的混凝土，以及有特殊要求的混凝土，应根据设计及施工要求，通过试验确定允许时间。

表 14.3.3-1 混凝土运输到输送入模的延续时间（min）

条 件	气 温	
	≤ 25 ℃	> 25 ℃
不掺外加剂	90	60
掺外加剂	150	120

表 14.3.3-2 混凝土运输、输送入模及其间歇总的时间限值（min）

条 件	气 温	
	≤ 25 ℃	> 25 ℃
不掺外加剂	180	150
掺外加剂	240	210

5 混凝土在运输过程中应保持其均匀性，不分层、不离析、不流失水泥浆，并在浇筑时具有所要求的坍落度。

14.3.4 混凝土浇筑一般规定

1 按施工技术方案要求检查坍落度，并做好记录。

2 浇筑柱、墙等竖向构件时，当粗骨料粒径大于 25 mm，混凝土倾落高度不宜超过 3 m；当粗骨料粒径小于等于 25 mm，倾落高度不宜超过 6 m。如超过时，应采用串筒、溜管或溜管下落。

3 浇捣混凝土时应随时注意钢筋的位置和保护层的厚度，经常检查钢筋是否踩塌，模板、支架、预埋件和预留孔洞等是否移动，如发现变形或位移时应立即修复。

4 混凝土应分层分段浇筑，采用插入式振捣器时浇筑层厚度为振捣器作用部分长度的 1.25 倍，不超过 500 mm；采用平板式振动器时浇筑层厚度为 200 mm。

5 插入式振捣器振捣混凝土应符合下列规定：

1）混凝土振捣时，应做到快插慢拔。振捣时间，以混凝土不再显著下沉,不出现气泡,表面泛出灰浆和外观均匀为止(一般为 20 ~ 30 s)。

2)振动棒宜垂直插入振捣。振动棒各插点间距应均匀,插点间距以不大于振动棒作用半径(一般为 300 ~ 400 mm)的 1.25 倍为宜。距离模板不应大于作用半径的 1/2。

3)为使上下层混凝土结合密实,振动棒应插入下层混凝土 50 mm。

4)振捣混凝土时,应尽量避免碰撞模板、钢筋和预埋件。

6 平板振动器振捣混凝土应符合下列规定:

1)每一处振捣至混凝土表面泛浆,不再下沉后,即可缓缓向前移动,移动时应保证振动器的平板覆盖已振实部分的边缘,在振的振动器不得放在已初凝的混凝土上。

2)振动器的引出电缆不能拉得过紧;禁止用电缆拖拉振动器;禁止用钢筋等金属物拖拉振动器。

7 附着振动器振捣混凝土应符合下列规定:

1)附着振动器应与模板紧密连接,设置间距应通过试验确定。模板上同时使用多台附着振动器时,应使各振动器的频率一致,并应交错设置在相对面的模板上。

2)附着振动器应根据混凝土浇筑高度和浇筑速度,依次从下往上振捣。

8 特殊部位的混凝土应采取下列加强振捣措施:

1)宽度大于 0.3 m 的预留洞底部区域,应在洞口两侧进行振捣,并应适当延长振捣时间;宽度大于 0.8 m 的洞口底部,应采取特殊的技术措施。

2)后浇带及施工缝边角处应加密振捣点,并应适当延长振捣时间。

3)钢筋密集区域或型钢与钢筋结合区域,应选择小型振动棒辅助振捣，加密振捣点，并应适当延长振捣时间。

4）基础大体积混凝土浇筑流淌形成的坡脚，不得漏振。

9 施工缝的留设位置按施工方案事先确定，后浇带的留设位置应符合设计要求。施工缝和后浇带宜留设在结构受剪力较小且便于施工的位置。受力复杂的结构构件或有防水抗渗要求的结构构件，施工缝留设位置应经设计单位确认。

10 水平施工缝的留设位置应符合下列规定：

1）柱、墙施工缝可留设在基础、楼层结构顶面，柱施工缝与结构上表面的距离宜为 0～100 mm，墙施工缝与结构上表面的距离宜为 0～300 mm。

2）柱、墙施工缝也可留设在楼层结构底面，施工缝与结构下表面的距离宜为 0～50 mm；当板下有梁托时，可留设在梁托下 0～20 mm。

3）高度较大的柱、墙、梁以及厚度较大的基础，可根据施工需要在其中部留设水平施工缝；当应施工缝留设改变受力状态而需要调整构件配筋时，应经设计单位确认。

4）特殊结构部位留设水平施工缝应经设计单位确认。

11 竖向施工缝和后浇带的留设位置应符合下列规定：

1）有主次梁的楼板施工缝应留设在次梁跨度中间 1/3 范围内。

2）单向板施工缝应留设在与跨度方向平行的任何位置。

3）楼梯梯段施工缝宜设置在梯段板跨度端部 1/3 范围内，也可留设在楼梯段与横梯梁相交的位置。

4）墙的施工缝宜设置在门洞口过梁跨中 1/3 范围内，也可留设在纵横墙交接处。

5）特殊结构部位留设竖向施工缝应经设计单位确认。

12 设备基础施工缝留设位置应符合下列规定：

1）水平施工缝应低于地脚螺栓底端，与地脚螺栓底端的距离应大于 150 mm；当地脚螺栓直径小于 30 mm 时，水平施工缝可留设在深度不小于地脚螺栓埋入混凝土部分总长度的 3/4 处。

2）竖向施工缝与地脚螺栓中心线的距离不应小于 250 mm，且不应小于螺栓直径的 5 倍。

13 承受动力作用的设备基础施工缝留设位置，应符合下列规定：

1）标高不同的两个水平施工缝，其高低结合处应留设成台阶形，台阶的高宽比不应大于 1。

2）竖向施工缝或台阶形施工缝的断面处应加插钢筋，插筋数量和规格应由设计确定。

3）施工缝的留设应经设计单位确认。

14 施工缝、后浇带留设界面，应垂直于结构构件和纵向受力钢筋。结构构件厚度或高度较大时，施工缝或后浇带界面宜采用专用材料封挡。

15 施工缝或后浇带处混凝土浇筑应符合下列规定：

1）在施工缝处继续浇筑混凝土时，已浇筑的混凝土强度不应低于 1.2 MPa。

2）清除表面松动石子和软弱混凝土层，用水冲洗干净并充分润湿，混凝土表面不得积水。

3）柱、墙水平施工缝水泥砂浆接浆层厚度不应大于 30 mm，接浆层水泥砂浆应与混凝土浆液成分相同。

4）后浇带混凝土宜采用补偿收缩混凝土，当设计无具体要求时，其强度等级宜比两侧混凝土提高一级，并保持至少 14 d 的湿润养护。

16 混凝土构件浇筑完毕表面应刮平压实，表面收水后，尚应进行 2 次压光。

17 雨雪天不宜在露天浇筑混凝土，必须浇筑时，浇筑后应及时覆盖，防止表面遭到破坏。

18 混凝土浇筑完毕应及时填写"混凝土工程施工记录"。"混凝土工程施工记录"包括结构名称、浇筑部位、混凝土强度等级、混凝土数量、混凝土配合比报告单、试块留置数量及试压结果、拆模日期等。

14.3.5 基础混凝土浇筑

1 浇筑混凝土垫层应符合下列规定：

1）土地基的松土和杂物应清除干净；干燥的非黏性土应用水湿润并夯实。岩石地基应清扫干净，未风化的岩石可用水冲洗，但表面不得有积水。在基槽（坑）四周挖好排水沟和集水井。

2）混凝土垫层浇筑前，先复核土地基上的设计标高和轴线。

2 阶梯形基础应分层浇筑，当阶高大于 500 mm 时，应在阶内分层。当底部钢筋较密时，应以筋底为第一层，然后依次分层向上浇筑。

3 杯形基础混凝土浇筑应符合下列规定：

1）先浇筑杯底混凝土，浇完后静置一定时间（不超过允许间歇时间），再浇筑杯口混凝土。

2）杯口浇筑时应对称下料，对称振捣，严禁浇完一方再浇另一方。

3）当杯口钢筋较多时，为利于浇捣下部，可缓安杯芯模板，待混凝土浇至杯底后，再立即安装杯芯模并浇筑混凝土。

4 条形基础混凝土应根据基础深度，分段分层，从最深处开始，向上连续浇筑。

5 设备基础混凝土浇筑应符合下列规定：

1）较小的设备基础应分层浇筑，不留施工缝。浇筑顺序从低处开始，沿长边方向自一端向另一端浇筑，也可采用中间向两端或两端向中间的浇筑顺序。对特殊部位，如地脚螺栓、预留螺栓孔、预埋管道等，浇筑混凝土时应防止碰撞、位移或歪斜，应对称，均匀的浇筑。

2）较大设备基础的浇筑可参照本规程第 18.4.4 条的有关规定执行。

14.3.6　柱、墙混凝土浇筑

1　竖直方向以结构层分层；水平方向以变形缝（伸缩缝、沉降缝、抗震缝）或设计允许留缝处分段。混凝土浇筑可分层分段进行。

2　混凝土浇筑宜采用从结构两端开始向中间推进的浇筑顺序，避免产生横向推力，先浇筑竖向结构（墙和柱），后浇筑横向结构（梁和板）。

3　柱混凝土浇筑应符合下列规定：

1）柱混凝土浇筑前底部应先填铺与混凝土浆液成分相同的水泥砂浆。

2）凡振动棒的软管长度能达到的部位，宜从顶端插入振捣；软管长度达不到的部位，可在模板侧面开浇筑孔双面对称伸入振捣。柱混凝土应边投料边振捣，为了消除气泡，可在柱模外侧由下而上用木槌辅助敲击。

3）浇筑完毕，应将伸出的钢筋整理到位。

4　剪力墙混凝土浇筑应符合下列规定：

1）浇筑前底部填铺水泥砂浆层的规定，模板侧面开浇筑孔（浇筑孔应分散均匀）的规定，混凝土振捣的规定均与柱浇筑规定相同。

2）墙体浇筑混凝土时应用铁锹或混凝土输送泵管均匀入

模，分层浇筑和振捣，混凝土下料点应分散布置，连续浇筑。

3）墙体洞口浇筑混凝土时，应使洞口两侧混凝土高度大体一致。振捣时，振动棒应距洞边 300 mm 以上，从两侧同时振捣，以防止洞口模板产生位移和偏斜。混凝土浇筑顺序为先浇筑窗台以下部位，后浇筑窗间墙，大洞口下部模板应开口并补充浇筑和振捣。

4）混凝土浇筑完毕，将上口甩出的钢筋加以整理，用木抹子按预定标高线，将表面找平。

5 中间停歇：对于较高的竖向构件，混凝土浇筑至中部时，应经过初步沉实阶段，停歇 40 ~ 90 min，再浇筑上部混凝土。

6 顶端停歇：柱和墙混凝土浇筑完毕后，应停歇 1 ~ 1.5 h，再浇筑与其相连的梁和板。

14.3.7 梁、板混凝土浇筑

1 梁、板应同时浇筑，浇筑方法应由一端或从两端向中间用"赶浆法"进行，即先浇筑梁，根据梁高分层，阶梯形浇筑，当达到板底位置时再与板的混凝土一起浇筑。

2 梁、柱节点钢筋较密时，浇筑节点混凝土宜用小粒经石子同强度等级的混凝土浇筑，并用小直径振动棒辅助振捣，或将振动棒头改用片式并辅以人工捣固配合。

3 浇筑板混凝土时，虚铺厚度应略大于板厚，用插入式振捣器振捣，并用铁插尺检查混凝土厚度，振捣完毕后用木抹子抹平。

4 柱、墙混凝土强度等级高于梁、板混凝土强度等级时，混凝土浇筑应符合下列规定：

1）柱、墙混凝土强度比梁、板混凝土强度高一个等级时，经设计单位确认同意，可采用柱、墙位置梁、板高度范围内的混凝土与梁、板设计强度等级相同的混凝土进行浇筑。

2）柱、墙混凝土强度比梁、板混凝土强度高两个等级及以上时，应在交接区域采取分隔措施；分隔位置应在低强度等级的构件中，且距高强度等级构件边缘不应小于 500 mm 和 0.5 h 的较大者。

3）应先浇筑高强度等级的柱、墙混凝土，后浇筑低强度等级的梁、板混凝土（图 14.3.7）。

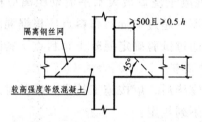

图 14.3.7　柱、墙与梁、板相交处凝土强度等级不同时浇筑示意图

14.3.8　超长结构混凝土浇筑混

1　可留设施工缝分仓浇筑，分仓浇筑间隔时间不应少于 7 d。

2　当留设后浇带时，后浇带封闭时间不得少于 14 d。

3　超长整体基础中调节沉降的后浇带，混凝土封闭时间应通过监测确定，应在差异沉降稳定后封闭后浇带。

4　后浇带的封闭时间尚应经设计单位确认。

14.3.9　型钢混凝土结构浇筑

1　混凝土粗骨料最大粒径不应大于型钢外侧混凝土保护层厚度的 1/3，且不宜大于 25 mm。

2　浇筑应有足够的下料空间，并应使混凝土充盈整个构件各部位。

3　型钢周边混凝土浇筑宜同步上升，混凝土浇筑高差不应大于 500 mm。

14.3.10 自密实混凝土浇筑

1 应根据结构部位、结构形状、结构配筋等确定合适的浇筑方案。

2 自密实混凝土粗骨料最大粒径不宜大于 20 mm。

3 浇筑应能使混凝土充填到钢筋、预埋件、预埋钢构件周边及模板内各部位。

4 自密实混凝土浇筑最大水平流动距离应根据施工部位具体要求确定，且不宜超过 7 m。布料点应根据混凝土自密实性能确定，必要时可通过试验确定混凝土布料点下料间距。

14.3.11 混凝土养护

混凝土浇筑完毕后，应按施工技术方案及时采取有效的养护措施，并应符合下列规定：

1 应在浇筑完毕后的 12 h 以内对混凝土加以覆盖并保湿养护。

2 覆盖养护时，可用轻质、多孔、吸水且价廉的材料，如塑料薄膜、草帘围席、木屑、砂子等。

3 混凝土浇水养护的时间：对采用硅酸盐水泥、普通硅酸盐水泥或矿渣硅酸盐水泥拌制的混凝土，不得少于 7 d；对掺用缓凝型外加剂或有抗渗要求的混凝土，不得少于 14 d。

4 浇水次数应能保持混凝土处于湿润状态；混凝土养护用水应与拌制用水相同。

5 采用塑料布覆盖养护的混凝土，其敞露的全部表面应覆盖严密，并应保持塑料布内有凝结水。

6 混凝土强度达到 1.2 N/mm^2 前，不得在其上踩踏或安装模板及支架。

7 当日平均气温低于 5 ℃ 时，不得浇水。

8 当采用其他品种水泥时，混凝土的养护时间应根据所采用水泥的技术性能确定。

9 混凝土表面不便浇水或使用塑料布时，宜涂刷养护剂。

10 对大体积混凝土的养护，应根据气候条件按施工技术方案采取温控措施。

14.4 转换层混凝土施工

14.4.1 适用于梁式转换层结构和厚板转换层结构，转换层结构多为大体积混凝土结构。

14.4.2 根据转换层结构特点，编制详细的专项施工方案，并经监理、设计、质监等部门的认可。对截面较大的转换层构件应按大体积混凝土组织施工，对各工种作业人员进行详细的安全技术交底。

14.4.3 材料选用及要求

1 优先选用水化热低的水泥；掺用粉煤灰等掺合料代替部分水泥，减少水泥用量；掺入外加剂，使混凝土缓凝。

2 石子在搅拌前充分淋水降温，根据混凝土试配情况在混凝土搅拌用水中添加冰块，降低水温。

3 采用商品混凝土时，要求商品混凝土厂家控制好混凝土的出罐温度。

14.4.4 混凝土浇筑

1 转换层结构通常采用混凝土输送泵浇筑混凝土。

2 梁式转换层结构：

1）可根据施工方案选择一次性或分层浇筑混凝土，不同的浇筑方式对应采用不同的支模方式。

2）若采用分层浇筑法，应征得设计单位同意留设水平或垂直施工缝，第二次浇筑的混凝土应待第一次浇筑的混凝土强度达到 70% 后方可进行，其梁下支撑应待整体梁混凝土达到设计强度方可拆除。

3 厚板转换层结构：

1）一般采用一次性浇筑混凝土。为方便施工，可将转换层下柱分两次浇筑，一次浇至梁锚入柱钢筋的底部，另一次浇至转换层梁底（或板底）。

2）为保证转换层结构混凝土一次浇筑密实，可采取预留下料口，设置进人口，让施工人员进入转换层梁板内浇筑混凝土，机械振捣和人工振捣相结合的方法振捣混凝土等措施。

3）混凝土浇筑采用斜面分层法，顺着浇筑区域的长方向由远而近，向后退浇筑，每层浇筑厚度 300 ~ 500 mm，浇筑前后的接槎控制在 2 h 内。

14.4.5 混凝土温控、保温保湿养护

1 按施工方案在转换层结构平面重要部位设置测温点，每个测温点应测出结构上部（距结构顶 150 mm）、中部、底部（距结构底 200 mm）的温度，将测量结果记录在表格中，并同时测量环境温度进行对比。

2 在大体积混凝土浇筑完毕终凝后进行温度监测，前 5 天每 4 h 测温一次，5 天后每 8 h 测温一次。测温过程如发现内外温差大于 25 °C 时，应采取有效措施减小内外温差，当混凝土中心与环境温差小于 15 °C 时，可停止测温。

3 对梁式转换层结构，可采用覆盖湿麻袋和塑料薄膜，以及在模板外侧设置保温层的方法进行保温保湿养护。

4 对厚板转换层结构，转换层底部可采用 18 mm 厚过塑面夹板和塑料薄膜进行保温，侧面可采用木模板加两层湿麻袋进行保温。混凝土初凝后，可在混凝土表面覆盖湿麻袋和塑料薄膜进行保温保湿养护，养护期不少于 14 d。

14.5 补偿收缩混凝土施工

14.5.1 适用范围

补偿收缩混凝土宜用于混凝土结构自防水、工程接缝填充、采取连续施工的超长混凝土结构、大体积混凝土等工程。以钙矾石作为膨胀源的补偿收缩混凝土，不得用于长期处于环境温度高于 80 ℃ 的钢筋混凝土工程。

14.5.2 补偿收缩混凝土的配制

1 材料要求：

1）水泥应符合现行国家标准《通用硅酸盐水泥》GB 175 或《中热硅酸盐水泥、低热硅酸盐水泥、低热矿渣硅酸盐水泥》GB 200 规定。

2）膨胀剂的品种和性能应符合现行国家标准《混凝土膨胀剂》GB 23439 的规定。膨胀剂应单独存放，不得受潮。当膨胀剂在存放过程中发生结块、胀袋现象时，应进行品质复验。

3）减水剂、缓凝剂、泵送剂、防冻剂等混凝土外加剂应分别符合国家现行标准《混凝土外加剂》GB 8076、《混凝土泵送剂》JC 473、《混凝土防冻剂》JC 475 的规定。

4）粉煤灰应符合现行国家标准《用于水泥和混凝土中的粉煤灰》GB/T 1596 的规定，不得使用高钙粉煤灰。使用的矿渣粉应符合现行国家标准《用于水泥和混凝土中的粒化高炉矿渣粉》GB/T 18046 的规定。

5）骨料应符合国家现行标准《普通混凝土用砂、石质量及检验方法标准》JGJ 52 的规定。

2 配制要求：

1）补偿收缩混凝土的配合比设计，应满足设计所需要的强度、膨胀性能、抗渗性、耐久性等技术指标和施工工作性要求。配合比设计应符合国家现行标准《普通混凝土配合比设计规程》JGJ 55 的规定。

2）膨胀剂掺量应根据设计要求的限值膨胀率，并应采用实际工程使用的材料，经过混凝土配合比试验后确定。配合比试验的限值膨胀率值应比设计值高 0.005%，试验时，每立方米混凝土膨胀剂用量可按表 14.5.2 选取。

表 14.5.2 每立方米混凝土膨胀剂用量

用 途	混凝土膨胀剂用量/kg·m^{-3}
用于补偿混凝土收缩	30 ~ 50
用于后浇带、膨胀加强带和工程接缝填充	40 ~ 60

3）补偿收缩混凝土的水胶比不宜大于 0.5。

4）补偿收缩混凝土单位胶凝材料用量不应小于 300 kg/m^3；用于后浇带、膨胀加强带和工程接缝填充部位的补偿收缩混凝土单位胶凝材料用量不应小于 350 kg/m^3。

14.5.3 补偿收缩混凝土的性能要求

1 补偿收缩混凝土的限制膨胀率应符合表 14.5.3 的规定，限制膨胀率的试验和检验应按现行国家标准《混凝土外加剂应用技术规范》GB 50119 的有关规定进行；抗压强度的检验应按现行国家标准《普通混凝土力学性能试验方法标准》GB/T 50081 进行。

用于填充的补偿收缩混凝土的抗压强度检测，可按照国家现行标准《补偿收缩混凝土应用技术规程》JGJ/T 178 的规定进行。

表 14.5.3　补偿收缩混凝土的限制膨胀率

用　　途	限制膨胀率/%	
	水中 14 d	水中 14 d 转空气中 28 d
用于补偿混凝土收缩	≥0.015	≥ − 0.030
用于后浇带、膨胀加强带和工程接缝填充	≥0.025	≥-0.020

2　补偿收缩混凝土的抗压强度应满足下列要求：

1）对大体积混凝土工程或地下工程，补偿收缩混凝土的抗压强度可以标准养护 60 d 或 90 d 的强度为准。

2）除对大体积混凝土工程或地下工程外，补偿收缩混凝土的抗压强度应以标准养护 28 d 的强度为准。

3　补偿收缩混凝土设计强度等级不宜低于 C25；用于填充的补偿收缩混凝土设计强度等级不宜低于 C30。

14.5.4　补偿收缩混凝土的搅拌要求

1　补偿收缩混凝土宜在预拌混凝土厂生产，并应符合现行国家标准《混凝土质量控制标准》GB 50164 的有关规定。

2　补偿收缩混凝土的各种原材料应采用专用计量设备进行准确计量。计量设备应定期校验，使用前应进行零点校核。原材料每盘称量的允许偏差应符合表 14.5.4 的规定。

表 14.5.4　原材料每盘称量的允许偏差

材料名称	允许偏差/%
水泥、膨胀剂、矿物掺合料	±2
粗、细骨料	±3
水、外加剂	±2

3 补偿收缩混凝土应搅拌均匀。对预拌补偿收缩混凝土，其搅拌时间可与普通混凝土的搅拌时间相同；现场拌制的补偿收缩混凝土的搅拌时间应比普通混凝土的搅拌时间延长 30 s 以上。

14.5.5 补偿收缩混凝土的浇筑要求

1 用于后浇带和膨胀加强带的补偿收缩混凝土的设计强度等级应比两侧混凝土提高一个等级。

2 大体积、大面积及超长混凝土结构的后浇带可采用膨胀加强带的措施，并应符合下列规定：

1）膨胀加强带可采用连续式、间歇式或后浇式等形式（见图 14.5.5-1 ~ 图 14.5.5-3）；

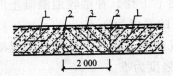

图 14.5.5-1 连续式膨胀加强带

1—补偿收缩混凝土；2—密孔钢丝网；
3—膨胀加强带混凝土

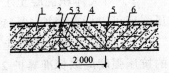

图 14.5.5-2 间歇式膨胀加强带

1—先浇筑的补偿收缩混凝土；2—施工缝；3—钢板止水带；4—后浇筑的膨胀加强带混凝土；5—密孔钢丝网；6—与膨胀加强带同时浇筑的补偿收缩混凝土

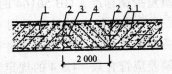

图 14.5.5-3 后浇式膨胀加强带

1—补偿收缩混凝土；2—施工缝；3—钢板止水带；4—膨胀加强带混凝土

2）膨胀加强带的设置可按常规后浇带的设置原则进行；

3）膨胀加强带宽度宜为 2 000 mm，并应在其两侧用密孔钢（板）丝网将带内混凝土与带外混凝土分开；

4）非沉降的膨胀加强带可在两侧补偿收缩混凝土浇筑 28 d 后再浇筑，大体积混凝土的膨胀加强带应在两侧的混凝土中心温度降至环境温度时再浇筑。

3 补偿收缩混凝土的浇筑方式和构造形式应根据结构长度，按表 14.5.5 进行选择，膨胀加强带之间的间距宜为 30 ~ 60 m。强约束板式结构宜采用后浇式膨胀加强带分段浇筑。

表 14.5.5　补偿收缩混凝土浇筑方式和构造形式

结构类别	结构长度 L/m	结构厚度 H/m	浇筑方式	构造形式
墙　　体	L ≤ 60	—	连续浇筑	连续式膨胀加强带
	L > 60	—	分段浇筑	后浇式膨胀加强带
板式结构	L ≤ 60	—	连续浇筑	—
	60 < L ≤ 120	H ≤ 1.5	连续浇筑	连续式膨胀加强带
板式结构	60 < L ≤ 120	H > 1.5	分段浇筑	后浇式、间歇式膨胀加强带
	L > 120	—	分段浇筑	后浇式、间歇式膨胀加强带

注：不含现浇挑檐、女儿墙等外露结构。

4 浇筑前应制订浇筑计划，检查膨胀加强带和后浇带的设置是否符合设计要求。间歇式膨胀加强带和后浇式膨胀加强带浇筑前，应将先期浇筑的混凝土表面清理干净，并充分润湿。

5 当施工中遇到雨、雪、冰雹时，对新浇混凝土部分应立即用塑料薄膜覆盖；当出现混凝土已硬化的情况时，应在施工缝上铺设 30 ~ 50 mm 厚的同配合比无粗骨料的膨胀水泥砂浆，再浇筑混凝土。

6 水平构件应在混凝土终凝前采用机械或人工的方式，对混凝土表面进行三次抹压。

14.5.6 补偿收缩混凝土的养护要求

1 对于大体积混凝土和大面积板面混凝土，表面抹压后用塑料薄膜覆盖，混凝土硬化后，宜采用蓄水养护或用湿麻袋（草袋）覆盖保湿养护，养护时间不应少于 14 d。

2 对于墙体等不易保水的结构，达到脱模强度后，松动对拉螺栓，使墙体与模板之间有 2~3 mm 空隙，在顶部设置多孔淋水管淋水养护。也可采用拆模后用湿麻袋紧贴墙体覆盖，浇水养护。养护时间不宜少于 14 d。

3 冬期施工时，带模板养护不应少于 7 d，表面不得直接洒水，可采用塑料薄膜保水，薄膜上部再覆盖岩棉被等保温材料养护。

3.5.6 补偿收缩混凝土工程的验收

1 补偿收缩混凝土的原材料验收应符合下列规定：

1）同一生产厂家、同一类型、同一编号且连续进场的膨胀剂，应按不超过 200 t 为一批，每批抽样不应少于一次，检查产品合格证、出厂检验报告和进场复验报告。

2）水泥、外加剂等原材料应按本规程第 14.9.1 条的规定进行验收。

2 对于补偿收缩混凝土的限制膨胀率的检验，应在浇筑地点制作限制膨胀率试验的试件，在标准条件下水中养护 14 d 后进行试验，并应符合下列规定：

1）对于配合比试验，应至少进行一组限制膨胀率试验，试验结果应满足配合比设计要求。

2）施工过程中，对于连续生产的同一配合比的混凝土，应至少分成两个批次取样进行限制膨胀率试验，每个批次应至少制作一组试件，各批次的试验结果均应满足工程设计要求。

3）对于多组试件的试验，应取平均值作为试验结果。

4）限制膨胀率的试验应按现行国家标准《混凝土外加剂应用技术规范》GB 50119 的有关规定进行。

3 当现场取样试件的限制膨胀率低于设计值，而实际工程没有发生贯通裂缝时，可通过验收；当现场取样试件的限制膨胀率符合设计值，而实际工程发生贯通裂缝时，应按国家现行标准《补偿收缩混凝土应用技术规程》JGJ/T 178 的处理措施修补，也可采用改性环氧压力灌浆法进行修补，由施工单位提出技术处理方案，并经认可后进行处理，处理后应重新检查验收。

当现场取样试件的限制膨胀率低于设计值，实际工程发生也贯通裂缝时，应组织专家进行专项评审并提出处理意见，经认可后进行处理，处理后应重新检查验收。

14.6 混凝土季节性施工

14.6.1 夏期施工

1 凡连续平均气温在 30 ℃ 以上的日期，即为夏期。在此期间施工，应按夏期施工要求进行。

2 为避免高温引起的假凝和早凝，混凝土施工应尽量安排在早、晚气温较低时进行。

3 模板、钢筋、预埋件和基层（包括土、石、混凝土等），在浇筑前，应洒水冷却，以防混凝土升温失水。

4 搅拌宜用低温水，也可直接采用地下水。混凝土在运输和浇筑过程中，应充分考虑坍落度的损失，在确定水灰比时宜适当加大水灰比。

5 雨后应及时测定骨料含水率，并对配合比进行适当调整。

6 为防止混凝土早凝，提高混凝土的可浇筑性，宜掺用缓凝型减水剂。

7 混凝土搅拌温度一般应在 30 ℃ 以下，超过 30 ℃，应对原材料采取降温措施，材料温度与所搅拌混凝土温度的升降关系见表 14.6.1。

表 14.6.1　材料温度与所搅拌混凝土温度的升降关系

材 料	骨 料	水	水 泥
材料温度升高（或降低）/℃	2	4	8
混凝土温度相应升高（或降低）/℃		1	

8 混凝土入模温度过高将造成混凝土假凝和早凝，一般应控制在 35 ℃ 以下。

9 混凝土浇筑完毕后，应立即覆盖并按正常程序浇水养护。当表面不能覆盖时，应喷水或喷涂养护剂养护。对温度较高的地区，应覆盖保温隔热材料。

10 做好雨季斜道防滑、机电漏电、高空防雷等防护措施。

14.6.2 冬期施工

1 室外日平均气温连续 5 d 稳定在 5 ℃ 以下，即为冬期施工期。混凝土的冬期施工应符合国家现行标准《建筑工程冬期施工规程》JGJ/T 104 和施工技术方案的规定。

2 冬期浇筑的混凝土，其受冻临界强度应符合下列规定：

1）采用蓄热法、加热法等施工的普通混凝土，采用硅酸盐水泥、普通硅酸盐水泥配制时，其受冻临界强度不应小于设计混凝土强度等级值的 30%；采用矿渣硅酸盐水泥、粉煤灰硅酸盐水泥、火山灰质硅酸盐水泥、复合硅酸盐水泥配制时，不应小于设计混凝土强度等级值的 40%。

2）当室外最低气温不低于 - 15 ℃ 时，采用综合蓄热法、负温养护法施工的混凝土受冻临界强度不应小于 4.0 MPa。

3）对强度等级等于或高于 C50 的混凝土，不宜小于设计混凝土强度等级值的 30%；对有抗渗要求的混凝土，不宜小于设计混凝土强度等级值的 50%。当施工需要提高混凝土强度等级时，应按提高后的强度等级确定受冻临界强度。

3　混凝土工程冬期施工应按国家现行标准《建筑工程冬期施工规程》JGJ/T 104 的有关规定进行混凝土热工计算。

4　材料选用及配制：

1）宜选用硅酸盐水泥或普通硅酸盐水泥，混凝土最小水泥用量不应少于 280 kg/m³，水胶比不应大于 0.55；大体积混凝土的最小水泥用量，可根据实际情况确定。

2）拌制混凝土所用骨料应清洁，不得含有冰、雪、冻块及其他易冻裂物质。掺入含有钾、钠离子的防冻剂混凝土，不得采用活性骨料或在骨料中混有此类物质的材料。

3）选用外加剂应符合现行国家标准《混凝土外加剂应用技术规程》GB 50119 的相关规定。非加热养护法混凝土施工，所选用的外加剂应含有引气组分或掺入引气剂，含气量宜控制在 3%～5%。

4）钢筋混凝土掺用氯盐类防冻剂时，氯盐掺量不得大于水泥质量的 1%。预应力混凝土结构不得使用氯盐类外加剂。

5　混凝土原材料加热应符合下列规定：

1）混凝土原材料加热宜采用加热水的方法。当加热水仍不能满足要求时，可对骨料进行加热。水、骨料加热的最高温度应符合表 14.6.2-1 的规定。

当水和骨料的温度仍不能满足热工计算要求时，可提高水温到 100 ℃，但水泥不得与 80 ℃ 以上的水直接接触。

表 14.6.2-1 拌和水及骨科加热最高温度（°C）

水泥强度等级	拌和水	骨料
小于 42.5	80	60
42.5、42.5R 及以上	60	40

2）水加热宜采用蒸汽加热、电加热、汽水热交换罐或其他加热方法。水箱或水池容积及水温应能满足连续施工的要求。

3）砂加热应在开盘前进行，加热应均匀。当采用保温加热料斗时，宜配备两个，交替加热使用。每个料斗容积可根据机械可装高度和侧壁厚度等要求进行设计，每一个斗的容量不宜小于 3.5 m³。

预拌混凝土用砂，应提前备足料，运至有加热设施的保温封闭储料棚（室）或仓内备用。

4）水泥不得直接加热，袋装水泥使用前宜运入暖棚内存放。

6 混凝土搅拌、运输和浇筑应符合下列规定：

1）混凝土搅拌的最短时间应符合表 14.6.2-2 的规定。

表 14.6.2-2 混凝土搅拌的最短时间

混凝土坍落度/mm	搅拌机容积/L	混凝土搅拌最短时间/s
≤80	< 250	90
	250 ~ 500	135
	> 500	180
> 80	< 250	90
	250 ~ 500	90
	> 500	135

注：采用自落式搅拌机时，应较上表搅拌时间延长 30 ~ 60 s；采用预拌混凝土时，应较常温下预拌混凝土搅拌时间延长 15 ~ 30 s。

2）混凝土在运输、浇筑过程中的温度和覆盖的保温材料，应按国家现行标准《建筑工程冬期施工规程》JGJ/T 104 的有关规定进行热工计算后确定，且入模温度不应低于 5 ℃。当不符合要求时，应采取措施进行调整。

3）混凝土运输与输送机具应进行保温或具有加热装置。泵送混凝土在浇筑前应对泵管进行保温，并应采用与施工混凝土同配合比砂浆进行预热。

4）混凝土浇筑前，应清除模板和钢筋上的冰雪和污垢。

5）大体积混凝土分层浇筑时，已浇筑层的混凝土在未被上一层混凝土覆盖前，温度不应低于 2 ℃。采用加热法养护混凝土时，养护前的混凝土温度也不得低于 2 ℃。

6）冬期不得在强冻胀性地基土上浇筑混凝土；在弱冻胀性地基土上浇筑混凝土时，基土不得受冻。在非冻胀性地基土上浇筑混凝土时，混凝土受冻临界强度应符合本规程第 14.6.2 条第 2 款的规定。

7 混凝土蓄热法和综合蓄热法养护应符合下列规定：

1）蓄热法是指混凝土浇筑后，利用原材料加热以及水泥水化放热，并采取适当保温措施延缓混凝土冷却，在混凝土温度降到 0 ℃ 以前达到受冻临界强度的施工方法。

综合蓄热法是指掺早强剂或早强型复合外加剂的混凝土浇筑后，利用原材料加热以及水泥水化放热，并采取适当保温措施延缓混凝土冷却，在混凝土温度降到 0 ℃ 以前达到受冻临界强度的施工方法。

2）当室外最低温度不低于 − 15 ℃ 时，地面以下的工程，或表面系数不大于 5 m⁻¹ 的结构，宜采用蓄热法养护。对结构易受冻的部位，应加强保温措施。

3）当室外最低气温不低于 – 15 ℃时,对于表面系数为 5 ~ 15 m⁻¹ 的结构,宜采用综合蓄热法养护,围护层散热系数宜控制在 50 ~ 200 kJ/（m³·h·K）。

4）综合蓄热法施工的混凝土中应掺入早强剂或早强型复合外加剂,并应具有减水、引气作用。

5）混凝土浇筑后应采用塑料布等防水材料对裸露表面覆盖并保温。对边、棱角部位的保温层厚度应增大到面部位的 2 ~ 3 倍。混凝土在养护期间应防风、防失水。

8 混凝土负温养护法应符合下列规定:

1）负温养护法是指在混凝土中掺入防冻剂,使其在负温条件下能够不断硬化,在混凝土温度降到防冻剂规定温度前达到受冻临界强度的施工方法。

2）混凝土负温养护法适用于不易加热保温,且对强度增长要求不高的一般混凝土结构工程。

3）负温养护法施工的混凝土,应以浇筑后 5 d 内的预计日最低气温来选用防冻剂,起始养护温度不应低于 5 ℃。

4）混凝土浇筑后,裸露表面应采取保湿措施,还应根据需要采取必要的保温覆盖措施。

5）采用负温养护法施工应加强测温。混凝土内部温度降到防冻剂规定温度之前,混凝土的抗压强度应符合本规程第 14.6.2 条第 2 款的规定。

9 混凝土养护时模板外和混凝土表面覆盖的保温层,不应采用潮湿状态的材料,也不应将保温材料直接铺盖在潮湿的混凝土表面,新浇混凝土表面应铺一层塑料薄膜。

10 模板和保温层在混凝土达到要求强度并冷却到 5 ℃ 后方可拆除。拆模时混凝土表面与环境温差大于 20 ℃ 时,混凝土表面应及时覆盖，缓慢冷却。

11 混凝土养护期间的温度测量应符合下列规定：

1）施工期间的测温项目与频次应符合表 14.6.2-3 的规定。

表 14.6.2-3　施工期间的测温项目及频次

测 温 项 目	频 次
室外气温及环境温度	测量最高、最低气温，每昼夜不少于 4 次
搅拌机棚温度	每一工作班不少于 4 次
水、水泥、矿物掺合料、砂、石及外加剂溶液温度	每一工作班不少于 4 次
混凝土出机、浇筑、入模温度	每一工作班不少于 4 次

2）测温孔应编号，并应绘制测温孔布置图，现场应设置明显标识。

3）测温时，测温元件应采取措施与外界气温隔离。测温元件测量位置应处于结构表面下 20 mm 处，留置在测温孔内的时间不应少于 3 min。

4）采用蓄热法或综合蓄热法时，在达到受冻临界强度之前应每隔 4～6 h 测量一次；采用负温养护法时，在达到受冻临界强度之前应每隔 2 h 测量一次；混凝土在达到受冻临界强度后，可停止测温。

5）大体积混凝土养护期间的温度测量尚应符合现行国家标准《大体积混凝土施工规范》GB 50496 的相关规定。

12 混凝土质量检查应符合下列规定：

1）混凝土试件留置除应符合现行国家标准《混凝土结构工程施工质量验收规范》GB 50204 要求外，尚应增设不少于 2 组同条件养护试件。

2）检查混凝土表面是否受冻、粘连、收缩裂缝，边角是否脱落，施工缝处有无受冻痕迹。

3）采用预拌混凝土时，原材料、搅拌、运输过程中的温度检查及混凝土质量检查应由预拌混凝土生产企业进行，并应将记录资料提供给施工单位。

14.7 混凝土配合比

14.7.1 混凝土应按国家现行标准《普通混凝土配合比设计规程》JGJ 55 的有关规定，根据混凝土强度等级、耐久性和工作性等要求进行配合比设计。混凝土配合比设计应经试验确定。

14.7.2 混凝土配制强度应按下列规定确定：

1 当混凝土设计强度等级小于 C60 时，配制强度应按下式确定：

$$f_{cu,0} \geqslant f_{cu,k} + 1.645\sigma \qquad （14.7.2-1）$$

式中　$f_{cu,0}$——混凝土配制强度（MPa）；

　　　$f_{cu,k}$——混凝土立方体抗压强度标准值，这里取混凝土的设计强度等级值（MPa）；

　　　σ——混凝土强度标准差（MPa）。

2 当混凝土设计强度等级不小于 C60 时，配制强度应按下式确定：

$$f_{cu,0} \geqslant 1.15 f_{cu,k} \qquad （14.7.2-2）$$

14.7.3 混凝土强度标准差应按下列规定确定：

1 当具有近 1~3 个月的同一品种、同一强度等级混凝土的强度资料，且试件组数不小于 30 时，其混凝土强度标准差 σ 应按下式计算：

$$\sigma = \sqrt{\dfrac{\sum\limits_{i=1}^{n} f_{\mathrm{cu},i}^2 - n m_{f_{\mathrm{cu}}}^2}{n-1}} \qquad （14.7.3）$$

式中 σ —— 混凝土强度标准差；

      $f_{\mathrm{cu},i}$ —— 第 i 组的试件强度（MPa）；

      $m_{f_{\mathrm{cu}}}$ —— n 组试件的强度平均值（MPa）；

      n —— 试件组数。

对于强度等级不大于 C30 的混凝土，当混凝土强度标准差计算值不小于 3.0 MPa 时，应按式（14.7.3）计算结果取值；当混凝土强度标准差计算值小于 3.0 MPa 时，应取 3.0 MPa。

对于强度等级大于 C30 且小于 C60 的混凝土，当混凝土强度标准差计算值不小于 4.0 MPa 时，应按式（14.7.3）计算结果取值；当混凝土强度标准差计算值小于 4.0 MPa 时，应取 4.0 MPa。

2 当没有近期的同一品种、同一强度等级混凝土强度资料时，其强度标准差 σ 可按表 14.7.3 取值。

表 14.7.3　标准差 σ 值（MPa）

混凝土强度标准值	≤C20	C25～C45	C50～C55
σ	4.0	5.0	6.0

14.7.4 对耐久性有设计要求的混凝土应进行相关耐久性试验验证。

14.7.5 混凝土配合比的试配、调整和确定，应按下列步骤进行：

1 采用工程实际使用的原材料和计算配合比进行试配。每盘混凝土试配量不应小于 20 L。

2 进行试拌，并调整砂率和外加剂掺量等使拌和物满足工作性要求，提出试拌配合比。

3 在试拌配合比的基础上，调整胶凝材料用量，提出不少于 3 个配合比进行试配。根据试件的试压强度和耐久性试验结果，选定设计配合比。

4 应对选定的设计配合比进行生产适应性调整，确定施工配合比。

5 对采用搅拌运输车运输的混凝土，当运输时间较长时，试配时应控制混凝土坍落度经时损失值。

14.7.6 施工配合比应经技术负责人批准。在使用过程中，应根据反馈的混凝土动态质量信息对混凝土配合比及时进行调整。

14.7.7 遇有下列情况，应重新进行配合比设计：

1 当混凝土性能指标有变化或有其他特殊要求时；

2 当原材料品质发生显著改变时；

3 同一配合比的混凝土生产间断 3 个月以上时。

14.8　混凝土强度检验

14.8.1 试件的取样、制作、养护和检验

1 标养试件：检验评定混凝土强度应采用标养试件。

标准养护试件按标准成型方法（边长为 150 mm 的立方体试件）制作，标准养护条件（在温度为 20 ℃±5 ℃ 的环境中静置一昼夜至二昼夜，然后编号、拆模。拆模后立即放入温度为 20 ℃±2 ℃，相对湿度为 95%以上的标准养护室中，或在温度为 20 ℃±

2 °C 的不流动的 Ca(OH)₂ 饱和溶液中）养护 28 d（从搅拌加水开始计时），按《普通混凝土力学性能试验方法标准》GB/T 50081 的规定进行试验。

采用不同规格的试件时，混凝土试件尺寸及强度的尺寸换算系数应按表 14.8.1 取用。

表 14.8.1　混凝土试件尺寸及强度的尺寸换算系数

骨料最大粒径/mm	试件尺寸/mm	强度的尺寸换算系数
≤31.5	100 × 100 × 100	0.95
≤40	150 × 150 × 150	1.00
≤63	200 × 200 × 200	1.05

注：对强度等级为 C60 及以上的混凝土试件，其强度的尺寸换算系数可通过试验确定。

2 蒸养试件：对采用蒸汽法养护的混凝土结构构件，其混凝土试件应先随同结构构件同条件蒸汽养护，再转入标准条件养护共 28 d。

3 同条件养护试件：为了检查结构构件拆模、出池、出厂、吊装、张拉、放张及施工期间临时负荷时的混凝土强度，应留置与结构构件同条件养护的标准尺寸试件。

对涉及混凝土结构安全的重要部位应进行结构实体检验，结构实体检验用同条件养护试件强度检验。

4 有抗渗要求的试件：对有抗渗要求的混凝土结构，其混凝土试件应在浇筑地点随机取样。同一工程，同一配合比的混凝土，取样不应少于一次，留置组数可根据实际需要确定。

检验方法：检查试件抗渗试验报告。

5 结构混凝土的强度等级必须符合设计要求。用于检查结构构件混凝土强度的试件，应在混凝土的浇筑地点随机抽取。取样与试件留置应符合下列规定：

1）每拌制 100 盘且不超过 100 m³ 的同配合比的混凝土，取样不得少于一次；

2）每工作班拌制的同一配合比的混凝土不足 100 盘时，取样不得少于一次；

3）当一次连续浇筑超过 1 000 m³ 时，同一配合比的混凝土每 200 m³ 取样不得少于一次；

4）每一楼层、同一配合比的混凝土，取样不得少于一次；

5）每次取样应至少留置一组标准养护试件，同条件养护试件的留置组数应根据实际需要确定。

检验方法：检查施工记录及试件强度试验报告。

6 同条件养护试件的留置、养护和强度代表值应符合本规程第 14.9.5 条的规定，同条件养护试件的留置组数和养护条件还应满足下列要求：

1）每层墙、柱或梁、板结构的混凝土，或每一个施工段（划分施工段时）墙、柱或梁、板结构的混凝土，或在同一结构部位每浇筑一次但不超过 100 m³ 的同材料、同配合比、同强度的混凝土，应根据需要留置同条件养护试件。

2）应根据用于检测等效混凝土强度、拆模时的混凝土强度、受冻前的混凝土强度、预应力筋张拉或放张时的混凝土强度等，确定同条件养护试件留置组数；每种功能的试件不少于 1 组。

3）同条件养护试件放置在所代表的混凝土母体结构附近，与母体混凝土结构同条件养护。

14.8.2 混凝土强度的检验评定

1 结构构件的混凝土强度应按现行国家标准《混凝土强度

检验评定标准》GB/T 50107 的规定分批检验评定。

2 每组 3 个试件应由同一盘或同一车的混凝土中取样制作，其强度代表值应按下列规定确定：

1）取 3 个试件强度的算术平均值作为每组试件的强度代表值；

2）当一组试件中强度的最大值或最小值与中间值之差超过中间值的 15%时，取中间值作为该组试件的强度代表值；

3）当一组试件中强度的最大值和最小值与中间值之差均超过中间值的 15%时，该组试件的强度不应作为评定的依据。

注：对掺矿物掺合料的混凝土进行强度评定时，可根据设计规定，可采用大于 28 d 龄期的混凝土强度。

3 混凝土强度应分批进行检验评定。一个检验批的混凝土应由强度等级相同、试验龄期相同、生产工艺条件和配合比基本相同的混凝土组成。同一验收批的混凝土强度，应以同批内全部标准试件的强度代表值来评定。

4 对大批量、连续生产混凝土的强度应按本规程第 14.8.2 条第 5 款的统计方法评定。对小批量或零星生产混凝土的强度应按本规程第 14.8.2 条第 6 款的非统计方法评定。

5 采用统计方法评定混凝土强度时，应按下列规定进行：

1）当连续生产的混凝土，生产条件在较长时间内保持一致，且同一品种、同一强度等级混凝土的强度变异性保持稳定时，应按下列规定进行评定：

一个检验批的样本容量应为连续的 3 组试件，其强度应同时符合下列规定：

$$m_{f_{cu}} \geq f_{cu,k} + 0.7\sigma_0 \qquad (14.8.2\text{-}1)$$

$$f_{cu,min} \geq f_{cu,k} - 0.7\sigma_0 \qquad (14.8.2\text{-}2)$$

检验批混凝土立方体抗压强度的标准差应按下式计算：

$$\sigma_0 = \sqrt{\dfrac{\sum\limits_{i=1}^{n} f_{\text{cu},i}^2 - n m_{f_{\text{cu}}}^2}{n-1}} \qquad\qquad （14.8.2\text{-}3）$$

当混凝土强度等级不高于 C20 时，其强度的最小值尚应满足下式要求：

$$f_{\text{cu,min}} \geqslant 0.85 f_{\text{cu,k}} \qquad\qquad （14.8.2\text{-}4）$$

当混凝土强度等级高于 C20 时，其强度的最小值尚应满足下式要求：

$$f_{\text{cu,min}} \geqslant 0.90 f_{\text{cu,k}} \qquad\qquad （14.8.2\text{-}5）$$

式中　$m_{f_{\text{cu}}}$ ——同一检验批混凝土立方体抗压强度的平均值（N/mm²），精确到 0.1 N/mm²；

　　　$f_{\text{cu,k}}$ ——混凝土立方体抗压强度标准值（N/mm²），精确到 0.1 N/mm²；

　　　σ_0 ——检验批混凝土立方体抗压强度的标准差（N/mm²），精确到 0.01 N/mm²；当检验批混凝土强度标准差 σ_0 计算值小于 2.5 N/mm² 时，应取 2.5 N/mm²；

　　　$f_{\text{cu},i}$ ——前一个检验期内同一品种、同一强度等级的第 i 组混凝土试件的立方体抗压强度代表值（N/mm²），精确到 0.1 N/mm²；该检验期不应少于 60 d，也不得大于 90 d；

　　　n ——前一个检验期内的样本容量，在该期间内样本容量不应少于 45；

　　　$f_{\text{cu},i}$ ——同一检验批混凝土立方体抗压强度的最小值

（N/mm^2），精确到 0.1 N/mm^2。

2）其他情况应按下列规定进行评定：

当样本容量不少于 10 组时，其强度应同时满足下列要求：

$$m_{f_{cu}} \geqslant f_{cu,k} + \lambda_1 \cdot S_{f_{cu}} \qquad （14.8.2\text{-}6）$$

$$f_{cu,min} \geqslant \lambda_2 \cdot f_{cu,k} \qquad （14.8.2\text{-}7）$$

同一检验批混凝土立方体抗压强度的标准差应按下式计算：

$$S_{f_{cu}} = \sqrt{\dfrac{\sum\limits_{i=1}^{n} f_{cu,i}^2 - n m_{f_{cu}}^2}{n-1}} \qquad （14.8.2\text{-}8）$$

式中 $S_{f_{cu}}$ —— 同一检验批混凝土立方体抗压强度的标准差

（N/mm^2），精确到 0.01 N/mm^2；当检验批混凝土强度标准差 $S_{f_{cu}}$ 计算值小于 2.5 N/mm^2 时，应取 2.5 N/mm^2；

λ_1，λ_2 —— 合格评定系数，按表 14.8.2-1 取用；

n —— 本检验期内的样本容量。

表 14.8.2-1　混凝土强度的合格评定系数

试件组数	10 ~ 14	15 ~ 19	≥20
λ_1	1.15	1.05	0.95
λ_2	0.9	0.85	

6　当用于评定的样本容量小于 10 组时，应采用非统计方法评定混凝土强度。按非统计方法评定混凝土强度时，其强度应同时符合下列规定：

$$m_{f_{cu}} \geqslant \lambda_3 \cdot f_{cu,k} \qquad （14.8.2\text{-}9）$$

$$f_{cu,min} \geqslant \lambda_4 \cdot f_{cu,k} \qquad\qquad (14.8.2\text{-}10)$$

式中 λ_3，λ_4——合格评定系数，按表 14.8.2-2 取用。

表 14.8.2-2 混凝土强度的非统计法合格评定系数

试件组数	< C60	≥ C60
λ_3	1.15	1.10
λ_4	0.95	

7 混凝土强度的合格性评定：

1）当检验结果满足统计方法或非统计方法评定的规定时，则该批混凝土强度应评定为合格；当不能满足上述规定时，该批混凝土强度应评定为不合格。

2）对评定为不合格批的混凝土，可按国家现行的有关标准进行处理。

3）当混凝土试件强度评定为不合格时，可采用非破损或局部破损的检测方法，按国家现行有关标准的规定对结构构件中的混凝土强度进行推定，并作为处理依据。

14.8.3 早期推定混凝土强度

1 方法内容：根据混凝土配合比，制成一定数量的试块对照组，将每一对照组的两组试块，分别进行快速养护和标准养护，分别测定其抗压强度。根据其相关关系，用线性回归或换算系数方法，建立两者强度之间的关系式。利用早期强度，便可求出 28 d（或其他龄期）混凝土强度的推定值。在试验时，方法必须统一，同时应复核相关系数、剩余标准差或标准差，以保证推定值的精确度。

2 适用范围：混凝土的强度推定值，适用于构件在生产中，对混凝土的质量控制及混凝土配合比设计中的强度校正和调整。

322

3 试验方法：加速养护设备和试验方法、强度关系式的建立和复核等应遵守国家现行标准《早期推定混凝土强度试验方法标准》JGJ/T 15 的有关规定。

14.8.4 回弹法检测混凝土强度

1 方法内容：回弹法是利用在混凝土结构或构件上测得的回弹值和碳化深度来评定混凝土强度的一种方法。

2 适用范围：

1）试件的抗压强度结果不符合本规程第 14.8.2 条第 7 款第 1）项的规定或对其结果有怀疑；

2）标养试件数量不足或缺乏同条件养护试件；

3）试件的强度缺乏代表性；

4）当测试部位表层与内部质量有明显差异、结构或构件内部存在缺陷或遭受化学腐蚀、火灾、硬化期冻伤等情况不得采用回弹法检验。

3 注意事项：

1）回弹仪必须具有产品质量合格证；

2）检测人员经专业培训，并取得合格证书；

3）检测单位经资格审查，并取得建设行业主管部门颁发的资质证书；

4）采用回弹法检测混凝土强度应遵守国家现行标准《回弹法检测混凝土抗压强度技术规程》JGJ/T 23 的规定。

14.8.5 钻芯法检测混凝土强度

1 方法内容：采用小型工程钻机，在混凝土或钢筋混凝土结构上，钻取圆柱体芯样，经试验测得抗压强度。可用于确定检验批或单个构件的混凝土强度推定值，也可用于钻芯修正间接强度检测方法得到混凝土强度换算值，作为混凝土质量评定和结构处理的依据，是一种局部破损的试验方法。

2 适用范围：

1）试件强度不合格，或对其结果产生怀疑；

2）混凝土结构因水泥、砂石质量较差或因施工、养护不良发生了质量事故；

3）在检测部位表层与内部的质量有明显差异，或者在使用期间遭受化学腐蚀、火灾，硬化期间遭受冻害的混凝土；

4）使用多年的老混凝土结构，如需加固改造或因工艺流程的改变，荷载发生了变化，需要了解某些部位的混凝土强度。

3 注意事项：

1）检测单位经资格审查，并取得建设行业主管部门颁发的资质证书；

2）芯样应在结构或构件受力较小的部位，混凝土强度质量具有代表性的部位，便于钻芯机安放与操作的部位，避开主筋、预埋件和管线的部位钻取；

3）钻芯法检测后，应及时对检测造成的构件局部破损部位进行有效修补；

4）采用钻芯法检测混凝土强度应遵守国家现行标准《钻芯法检测混凝土强度技术规程》CECS 03 的规定。

14.8.6 后锚固法检测混凝土强度

1 方法内容：后锚固法是在硬化混凝土上钻孔、安装定位圆盘与锚固件、注射锚固胶、待锚固胶固化后做拔出试验，根据测定的抗拔力检测混凝土抗压强度的微破损方法。

2 适用范围：

1）试件的抗压强度结果不符合本规程第 14.8.2 条第 7 款

324

第 1）项的规定或对其结果有怀疑；

2）标养试件数量不足或缺乏同条件养护试件；

3）对旧结构混凝土强度需要检测时；

4）检测部位混凝土表层与内部质量应一致。当混凝土表层与内部质量有明显差异时，应将薄弱表层清除干净方可进行检测。

3 注意事项：

1）检测人员经专业培训，并取得合格证书；

2）检测单位经资格审查，并取得建设行业主管部门颁发的资质证书；

3）测点应避开接缝、蜂窝、麻面部位，且后锚固法破坏体破坏面无外露钢筋；

4）后锚固法检测后，应及时对检测造成的构件破损部位进行有效修补；

5）采用后锚固法检测混凝土强度应遵守国家现行标准《后锚固法检测混凝土抗压强度技术规程》JGJ/T 208 的规定。

14.9 质 量 标 准

14.9.1 原材料

1 主控项目：

1）水泥进场时应对其品种、级别、包装或散装仓号、出厂日期等进行检查，并应对其强度、安定性及其他必要的性能指标进行复验，其质量必须符合现行国家标准《通用硅酸盐水泥》GB 175 的规定。

当在使用中对水泥质量有怀疑或水泥出厂超过三个月（快硬

硅酸盐水泥超过一个月）时，应进行复验，并按复验结果使用。

钢筋混凝土结构、预应力混凝土结构中，严禁使用含氯化物的水泥。

检查数量：按同一生产厂家、同一等级、同一品种、同一批号且连续进场的水泥，袋装不超过 200 t 为一批，散装不超过 500 t 为一批，每批抽样不少于一次。

检验方法：检查产品合格证、出厂检验报告和进场复验报告。

2）混凝土中掺用外加剂的质量及应用技术应符合现行国家标准《混凝土外加剂》GB 8076、《混凝土外加剂应用技术规范》GB 50119 等和有关环境保护的规定。

预应力混凝土结构中，严禁使用含氯化物的外加剂。钢筋混凝土结构中，当使用含氯化物的外加剂时，混凝土中氯化物的总含量应符合现行国家标准《混凝土质量控制标准》GB 50164 的规定。

检查数量：按进场的批次和产品的抽样检验方案确定。

检验方法：检查产品合格证、出厂检验报告和进场复验报告。

3）混凝土中氯化物和碱的总含量应符合现行国家标准《混凝土结构设计规范》GB 50010 和设计的要求。

检验方法：检查原材料试验报告和氯化物、碱的总含量计算书。

2　一般项目：

1）混凝土中掺用矿物掺合料的质量应符合现行国家标准《用于水泥和混凝土中的粉煤灰》GB/T 1596 等的规定。矿物掺合料的掺量应通过试验确定。

检查数量：按进场的批次和产品的抽样检验方案确定。

检验方法：检查出厂合格证和进场复验报告。

2）普通混凝土所用的粗、细骨料的质量应符合国家现行标准《普通混凝土用砂、石质量及检验方法标准》JGJ 52 的规定。

检查数量：按进场的批次和产品的抽样检验方案确定。

检验方法：检查进场复验报告。

3）拌制混凝土宜采用饮用水；当采用其他水源时，水质应符合国家现行标准《混凝土用水标准》JGJ 63 的规定。

检查数量：同一水源检查不应少于一次。

检验方法：检查水质试验报告。

14.9.2 配合比设计

1 主控项目：

混凝土应按国家现行标准《普通混凝土配合比设计规程》JGJ 55 的有关规定，根据混凝土强度等级、耐久性和工作性等要求进行配合比设计。

对有特殊要求的混凝土，其配合比设计尚应符合国家现行有关标准的专门规定。

检验方法：检验配合比设计资料。

2 一般项目：

1）首次使用的混凝土配合比应进行开盘鉴定，其工作性应满足设计配合比的要求。开始生产时应至少留置一组标准养护试件，作为验证配合比的依据。

检验方法：检查开盘鉴定资料和试件强度试验报告。

2）混凝土拌制前，应测定砂、石含水率并根据测试结果调整材料用量，提出施工配合比。

检查数量：每工作班检查一次。

检验方法：检查含水率测试结果和施工配合比通知单。

3 特细砂混凝土配合比：

1）特细砂混凝土的施工配合比，应按照结构设计对混凝土的强度要求和施工对混凝土拌和物的和易性要求，通过混凝土配合比设计和试配确定。

2）特细砂混凝土配合比中的用砂量应低于中、细砂混凝土。其砂率或砂浆剩余系数可参考《特细砂混凝土应用技术规程》DB 50/5028 的相关表格数据选用。

3）特细砂混凝土宜配制成低流动性混凝土，混凝土拌和物的坍落度宜控制在 50 mm 以内。配制坍落度为 70 mm 以上的混凝土，宜掺用混凝土外加剂。特细砂混凝土的用水量可参考《特细砂混凝土应用技术规程》DB 50/5028 的相关表格数据选用。

4）特细砂混凝土的最小水泥用量应按《普通混凝土配合比设计规程》JGJ 55 中的规定增加 20 kg/m³，最大水泥用量不宜大于 550 kg/m³，最大水灰比应符合国家现行有关标准的规定。

14.9.3 外观质量和尺寸偏差

1 一般规定：

1）现浇结构的外观质量缺陷，应由监理（建设）单位、施工单位等各方根据其对结构性能和使用功能影响的严重程度，按表 14.9.3-1 确定。

2）现浇结构拆模后，应由监理（建设）单位、施工单位对外观质量和尺寸偏差进行检查，作记录，并应及时按施工技术方案对缺陷进行处理。

表 14.9.3-1　现浇结构外观质量缺陷

名　称	现　象	严重缺陷	一般缺陷
露筋	构件内钢筋未被混凝土包裹而外露	纵向受力钢筋有露筋	其他钢筋有少量露筋
蜂窝	混凝土表面缺少水泥砂浆而形成石子外露	构件主要受力部位有蜂窝	其他部位有少量蜂窝
孔洞	混凝土中孔穴深度和长度均超过保护层厚度	构件主要受力部位有孔洞	其他部位有少量孔洞
夹渣	混凝土中夹有杂物且深度超过保护层厚度	构件主要受力部位有夹渣	其他部位有少量夹渣
疏松	混凝土中局部不密实	构件主要受力部位有疏松	其他部位有少量疏松
裂缝	缝隙从混凝土表面延伸至混凝土内部	构件主要受力部位有影响结构性能或使用功能的裂缝	其他部位有少量不影响结构性能或使用功能的裂缝
连接部位缺陷	构件连接处混凝土缺陷及连接钢筋、连接件松动	连接部位有影响结构传力性能的缺陷	连接部位有基本不影响结构传力性能的缺陷
外形缺陷	缺棱掉角、棱角不直、翘曲不平、飞边凸肋等	清水混凝土构件有影响使用功能或装饰效果的外形缺陷	其他混凝土构件有不影响使用功能的外形缺陷
外表缺陷	构件表面麻面、掉皮、起砂、沾污等	具有重要装饰效果的清水混凝土构件有外表缺陷	其他混凝土构件有不影响使用功能的外表缺陷

2　主控项目：

1）现浇结构的外观质量不应有严重缺陷。

对已经出现的严重缺陷，应由施工单位提出技术处理方案，并经监理（建设）单位认可后进行处理。对经处理的部位，应重新检查验收。

检查数量：全数检查。

检验方法：观察，检查技术处理方案。

2）现浇结构不应有影响结构性能和使用功能的尺寸偏差。混凝土设备基础不应有影响结构性能和设备安装的尺寸偏差。

对超过尺寸允许偏差且影响结构性能和安装、使用功能的部位，应由施工单位提出技术处理方案，并经监理（建设）单位认可后进行处理。对经处理的部位，应重新检查验收。

检查数量：全数检查。

检验方法：量测，检查技术处理方案。

3　一般项目：

1）现浇结构的外观质量不宜有一般缺陷。对已经出现的一般缺陷，应由施工单位按技术处理方案进行处理，并重新检查验收。

检查数量：全数检查。

检验方法：观察，检查技术处理方案。

2）现浇结构和混凝土设备基础拆模后的尺寸偏差应符合表 14.9.3-2、表 14.9.3-3 的规定。

检查数量：按楼层、结构缝或施工段划分检验批。在同一检验批内，对梁、柱和独立基础，应抽查构件数量的 10%，且不少于 3 件；对墙和板，应按有代表性的自然间抽查 10%，且不少于 3 间；对大空间结构，墙可按相邻轴线间高度 5 m 左右划分检查面，板可按纵、横轴线划分检查面，抽查 10%，且均不少于 3 面；对电梯井，应全数检查。对设备基础，应全数检查。

表 14.9.3-2　现浇结构尺寸允许偏差和检验方法

项　　目			允许偏差/mm	检　验　方　法
轴线位置	基　　础		15	钢尺检查
	独立基础		10	
	墙、柱、梁		8	
	剪力墙		5	
垂直度	层高	≤5 m	8	经纬仪或吊线、钢尺检查
		>5 m	10	经纬仪或吊线、钢尺检查
	全高（H）		$H/1\,000$ 且 ≤30	经纬仪、钢尺检查
标高	层　　高		±10	水准仪或拉线、钢尺检查
	全　　高		±30	
截面尺寸			+8, -5	钢尺检查
电梯井	井筒长、宽对定位中心线		+25, 0	钢尺检查
	井筒全高（H）垂直度		$H/1\,000$ 且 ≤30	经纬仪、钢尺检查
表面平整度			8	2 m 靠尺和塞尺检查
预埋设施中心线位置	预埋件		10	钢尺检查
	预埋螺栓		5	
	预埋管		5	
预留洞中心线位置			15	钢尺检查

注：检查轴线、中心线位置时，应沿纵、横两个方向量测，并取其中的较大值。

表 14.9.3-3　混凝土设备基础尺寸允许偏差和检验方法

项　目		允许偏差/mm	检 验 方 法
坐标位置		20	钢尺检查
不同平面的标高		0，-20	水准仪或拉线、钢尺检查
平面外形尺寸		±20	钢尺检查
凸台上平面外形尺寸		0，-20	钢尺检查
凹穴尺寸		+20，0	钢尺检查
平面水平度	每　米	5	水平尺、塞尺检查
	全　长	10	水准仪或拉线、钢尺检查
垂直度	每　米	5	经纬仪或吊线、钢尺检查
	全　高	10	
预埋地脚螺栓	标高（顶部）	+20，0	水准仪或拉线、钢尺检查
	中心距	±2	钢尺检查
预埋地脚螺栓孔	中心线位置	10	钢尺检查
	深度	+20，0	钢尺检查
	孔垂直度	10	吊线、钢尺检查
预埋活动地脚螺栓锚板	标高	+20，0	水准仪或拉线、钢尺检查
	中心线位置	5	钢尺检查
	带槽锚板平整度	5	钢尺、塞尺检查
	带螺纹孔锚板平整度	2	钢尺、塞尺检查

注：检查坐标、中心线位置时，应沿纵、横两个方向量测，并取其中的较大值。

14.9.4 结构实体检验

1 对涉及混凝土结构安全的重要部位应进行结构实体检验。结构实体检验应在监理工程师（建设单位项目专业技术负责人）见证下，由施工项目技术负责人组织实施。承担结构实体检验的试验室应具有相应的资质。

2 结构实体检验的内容应包括混凝土强度、钢筋保护层厚度以及工程合同约定的项目；必要时可检验其他项目。

3 对混凝土强度的检验，应以在混凝土浇筑地点制备并与结构实体同条件养护的试件强度为依据。混凝土强度检验用同条件养护试件的留置、养护和强度代表值应符合本规程第14.9.5条的规定。

对混凝土强度的检验，也可根据合同的约定，采用非破损或局部破损的检测方法，按国家现行有关标准的规定进行。

4 当同条件养护试件强度的检验结果符合现行国家标准《混凝土强度检验评定标准》GB/T 50107的有关规定时，混凝土强度应判为合格。

5 对钢筋保护层厚度的检验，抽样数量、检验方法、允许偏差和合格条件应符合本规程第14.9.6条的规定。

6 当未能取得同条件养护试件强度、同条件养护试件强度被判为不合格或钢筋保护层厚度不满足要求时，应委托具有相应资质等级的检测机构按国家有关标准的规定进行检测。

14.9.5 同条件养护试件的留置、养护和强度代表值

1 同条件养护试件的留置方式和取样数量，应符合下列要求：

1）同条件养护试件所对应的结构构件或结构部位，应由监理（建设）、施工等各方共同选定；

2）对混凝土结构工程中的各混凝土强度等级，均应留置同条件养护试件；

3）同一强度等级的同条件养护试件，其留置的数量应根据混凝土工程量和重要性确定，不宜少于 10 组，且不应少于 3 组；

4）同条件养护试件拆模后，应放置在靠近相应结构构件或结构部位的适当位置，并应采取相同的养护方法。

2 同条件养护试件应在达到等效养护龄期时进行强度试验。

等效养护龄期应根据同条件养护试件强度与在标准养护条件下 28 d 龄期试件强度相等的原则确定。

3 同条件自然养护试件的等效养护龄期及相应的试件强度代表值，宜根据当地的气温和养护条件，按下列规定确定：

1）等效养护龄期可取按日平均温度逐日累计达到 600 ℃·d 时所对应的龄期，0 ℃ 及以下的龄期不计入；等效养护龄期不应小于 14 d，也不宜大于 60 d；

2）同条件养护试件的强度代表值应根据强度试验结果按现行国家标准《混凝土强度检验评定标准》GB/T 50107 的规定确定后，乘折算系数取用；折算系数宜取为 1.10，也可根据当地的试验统计结果作适当调整。

4 冬期施工、人工加热养护的结构构件，其同条件养护试件的等效养护龄期可按结构构件的实际养护条件，由监理（建设）、施工等各方根据本规程第 14.9.5 条第 2 款的规定共同确定。

14.9.6 结构实体钢筋保护层厚度检验

1 钢筋保护层厚度检验的结构部位和构件数量，应符合下列要求：

1）钢筋保护层厚度检验的结构部位，应由监理（建设）、施工等各方根据结构构件的重要性共同选定；

2）对梁类、板类构件，应各抽取构件数量的 2%且不少于 5 个构件进行检验；当有悬挑构件时，抽取的构件中悬挑梁类、板类构件所占比例均不宜小于 50%。

2 对选定的梁类构件，应对全部纵向受力钢筋的保护层厚度进行检验；对选定的板类构件，应抽取不少于 6 根纵向受力钢筋的保护层厚度进行检验。对每根钢筋，应在有代表性的部位测量 1 点。

3 钢筋保护层厚度的检验，可采用非破损或局部破损的方法，也可采用非破损方法并用局部破损方法进行校准。当采用非破损方法检验时，所使用的检测仪器应经过计量检验，检测操作应符合相应规程的规定。

钢筋保护层厚度检验的检测误差不应大于 1 mm。

4 钢筋保护层厚度检验时，纵向受力钢筋保护层厚度的允许偏差，对梁类构件为+10 mm，－7 mm；对板类构件为+8 mm，－5 mm。

5 对梁类、板类构件纵向受力钢筋的保护层厚度应分别进行验收。结构实体钢筋保护层厚度验收合格应符合下列规定：

1）当全部钢筋保护层厚度检验的合格点率为 90%及以上时，钢筋保护层厚度的检验结果应判为合格；

2）当全部钢筋保护层厚度检验的合格点率小于 90%但不小于 80%，可再抽取相同数量的构件进行检验；当按两次抽样总和计算的合格点率为 90%及以上时，钢筋保护层厚度的检验结果仍应判为合格；

3）每次抽样检验结果中不合格点的最大偏差均不应大于本规程第 14.9.6 条第 4 款规定允许偏差的 1.5 倍。

14.10 成品保护

14.10.1 混凝土养护

1 在气温高、湿度低、风速大的条件下施工，混凝土浇筑后应及时覆盖浇水养护，防止其表面过早脱水而干缩开裂。冬期施工应防止冰、雪、霜冻。

2 采用薄膜（喷或盖）养护的工程，应根据实际条件，采取相应的养护措施。养护时应防止薄膜遭到损坏，达不到养护要求。

14.10.2 拆模要求

1 对梁、柱、墙构件，模板拆除时间不宜过早，棱角应注意保护。当拆模时混凝土的强度在 5 MPa 以下时，撬棍不能以混凝土棱角为支点，并应严防模板撞坏混凝土棱角。

2 对薄壁结构，在冬期施工时，拆模的时间应较一般构件适当延长。

14.10.3 限制加荷条件

1 对梁板构件，在未达到设计强度时，不应在其上搭架、堆放材料和机具。如因特殊需要，应根据龄期强度进行验算，当强度不能满足要求时，应采取加强措施。

2 对拱壳结构，在混凝土未达到设计强度前不得加荷。

14.10.4 预留、预埋

1 应按设计要求预留预埋暖卫、电气管线、孔洞、螺栓和预埋件等。在浇筑混凝土过程中，不得碰撞使之产生位移。不允许后凿洞埋设。

2 对梁、柱及槽、池、箱、柜等结构，不得在混凝土上开凿槽孔。在实心板或墙上凿洞，应经设计单位和施工技术负责人许可。

14.10.5 防止污染

1 对装饰面层混凝土，应防止油漆和沥青等污染。

2 对平面结构混凝土，严禁在混凝土面层上拌和或堆置水泥砂浆（或混凝土），失落在面层上的水泥砂浆（或混凝土），应立即清除并冲洗干净。

14.11 安全环保措施

14.11.1 安全措施

1 施工必须有安全技术措施。对技术要求高、操作难度大或容易发生安全事故的作业项目，作业前必须进行专业培训，并经考核合格后方能上岗操作。

2 施工准备：

1）施工前，应做好施工道路规划，充分利用永久性的施工道路、路面；其余场地地面宜硬化。

2）用电应按三级配电、二级保护进行设置。接电应安全可靠，绝缘良好，装漏电保护器，并经过试运转。

3）运输机具应经常检修、保养加油，刹车装置应灵活可靠。

4）井架、门架及人货两用施工电梯的底层进料口应搭设防护棚。各层卸料平台应有活动栏杆，平台两侧应有 1.2 m 高的防护栏杆。吊篮（笼）应设安全装置。夏季施工应采取接地防雷措施。

5）夜间施工应安装足够的照明，临时照明线路不得与金属架管相接触，严禁采用"一线一地"接线法。深坑和潮湿环境施工，应用低压安全照明。活动光源应用低压安全行灯。

3 搅拌、运输机械的安全操作：

1）混凝土搅拌开始前，应对搅拌机及配料机械进行无负荷运转。搅拌机运转时，严禁将锹、耙等工具伸入罐内，必须进罐扒混凝土时，应停机断电进行。工作完毕，应将搅拌筒清洗干净。

2）机动车辆、搅拌运输车和自卸车，卸料倒车应有专人指挥。转动卸料槽或上车清料时，应与司机取得联系。

3）手推车上料不宜过满，行进中应保持适当距离，依次前进。下坡应控制车速，不要顺势俯冲。卸料时应扶牢车把，严禁撒把卸料，防止翻车伤人。

4）用井架、门架或外用电梯运料时，车把不得伸出笼（篮）外，车轮前后应挡牢，升降应稳起稳落。

5）混凝土料斗扶斗卸料人员应与吊车司机密切配合，当吊车放下料斗时，应随时注意防止料斗碰头。切忌站在死角或悬边处扶斗，防止发生挤伤或坠落事故。

4 振捣作业的安全操作：

1）溜槽、串筒节间必须连接牢固，作业部位应有防护栏杆，不得站在溜槽帮板上操作。

2）振动器应安放在牢靠的脚手板上，移动时应关好电闸。发生故障时，应立即切断电源。

3）框架梁、柱浇筑时，应搭设操作脚手架，不得站在模板或支撑上操作。

4）拱形结构应自两拱脚同时对称地进行。雨篷、阳台浇筑时，应有防护措施。浇捣料仓，下口应先行封闭，并铺设临时脚手架，以防人员下坠。

14.11.2 环境保护措施

1 施工现场环境与卫生标准应符合国家现行标准《建筑施工现场环境与卫生标准》JGJ 146 的规定。

2 施工现场必须采用封闭围挡,高度不得小于 1.8 m。

3 施工现场出入口应标有企业名称或企业标识。主要出入口明显处应设置工程概况牌,大门内应有施工现场总平面图和安全生产、消防保卫、环境保护、文明施工等制度牌。

4 在工程的施工组织设计中应有防治大气、水土、噪声污染和改善环境卫生的有效措施。施工现场必须建立环境保护、环境卫生管理和检查制度,并应做好检查记录。

5 施工企业应采取有效的职业病防护措施,为作业人员提供必备的防护用品,对从事有职业病危害作业的人员应定期进行体检和培训。

6 施工现场的主要道路必须进行硬化处理,土方应集中堆放。裸露的场地和集中堆放的土方应采取覆盖、固化或绿化等措施。

7 水泥和其他易飞扬的细颗粒建筑材料应密闭存放或采取覆盖等措施。施工现场混凝土搅拌场所应采取封闭、降尘措施。

8 建筑物内施工垃圾的清运,必须采用相应容器或管道运输,严禁凌空抛掷。

9 施工现场应设置密闭式垃圾站,施工垃圾、生活垃圾应分类存放,并应及时清运出场。

10 施工现场严禁焚烧各类废弃物。

11 施工现场应设置排水沟及沉淀池,施工污水经沉淀后方可排入市政污水管网或河流。

12 施工现场应按照现行国家标准《建筑施工场界环境噪声排放标准》GB 12523 制定降噪措施,并可由施工企业自行对施工现场的噪声值进行监测和记录。

13 施工现场的强噪声设备宜设置在远离居民区的一侧,并应采取降低噪声措施。

14 对因生产工艺要求或其他特殊要求,确需在夜间进行超过噪声标准施工的，施工前建设单位应向有关部门提出申请，经批准后方可进行夜间施工。

15 现场使用照明灯具宜用定向可拆除灯罩型，使用时应防止光污染。

14.12 质 量 记 录

14.12.1 混凝土结构子分部工程施工质量验收时，应提供下列文件和记录：

    1 设计图及会审纪要、设计变更文件；

    2 原材料出厂合格证和进场复验报告；

    3 混凝土工程施工记录；

    4 混凝土试件的性能试验报告；

    5 隐蔽工程验收记录；

    6 分项工程验收记录；

    7 混凝土结构实体检验记录；

    8 工程的重大质量问题的处理方案和验收记录；

    9 其他必要的文件和记录。

14.12.2 混凝土结构子分部工程施工质量验收合格应符合下列规定：

    1 有关分项工程施工质量验收合格；

    2 应有完整的质量控制资料；

    3 观感质量验收合格；

    4 结构实体检验结果满足现行国家标准《混凝土结构工程施工质量验收规范》GB 50204 的要求。

14.12.3 当混凝土结构施工质量不符合要求时，应按下列规定进行处理：

1 经返工、返修或更换构件、部件的检验批，应重新进行验收；

2 经有资质的检测单位检测鉴定达到设计要求的检验批，应予以验收；

3 经有资质的检测单位检测鉴定达不到设计要求，但经原设计单位核算并确认仍可满足结构安全和使用功能的检验批，可予以验收；

4 经返修或加固处理能够满足结构安全使用要求的分项工程，可根据技术处理方案和协商文件进行验收。

14.12.4 混凝土结构子分部工程施工质量验收合格后，应将所有的验收文件存档备案。

14.12.5 混凝土结构子分部工程施工质量验收时，应按《四川省工程建设统一用表》的规定提供有关质量验收记录。

15 装配式结构

15.1 一 般 规 定

15.1.1 适用范围

适用于装配式结构的预制构件制作与安装施工。

15.1.2 材料要求

1 预制构件制作及安装使用的原材料、构配件及产品，应符合设计文件及国家现行有关标准的规定，并应综合考虑使用功能、耐久性及节能环保等要求。

2 原材料、构配件及产品进场时，应按批次检查原材料质量证明文件、材料外观、规格（等级）、生产批次（日期）等，并应按国家现行有关标准进行抽样检验。

3 保温材料与构件同时成型时，保温材料应选择吸水率低的材料。

4 门窗框采用金属型材时，应采取防止产生电化学腐蚀的措施。

5 外墙饰面砖与结构体的黏结性能应满足《建筑工程饰面砖粘结强度检验标准》JGJ 110 的要求。

6 夹芯保温墙板内外板的连接件，其性能应符合设计要求，并应按不大于 1 000 件为一批，抽取 3 件进行力学性能检验。

7 预制构件采用的内埋式吊具，其性能应满足吊装安全性的要求，并应按不大于 1 000 件为一批，抽取 3 件进行力学性能检验。

8 外墙板接缝采用弹性密封材料防水时，混凝土接缝用密封胶应符合《混凝土建筑接缝用密封胶》JC/T 881 的要求。

9 外加剂的选用及掺量应根据工艺适应性和实际效果通过试验确定。

10 脱模剂的选用应满足有效脱模、不污染混凝土表面、不影响装修质量的要求。

15.1.3 预制构件的制作、运输及安装，应根据构件的特点编制专项施工方案，方案中应包括施工各阶段的施工验算。

15.1.4 预制构件生产厂家应根据构件制作、运输及安装的需要对原设计文件进行深化设计，深化后的设计文件涉及结构安全时应经原设计单位认可。

15.1.5 预制构件批量制作前宜进行预安装，并根据预安装情况对制作工艺、深化设计文件、专项施工方案等进行必要的调整。

15.1.6 预制构件应进行结构性能检验或构件实体检验，不满足设计文件要求的构件不得用于工程。

15.1.7 预制构件生产厂家应具有相应的资质等级。

15.1.8 预制构件生产厂家应具有独立的试验室和相应的检测设备，检测设备应经过校准，并按规定进行定期检验，检测人员应持证上岗。

15.1.9 施工单位应根据装配式结构的工程管理要求和施工特点，对管理人员及作业人员进行专项培训。

15.2 施 工 准 备

15.2.1 技术准备

1 预制构件制作前应编制专项构件制作方案，专项构件制作方案应包括：预留预埋、建筑装饰、保温节能要求、模板方案、质量控制措施、安全生产、成品保护及过程监督等内容。

2 根据专项构件制作方案，进行安全技术交底，明确制作过程的质量标准和质量控制要点。

3 根据装配式结构工程的施工特点，编制预制构件的运输、吊装、安装及连接的专项施工方案，选择安装使用的机械及器具。

4 预制构件运输及安装时的混凝土强度应满足设计要求；当设计无具体要求时，预制构件的混凝土同条件养护试件的强度不应小于设计强度的 75%。

15.2.2 材料准备

1 预制构件制作使用的原材料及产品进场后，应按种类、批次分类贮存与堆放，标识应明晰，并应有相应的保护措施。

2 预制构件安装前应按设计文件对构件进行编号，并应在明显位置编号标识。产品质量证明书的批号与实物上的批号应对应一致，质量证明书出具单位的标识应正确清晰。

15.2.3 主要机械及工具准备

1 预制构件制作、安装的机械及工具应按专项施工方案的相应内容准备。

2 预制构件安装采用的主要机械及设备包括吊装机械、电焊机械、运输机械及有关配套设备等。

15.2.4 作业条件

1 预制构件安装前，应对建筑物纵横轴线、标高进行复核，检查无误后方可进行构件安装。

2 检查构件的型号、数量、规格、外形尺寸、连接件位置和尺寸、吊环的规格和位置、混凝土强度等是否符合标准图和设计文件的要求。

3 吊装机械进场安装前应经试运转，合格后方能吊装和使用。

15.3 预制构件制作

15.3.1 工艺流程

技术准备→模具准备→钢筋准备→混凝土准备→其他构、配件、门窗框及饰面材料准备→材料入模→混凝土浇筑→混凝土养护→构件出间堆放→构件修饰与保护→构件质量检查与验收

15.3.2 预制构件的模具应符合下列规定：

1 模具的刚度和稳定性应满足制作工艺的需要。模具组装应牢固、严密、不漏浆；模具在使用过程中应定期进行维护。

2 模具堆放场地应平整、坚实，不得积水；模具每次使用后，应清理干净，不得留有水泥浆和混凝土残渣。

3 模具的允许偏差应符合表 15.3.2 的规定。

表 15.3.2　模具的允许偏差

项次	项　目	允许偏差/mm	检验方法
1	长度	1，－2	用尺量测，取最大值
2	宽度	1，－2	用尺量测，取最大值
3	厚度	0，－2	用尺量测两端或中部，取最大值
4	对角线	3	用尺量测纵、横两个方向对角线
5	侧向弯曲	$L/1\,500$，且≤3	拉线，用尺量测侧向弯曲最大处
6	翘曲	$L/1\,500$	调平尺在两端量测
7	底模板表面平整度	2	用 2 m 直尺和楔形塞尺量测
8	组装缝隙	1	用塞片或塞尺量测
9	端模与侧模高低差	1	用尺量测
10	预埋件中心线	3	用尺量测

注：L 为构件长度（mm）。

15.3.3 预制构件钢筋骨架制作应符合下列规定：

1 预制构件使用的钢筋应成批加工，并宜制作成钢筋骨架。

钢筋骨架宜预先制作成试件并按表 15.3.3 条规定检验合格后再成批制作。钢筋骨架的尺寸偏差应符合表 15.3.3 的规定。

表 15.3.3　钢筋骨架的尺寸偏差

项　次	项　目	允许偏差/mm	检验方法
1	网的长度	5，－10	钢尺检查
2	网的宽度	5，－10	钢尺检查
3	网眼尺寸	±10	钢尺量连续三档，取最大值
4	骨架的高度	±5	钢尺检查
5	骨架的宽度	±5	钢尺检查
6	骨架的长度	5，－10	钢尺检查
7	钢筋间距	±10	钢尺量连续三档，取最大值
8	钢筋排距	±5	钢尺量连续三档，取最大值

　　2　钢筋骨架宜采用专用成型架绑扎或焊接成型。

　　3　钢筋骨架中钢筋、配件和埋件的品种、规格、数量、位置及加工等应符合设计文件及国家现行有关标准的规定。

　　4　钢筋骨架应按预制构件的规格和类型进行标识。

　　5　钢筋骨架应根据规格采用多吊点吊运，或采用专用吊架吊运。

　　6　钢筋骨架表面不应有颗粒状或片状锈蚀。

　　7　钢筋骨架入模前，应检查、校正钢筋骨架尺寸；入模时，表面不得有污染；在入模过程中应校正入模位置，入模后不得移动。

　　8　钢筋骨架应采用垫、吊等方式，满足钢筋各部位的保护层厚度。钢筋骨架的定位方式不应对预制构件表面质量产生影响。

15.3.4 带保温材料的预制构件宜采用水平浇筑方式成型，保温材料宜在混凝土成型过程中放置固定；当采用垂直浇筑方式成型时，保温材料可在混凝土浇筑前放置固定。制作过程应按设计要求检查连接件在混凝土中的定位偏差。

15.3.5 带门窗框、预埋管线的预制构件，构件制作应符合下列规定：

1 预埋的构配件、埋件及门窗框、预埋管线等应预先放置在模具上并固定牢固。

2 预埋的构配件、埋件及门窗框等的外露部分应采取措施，防止在混凝土浇筑过程中污损。当采用铝框时，应采取避免铝框与混凝土直接接触发生电化学腐蚀的措施。

3 在制作过程中，门窗框的固定措施应考虑温度与受力对门窗框变形的影响。

4 预留孔洞的模具应固定牢固并满足拆模要求。

15.3.6 带饰面的预制构件，构件制作应符合下列规定：

1 根据构件的设计要求，饰面可采用涂料、面砖或石材等。带饰面的预制构件宜采用反打一次成型工艺制作。

2 当面砖或石材与预制构件一次浇筑成型时，构件生产前应对面砖或石材进行加工。

3 当构件采用面砖饰面时，在模具中铺设面砖前，应根据设计图纸要求对拐角面砖和面砖侧面进行加工，并应采用背面带有燕尾槽的面砖。

4 当构件采用石材饰面时，模具中铺设石材前，应在石材背面做涂覆防水处理；同时应在石材背面钻倒角孔，并安装不锈钢卡勾与混凝土进行机械连接。

5 应采用不污染饰面和构件的材料（如海绵条等）预留面砖缝或石材缝，并应保证缝的垂直和水平。

15.3.7 采用现浇混凝土或砂浆连接的预制构件结合面，制作时应按设计要求进行处理。设计无具体要求时，宜进行拉毛或凿毛处理，也可采用露骨料粗糙面。

15.3.8 叠合构件的结合面或叠合面应采取拉毛或凿毛处理，也可采用在模板表面涂刷适量的缓凝剂部位形成设计要求的露骨料粗糙面。

15.3.9 预制构件生产时每工作班且不超过 100 m³ 同一配合比的混凝土，应留取不少于一组的标准养护试件及一定数量的同条件养护试件。

15.3.10 预制构件浇筑成型前，应对模具、隔离剂涂刷、钢筋骨架质量、保护层控制措施、预留孔道、配件和埋件等逐项进行检查,符合设计文件要求和国家现行有关标准后方可浇筑混凝土。

15.3.11 预制构件浇筑成型应采用与工艺相适应的振捣方式。

15.3.12 预制构件制作完毕后，应及时标记工程名称、构件型号、制作日期、检验状态、生产企业等相关信息。对于方向性有要求的构件，应标明轴线方向；对安装有特殊要求的构件，应注明与安装有关的标识。

15.3.13 预制构件的养护应符合下列规定：

1 常温养护时，可根据养护条件选择洒水、覆盖、喷涂养护剂养护。

2 采用蒸汽养护时，在专项施工方案中应明确预制构件静停时间、蒸养时升温速度、恒温时最高温度、恒温时间及降温速度等参数。

3 采用蒸汽养护时,当蒸养罩内外温差小于 20 ℃后方可进行脱罩作业。

15.3.14 预制构件脱模起吊时的混凝土强度应根据计算确定,且起吊时同条件养护试件强度不应低于 15 N/mm²。

15.3.15 预制构件脱模起吊前,应确认构件与模具间的连接部分已全部拆除。

15.3.16 预制构件出厂检验应符合下列规定:

1 预制构件在出厂前应逐件进行出厂质量检验,合格后方可出厂。

2 预制构件出厂时的外观质量应符合表 15.3.16-1 的要求。

表 15.3.16-1　预制构件的外观质量要求及检验方法

项　次	项　目	质量要求	检验方法
1	露筋	不应有	目测
2	蜂窝	不应有	目测
3	外表缺陷	不应有	目测
4	外形缺陷	不应有	目测

3 预制构件的尺寸偏差应符合表 15.3.16-2 的规定。

表 15.3.16-2　预制构件尺寸允许偏差及检验方法

检查项目		允许偏差/mm	检验方法
截面尺寸	长	±3	钢尺检查
	宽	±3	钢尺检查
	高(厚)	±3	钢尺检查
对角线		5	钢尺检查

检查项目	允许偏差/mm	检验方法
侧向弯曲	$L/1\,000$，且≤15	拉线，用钢尺量测侧向弯曲最大处
表面平整度	3	2 m靠尺和塞尺检查
预埋件中心线	5	钢尺检查
预埋管、预留孔洞中心线	5	钢尺检查
预留孔洞尺寸	5	钢尺检查

注：L 为构件长度（mm）。

4 预制构件中所含门窗、饰面、保温及防水等分项工程，除应符合本规程的规定外，尚应符合国家现行有关标准及设计文件所规定的参数、性能要求，其参数、性能的检验应按国家现行有关标准执行。

5 设计文件有要求时，批量生产的主要结构构件应按照设计要求及《混凝土结构工程施工质量验收规范》GB 50204 的有关规定进行结构性能检验。

15.4 预制构件运输与堆放

15.4.1 应根据预制构件类型选择运输车辆，并根据需要设置临时支架及可靠的构件稳定措施。

15.4.2 构件在运输与堆放时，易倾覆的预制构件应设置防止构件倾覆的支架。用于稳定预制构件的插放架、靠放架应有足够的强度和刚度，并应支垫稳固。

15.4.3 预制构件在运输过程中，宜在构件与支垫位置处填塞柔性垫片或垫块。

15.4.4 预制构件在运输和堆放中的支垫位置应满足构件施工验算要求。

15.4.5 预制构件运送到施工现场后，宜按规格、品种、安装部位、吊装顺序分别设置堆场。预制构件的现场堆场应按施工组织设计的平面布置堆放。

15.4.6 预制构件的堆放场地应平整坚实并保持排水良好，构件与地面之间应留有一定空隙。重叠堆放构件时，每层构件间的垫木或垫块应在同一垂直线上，重叠层数不宜大于6层。

15.4.7 预制墙板可根据施工要求选择适宜的堆放和运输方式，对于外观复杂的平面墙板及非平面墙板宜采用插放架、靠放架直立堆放，并宜采取直立运输方式。

15.4.8 构件叠层堆放时，最下层构件应垫实，吊环向上，标志向外。垫木或垫块在构件下的位置宜与脱模吊装时的起吊位置一致。

15.5 预制构件安装与连接

15.5.1 工艺流程

技术准备→机具准备→构件准备→现场准备→其他材料准备→构件起吊、安装→临时固定→节点连接处理→安装质量验收→成品保护

15.5.2 装配式结构安装现场应根据工期要求以及工程量、机械设备等现场条件，组织立体交叉、均衡有效的安装施工流水作业。

15.5.3 预制构件安装前，应核对构件的型号、规格、数量及配件等是否符合设计要求，检查合格后方可进行构件安装。

15.5.4 预制构件安装前应根据设计文件进行测量放线，做好安装定位标志，并清理连接部位的灰渣和浮浆。

15.5.5 预制构件应根据水准点和轴线校正位置进行安装，安装就位后，应及时在构件和已施工完成的结构间设置临时固定措施。预制构件与吊具的分离应在测量校准定位及临时固定措施安装完成后进行；

临时固定措施的拆除应在装配式结构能达到后续施工承载要求后进行。

15.5.6 预制构件安装完成后，应按本规程表 15.6.8 的规定逐件检查安装偏差，并形成检查记录。

15.5.7 装配式结构采用焊接或螺栓连接构件时，应按设计要求或《钢结构设计规范》GB 50017 的有关规定进行质量控制和施工质量检查，并应作好外露铁件的防腐和防火处理。采用焊接连接时，应采取避免损伤已施工完成的结构、预制构件及配件的措施。

15.5.8 装配式结构构件间的钢筋连接可采用焊接、机械连接、搭接及套筒灌浆连接方式。构件间的连接应符合下列规定：

1 钢筋采用搭接连接时，钢筋的锚固长度及搭接长度应满足设计要求和国家现行有关标准的规定；钢筋采用焊接连接时应避免连续施焊引起预制构件及连接部位开裂。

2 采用套筒灌浆连接应制订专项施工方案，专项施工方案中应明确技术质量保证措施和施工操作工艺。灌浆应由经培训合格的专业人员进行操作和制作试件，必要时应进行检测验证。套筒灌浆连接方式进行施工时应符合下列规定：

1） 在灌浆施工前，应对填充部分进行清扫，清除异物，并保证其湿润。在充填过程中，内部不应发生堵塞；

2）灌浆施工应确保填充部分填充密实，不得遗漏；

3）灌浆试验的方法和检查应按表15.5.8进行。

表 15.5.8　灌浆试验的方法和检查

项　目	试验方法	次　数	判断标准
种类、厂家、生产时间	确认包装袋上的时间	全　数	不超过使用期限
使用水量	按配合比和施工记录	全数（在搅拌时）	按专项施工方案
温　度	温度计	第一次	按专项施工方案
施工软度	根据设计	第一次	按专项施工方案
压缩强度	按专项施工方案，现场水中养护	灌浆开始前或材料更换时	按专项施工方案
填充度	目　测	每次灌浆时	确保密实填充

15.5.9　装配式结构采用现浇混凝土或灌浆材料连接构件时，应符合下列规定：

1　构件连接处现浇混凝土或灌浆材料的强度及收缩性应满足设计要求，其强度等级值应比连接处构件的强度设计值提高一级。

2　对于结合部位使用的模板，在混凝土浇筑时应不产生较大变形，宜采用可周转次数较多的模板。

3　在浇筑混凝土前，应对结合部位进行清扫，对模板和结合部位应进行洒水湿润。

4　应确保结合部位混凝土浇筑密实，模板的缝隙不应发生漏浆。装配式结构每个接合部位应一次性浇筑完毕。

15.5.10　预制叠合构件的安装应符合下列规定：

1　预制叠合板等构件的支撑应根据设计要求或施工方案设

置。支撑处标高除应符合设计规定外，尚应考虑支承系统在施工荷载作用下的变形。

　　2　施工过程中应控制施工荷载不超过设计取值，并应避免单个预制构件承受较大的集中荷载。

　　3　预制叠合构件后浇混凝土层施工前，应按设计要求检查结合面构造处理措施，检查并校正预制构件外露钢筋。

　　4　预制叠合构件后浇混凝土强度达到设计要求后方可拆除支撑或承受施工荷载。

15.5.11　当设计对构件连接处有防水要求时，材料性能及施工应符合设计要求及国家现行有关标准的规定。

15.6　质　量　标　准

15.6.1　装配式结构按分部工程进行质量验收，其质量控制包括预制构件进场验收及现场施工质量验收。

15.6.2　预制构件进场验收可依据进场检验批次按分项工程进行验收。

15.6.3　预制构件现场安装完成后可按楼层、变形缝、施工段或产品种类等划分验收检验批按分项工程进行验收。

15.6.4　预制构件进场后应进行构件实体检验。

15.6.5　根据设计文件要求进行的预制构件结构性能检验或构件实体检验，应在监理工程师见证下，由施工单位项目技术负责人组织实施，承担结构性能检验或构件实体检验的单位应具有相应的资质。

15.6.6　对有防渗要求的接缝应参照《建筑幕墙》GB/T 21086 的试验方法进行现场淋水试验。

15.6.7 预制构件进场质量验收

1 主控项目

1）按预制构件进场检验批次检查其合格证、出厂检验报告和结构性能检验报告。对预制构件中所含门窗、饰面、保温及防水等分项工程，按进场检验批次检查其合格证、出厂检验报告和参数、性能、粘接（连接）检验报告。

2）预制构件应在明显部位标明生产企业、构件型号、生产日期和质量检验标志。构件上的预埋件、插筋和预留孔洞的规格、位置和数量应符合标准图或设计的要求。

检查数量：全数检查。

检验方法：对照标准图和设计文件进行观察、量测。

3）预制构件的外观质量不应有严重缺陷。对已经出现的严重缺陷，应按技术处理方案进行处理，并重新检查验收。

检查数量：全数检查。

检验方法：观察，检查技术处理方案。

4）预制构件不应有影响结构性能和安装、使用功能的尺寸偏差。对超过尺寸允许偏差且影响结构性能和安装、使用功能的部位，应按技术处理方案进行处理，并重新检查验收。

检查数量：全数检查。

检验方法：量测，检查技术处理方案。

5）预制构件与饰面砖、石材、保温材料及防水材料粘贴应牢固可靠。

检查数量：全数检查。

检验方法：轻击观察。

6）预制构件中主要受力钢筋数量及保护层厚度应满足国家现行有关标准及设计文件要求。

检查数量：按进场检验批次，悬挑预制构件抽取不小于 20%；其他预制构件各抽取 2%，且不少于 5 个预制构件。

检验方法：非破损检测。

7）预制构件的混凝土强度应符合设计文件要求。

检查数量：按构件生产批次确定。

检验方法：检查标养及同条件养护试件试验报告。

8）预制构件的构件实体检验结果不满足设计要求时，应委托具有相应资质的检测机构按现行国家有关标准的规定进行检测。检测结果不合格时，应由原设计单位核算并确认，对满足结构安全和使用功能的检验批，可予以验收。

2 一般项目

1）预制构件的外观质量不宜有一般缺陷。对已经出现的一般缺陷，应按技术处理方案进行处理，并重新检查验收。

检查数量：全数检查。

检验方法：观察、检查技术处理方案。

2）预制构件的尺寸偏差应符合本规程表 15.3.16-2 的规定。

检查数量：按进场检验批，同一规格、品种的构件抽检数量不应少于该检验批数量的 5%，且不少于 3 件。

检验方法：钢尺、靠尺、塞尺检查。

3 预制构件的质量符合下列规定时，质量验收评为合格：

1）主控项目的检验全部合格。

2）没有出现影响结构安全、安装施工和使用功能的尺寸偏差等缺陷。

3）一般项目的外观质量检验合格，尺寸允许偏差项目的检验合格率大于等于 80%，尺寸偏差不得超过本规程表 15.3.16-2 规定的 1.5 倍。

15.6.8 现场安装质量验收

1 主控项目

1）预制构件与结构之间的连接应符合设计要求。连接处钢筋或埋件采用焊接、机械连接或叠合面二次现浇时，连接处质量应符合国家现行有关标准及设计要求。

检查数量：全数检查。

检验方法：观察、检查施工记录。

2）预制构件吊装时临时支撑应符合专项施工方案要求，安装就位后，应采取保证预制构件稳定的临时固定措施。

检查数量：全数检查。

检验方法：观察、检查施工记录。

3）承受内力的后浇混凝土接头和拼缝，当其混凝土强度未达到设计要求时，不得吊装上一层结构构件；当设计无具体要求时，应在混凝土强度不小于 10 N/mm² 或具有足够的支承时方可吊装上一层结构构件。已安装完毕的结构构件，应在混凝土强度达到设计要求后，方可承受全部设计荷载。

检查数量：全数检查。

检验方法：检查施工记录及同条件养护试件试验报告。

2 一般项目

1）预制构件堆放和运输时的支承位置和方法应符合施工方案和设计的要求。

检查数量：全数检查。

检验方法：观察检查。

2）预制构件吊装前，应按设计要求在构件和相应的支承结构上标志中心线、标高等控制尺寸，按标准图或设计文件校核预埋件及连接钢筋等，并作出标志。

检查数量：全数检查。

检验方法：观察，钢尺检查。

3）预制构件应按标准图或设计的要求吊装。起吊时绳索与构件水平面的夹角不宜小于45°，否则应采用吊架或经验算确定。

检查数量：全数检查。

检查方法：观察检查。

4）预制构件安装就位后，应根据水准点和轴线校正位置。预制构件安装尺寸偏差应符合表15.6.8的规定。

检查数量：按验收检验批，在同一规格、品种的构件总数中抽取10%。

检验方法：观察，钢尺检查。

表15.6.8　安装尺寸最大允许偏差

项　　目	最大允许偏差/mm	检验方法
轴线位置	5	钢尺检查
底模上表面标高	±5	水准仪或拉线、钢尺检查
每块外墙板垂直度	5	经纬仪或吊线、钢尺检查
相邻两板表面高低差	2	2m靠尺和塞尺检查
外墙板外表面平整度	3	2m靠尺和塞尺检查
空腔处两板对接对缝偏差	5	钢尺检查
外墙板单边尺寸偏差	3	钢尺量一端及中部，取其中较大值
连接件位置偏差	5	钢尺检查

5）预制构件的接头和拼缝应符合设计要求。

检查数量：全数检查。

检验方法：检查施工记录及试件强度试验报告。

15.7 成 品 保 护

15.7.1 构件成型后，不得碰撞模具、外露插筋、钢筋等，不得踩踏浇筑面。

15.7.2 构件浇筑后，应按养护规定，及时覆盖，以防雨水冲刷、烈日曝晒或遭受霜冻等。

15.7.3 外露的预埋件应进行防护处理，预埋螺栓孔应进行临时封堵。

15.7.4 预制外墙板饰面砖、石材、涂刷表面可采用贴膜或用其他专用材料保护。

15.7.5 所有墙、柱、较大孔洞口、楼梯踏步、拼接薄弱部位，在拆模后应及时做好角部保护。

15.7.6 预制外墙板在制作、安装过程及安装完毕后，门、窗框应采取覆膜、封板等保护措施。

15.7.7 在各施工阶段均应对预制构件成品采取有效的保护措施。

15.8 安全环保措施

15.8.1 安全措施

1 在预制构件制作、运输及安装中，特种作业人员应持证上岗。

2 编制专项施工方案应包括预制构件制作、运输及安装等各阶段的安全措施等内容。

3 预制构件运输时应采取固定措施，防止构件移动或倾倒。

4 吊运预制构件时，下方禁止站人；构件就位固定后，方可脱钩；脱钩人员应使用专用梯子，并在楼层内操作。

5 高处吊装作业时，严禁攀爬预制构件，不得在构件顶面上行走。

6 操作人员在楼层内进行操作时，应佩戴安全带并有效固定。

7 当预制构件吊至操作层时，操作人员应在楼层内用专用工具将构件上系扣的缆风绳牵引至楼层内。

8 遇到雨、雪、雾天气，或者风力大于 6 级时，严禁吊装作业。

15.8.2 环境保护措施

1 预制构件制作中，宜对各类废弃物及养护用水进行处理并循环利用。

2 预制构件的运输应合理选择运输车辆，并保持车辆整洁。

3 预制构件的接缝、填充材料不应采用有毒、有害材料。

4 预制构件安装施工中，应制定各类废弃物的处置方案，严禁随意丢弃。

15.9 质 量 记 录

15.9.1 装配式结构分项工程施工质量验收时，应提供下列文件和记录：

1 设计变更文件；

2 预制构件的合格证和进场复验报告；

3 预制构件性能检验报告；预制构件的参数、性能、粘接（连接）检验报告；

4 钢筋接头、埋件的试验报告；

5 叠合面及二次浇筑部分的施工记录；

6 现场淋水试验记录；

7 装配式结构安装验收记录；

8 分项工程验收及构件实体检验记录；

9 工程的重大质量问题的处理方案和验收记录；

10 其他必要的文件和记录。

15.9.2 装配式结构分项工程施工质量验收合格的规定应按本规程第 14.12.2 条的相应规定执行。

15.9.3 装配式结构子分部工程施工质量验收合格后，应将所有的验收文件存档备案。

15.9.4 装配式结构分项工程施工质量验收时，应按《四川省工程建设统一用表》的规定提供有关质量验收记录。

16 泵送混凝土

16.1 一般规定

16.1.1 适用范围

适用于采用泵送工艺输送和浇筑预拌混凝土和现场搅拌混凝土施工。

16.1.2 材料要求

1 配制泵送混凝土宜选用硅酸盐水泥、普通硅酸盐水泥、矿渣硅酸盐水泥和粉煤灰硅酸盐水泥。

2 粗骨料宜采用连续级配,针片状颗粒含量不宜大于 10%。粗骨料的最大公称粒径与输送管径之比宜符合表 16.1.2 的规定。

表 16.1.2 粗骨料的最大公称粒径与输送管径之比

粗骨料品种	泵送高度/m	粗骨料最大公称粒径与输送管径之比
碎 石	< 50	≤1:3.0
	50 ~ 100	≤1:4.0
	> 100	≤1:5.0
卵 石	< 50	≤1:2.5
	50 ~ 100	≤1:3.0
	> 100	≤1:4.0

3 细骨料宜采用中砂,通过公称直径为 315 μm 筛孔的颗粒含量不宜少于 15%。

4 泵送混凝土掺用的外加剂,应符合国家现行标准《混凝土外加剂》GB 8076、《混凝土泵送剂》JC 473、《混凝土外加剂应用技术规范》GB 50119 和《预拌混凝土》GB/T 14902 的有关规定。

    5 泵送混凝土宜掺适量粉煤灰，并应符合国家现行标准《用于水泥和混凝土中的粉煤灰》GB 1596 和《预拌混凝土》GB/T 14902 的有关规定。

16.1.3 泵送混凝土的胶凝材料用量不宜小于 300 kg/m³；砂率宜为 35% ~ 45%。

16.1.4 不同入泵坍落度或扩展度的混凝土，其泵送高度宜符合表 16.1.4 的规定。

表 16.1.4   混凝土入泵坍落度与泵送高度关系表

最大泵送高度/m	50	100	200	400	400 以上
入泵坍落度/mm	100 ~ 140	150 ~ 180	190 ~ 220	230 ~ 260	—
入泵扩展度/mm	—	—	—	450 ~ 590	600 ~ 740

16.1.5 泵送混凝土宜采用预拌混凝土。当需要在现场搅拌混凝土时，宜采用具有自动计量装置的集中搅拌方式，不得采用人工搅拌的混凝土进行泵送。

16.1.6 泵送混凝土施工应符合国家现行标准《混凝土泵送施工技术规程》JGJ/T 10 的规定。

16.2 混凝土性能要求

16.2.1 混凝土拌和物性能要求

    1 混凝土拌和物性能应满足设计和施工要求。混凝土拌和物性能试验方法应符合现行国家标准《普通混凝土拌合物性能试验方法标准》GB/T 50080 的有关规定；坍落度经时损失试验方法应符合现行国家标准《混凝土质量控制标准》GB 50164 的规定。

2 混凝土拌和物的稠度可采用坍落度、维勃稠度或扩展度表示。坍落度检验适用于坍落度不小于 10 mm 的混凝土拌和物，维勃稠度检验适用于维勃稠度 5～30 s 的混凝土拌和物，扩展度适用于泵送高强混凝土和自密实混凝土。坍落度、维勃稠度和扩展度的等级划分及其稠度允许偏差应分别符合表 16.2.1-1、表 16.2.1-2 和表 16.2.1.3 的规定。

表 16.2.1-1　混凝土拌和物的坍落度、维勃稠度等级划分

等　级	S1	S2	S3	S4	S5
坍落度/mm	10～40	50～90	100～150	160～210	≥220
等　级	V0	V1	V2	V3	V4
维勃稠度/s	≥31	30～21	20～11	10～6	5～3

表 16.2.1-2　混凝土拌和物的扩展度等级划分

等　级	扩展度/mm	等　级	扩展度/mm
F1	≤340	F4	490～550
F2	350～410	F5	560～620
F3	420～480	F6	≥630

表 16.2.1-3　混凝土坍落度、维勃稠度和扩展度的允许偏差

拌和物性能		允许偏差		
坍落度/mm	设计值	≤40	50～90	≥100
	允许偏差	±10	±20	±30
维勃稠度/s	设计值	≥11	10～6	≤5
	允许偏差	±3	±2	±1
扩展度/mm	设计值	≥350		
	允许偏差	±30		

注：坍落度大于 220 mm 的混凝土，可根据需要测定其坍落扩展度。

364

3 混凝土拌和物应在满足施工要求的前提下，尽可能采用较小的坍落度；泵送混凝土拌和物坍落度设计值不宜大于 180 mm。

4 泵送高强混凝土的扩展度不宜小于 500 mm；自密实混凝土的扩展度不宜小于 600 mm。

5 混凝土拌和物的坍落度经时损失不应影响混凝土的正常施工。泵送混凝土拌和物的坍落度经时损失不宜大于 30 mm/h。

6 混凝土拌和物应具有良好的和易性，并不得离析或泌水。

7 混凝土拌和物的凝结时间应满足施工要求和混凝土性能要求。

8 混凝土拌和物中水溶性氯离子最大含量应符合表16.2.1-4 的要求。混凝土拌和物中水溶性氯离子含量应按照国家现行标准《水运工程混凝土试验规程》JTJ 270 中混凝土拌和物中氯离子含量的快速测定方法或其他准确度更好的方法进行测定。

表 16.2.1-4　混凝土拌和物中水溶性氯离子最大含量
（水泥用量的质量百分比，%）

环境条件	水溶性氯离子最大含量		
	钢筋混凝土	预应力混凝土	素混凝土
干燥环境	0.30		
潮湿但不含氯离子的环境	0.20	0.06	1.00
潮湿且含有氯离子的环境、盐渍土环境	0.10		
除冰盐等侵蚀性物质的腐蚀环境	0.06		

9 掺用引气剂或引气型外加剂混凝土拌和物的含气量宜符合表 16.2.1-5 的规定。

表 16.2.1-5　混凝土含气量

粗骨料最大公称粒径/mm	混凝土含气量/%
20	≤5.5
25	≤5.0
40	≤4.5

16.2.2　混凝土力学性能要求

1　混凝土的力学性能应满足设计和施工的要求。混凝土力学性能试验方法应符合现行国家标准《普通混凝土力学性能试验方法标准》GB/T 50081 的有关规定。

2　混凝土强度等级应按立方体抗压强度标准值（MPa）划分为 C10、C15、C20、C25、C30、C35、C40、C45、C50、C55、C60、C65、C70、C75、C80、C85、C90、C95 和 C100。

3　混凝土抗压强度应按现行国家标准《混凝土强度检验评定标准》GB/T 50107 的有关规定进行检验评定，并应合格。

16.2.3　混凝土长期性能和耐久性能要求

1　混凝土的长期性能和耐久性能应满足设计要求。试验方法应符合现行国家标准《普通混凝土长期性能和耐久性能试验方法标准》GB/T 50082 的有关规定。

2　混凝土的抗冻性能、抗水渗透性能和抗硫酸盐侵蚀性能的等级划分应符合表 16.2.3-1 的规定。

表 16.2.3-1　混凝土抗冻性能、抗水渗透性能和
抗硫酸盐侵蚀性能的等级划分

快冻等级（快冻法）	抗冻标号（慢冻法）	抗渗等级	抗硫酸盐等级
F50	F250	D50	P4	KS30
F100	F300	D100	P6	KS60
F150	F350	D150	P8	KS90
F200	F400	D200	P10	KS120
>F400		>D200	P12	KS150
			>P12	>KS150

3 混凝土抗氯离子渗透性能的等级划分应符合下列规定：

1）当采用氯离子迁移系数（RCM法）划分混凝土抗氯离子渗透性能等级时，应符合表 16.2.3-2 的规定，且混凝土龄期应为 84 d；

表 16.2.3-2　混凝土抗氯离子渗透性能的等级划分（RCM 法）

等　级	RCM-Ⅰ	RCM-Ⅱ	RCM-Ⅲ	RCM-Ⅳ	RCM-Ⅴ
氯离子迁移系数 D_{RCM}（RCM法）（$\times 10^{-12} \, m^2/s$）	$D_{RCM} \geqslant 4.5$	$3.5 \leqslant D_{RCM}$ < 4.5	$2.5 \leqslant D_{RCM}$ < 3.5	$1.5 \leqslant D_{RCM}$ < 2.5	$D_{RCM} < 1.5$

2）当采用电通量划分混凝土抗氯离子渗透性能等级时，应符合表 16.2.3-3 的规定，且混凝土龄期宜为 28 d。当混凝土中水泥混合材料与矿物掺合料之和超过胶凝材料用量的 50%时，测试龄期可为 56 d。

表 16.2.3-3　混凝土抗氯离子渗透性能的等级划分（电通量法）

等　级	Q-Ⅰ	Q-Ⅱ	Q-Ⅲ	Q-Ⅳ	Q-Ⅴ
电通量 Q_s/C	$Q_s \geqslant 4\,000$	$2\,000 \leqslant Q_s <$ $4\,000$	$1\,000 \leqslant Q_s <$ $2\,000$	$500 \leqslant Q_s <$ $1\,000$	$Q_s < 500$

4 混凝土抗碳化性能等级划分应符合表 16.2.3-4 的规定。

表 16.2.3-4　混凝土抗碳化性能的等级划分

等　级	T-Ⅰ	T-Ⅱ	T-Ⅲ	T-Ⅳ	T-Ⅴ
碳化深度 d/mm	$d \geqslant 30$	$20 \leqslant d < 30$	$10 \leqslant d < 20$	$0.1 \leqslant d < 10$	$d < 0.1$

5 混凝土早期抗裂性能等级划分应符合表 16.2.3-5 的规定。

表 16.2.3-5　混凝土早期抗裂性能的等级划分

等　级	L-Ⅰ	L-Ⅱ	L-Ⅲ	L-Ⅳ	L-Ⅴ
单位面积上的总开裂面积 $C/(\text{mm}^2/\text{m}^2)$	$C \geqslant 1\,000$	$700 \leqslant C < 1\,000$	$400 \leqslant C < 700$	$100 \leqslant C < 400$	$C < 100$

6　混凝土耐久性能应按国家现行标准《混凝土耐久性检验评定标准》JGJ/T 193 的有关规定进行检验评定，并应合格。

16.3　施　工　准　备

16.3.1　技术准备

1　若采用商品混凝土，应向商品混凝土厂家提供泵送混凝土的技术要求，包括混凝土品种、供应日期、到场时间、浇筑数量、坍落度限值、外掺物名称、混凝土强度等级以及抗渗、抗冻及耐久性要求等内容。

2　编制施工技术方案，做好安全技术交底。

16.3.2　材料准备

1　商品混凝土厂家应根据施工单位提供的商品混凝土技术要求进行泵送混凝土的配合比设计和试配，并将确定的配合比报告交施工单位确认后方可进行泵送混凝土的生产。

2　若采用现场集中搅拌混凝土，材料准备可参照本规程第14.2.2 条相应规定执行。

16.3.3　主要施工机具

混凝土输送泵（地泵或车泵），发电机、混凝土输送管、布料设备，空气压缩机，混凝土振捣器，对讲机等。现场集中搅拌时，还应准备好搅拌机、散装水泥贮存罐、磅秤（或自动计量设备）等。

16.3.4　作业条件

1 混凝土泵的操作人员应经培训考核合格，方能上岗操作。

2 泵送浇灌通道应架设完毕，并办理完成预检、隐检等各种验收。

3 泵送作业时，模板及其支撑应有足够的强度、刚度和稳定性并经验收合格。

4 按所用混凝土泵使用说明书的规定进行全面检查，泵机空载运行一段时间，观察工作状态是否正常，正常后方能泵送混凝土。

16.4 施 工 工 艺

16.4.1 工艺流程

泵送设备及管道的选择与布置→混凝土搅拌→混凝土运送→布料与泵送→混凝土浇筑→混凝土养护

16.4.2 泵送混凝土的配合比

1 泵送混凝土应根据混凝土原材料、外加剂、混凝土运输距离、混凝土泵与混凝土输送管径、泵送距离、泵送高度、气温等具体施工条件进行配合比设计和试配。必要时，应通过试泵送确定泵送混凝土的配合比。

2 混凝土拌和物的坍落度应在搅拌地点和浇筑地点分别取样检测，每一工作班不应少于一次，评定时应以浇筑地点的为准。在检测坍落度时，还应观察混凝土拌和物的黏聚性和保水性。

16.4.3 泵送混凝土的搅拌

1 拌制泵送混凝土的搅拌机应采用国家现行标准《混凝土搅拌机》GB/T 9142 规定的固定式搅拌机。

2 原材料搅拌时的计量应采用电子计量设备。计量设备的精度应符合现行国家标准《混凝土搅拌站（楼）》GB/T 10171 的有关规定，应具有法定计量部门签发的有效检定证书，并应定期校验。混凝土生产单位每月应自检一次；每一工作班开始前，应对计量设备进行零点校准。

3 原材料搅拌时的计量允许偏差不应大于本规程第 14.3.2 条第 6 款的规定，并应每班检查一次。

4 混凝土搅拌的最短时间应符合下列规定：

1）当采用搅拌运输车运送混凝土时，其搅拌的最短时间应符合设备说明书的要求，并且每盘搅拌时间（从全部材料投完算起）不应低于 30 s；当采用引气剂、膨胀剂和粉状外加剂时应适当延长搅拌时间；

2）当采用翻斗车运送混凝土时，应适当延长搅拌时间。

5 拌制高强泵送混凝土时，应根据现场具体情况增加坍落度和坍落度经时损失的检测频率，并做好相应记录。

6 每次搅拌混凝土前，应在搅拌机控制台旁标明水泥品种、混凝土配合比以及每盘混凝土各组成材料的实际用量。在改变混凝土品种及交接班时，应有专人予以核对。

7 不宜在同一时间段内，用同一搅拌机交叉拌制不同配合比的混凝土。

16.4.4 泵送混凝土的运输

1 泵送混凝土宜采用搅拌运输车运送，翻斗车仅限于运送坍落度小于 80 mm 的混凝土拌和物。

2 泵送混凝土的供应，应根据技术要求、施工进度、运输条件以及混凝土浇筑量等因素编制供应方案。混凝土的供应过程应加强通信联络、调度，确保连续均衡供应，不得大量压车。

3 搅拌运输车的数量应满足混凝土泵输出量和混凝土浇筑

的工艺要求,其计算方法应符合本规程第 18.4.2 条第 5 款的规定。

4 混凝土在运送、输送和浇筑过程中,不得加水。

5 搅拌运输车应保持清洁,装料前,应反转倒清筒体内积水、积浆,运输结束后应及时清洗。

6 混凝土的运送时间系指从混凝土由搅拌机卸入运输车开始至该运输车开始卸料为止。运送时间应满足合同规定,当合同未作规定时,采用搅拌运输车运送的混凝土,宜在 1.5 h 内卸料;采用翻斗车运送的混凝土,应在 45 min 内卸料。如需延长运送时间,则应采取相应的有效技术措施,并应通过试验验证。

7 当需要在卸料前掺入外加剂时,外加剂掺入后搅拌运输车应快速进行搅拌,搅拌的时间及外加剂掺量应由试验确定。

8 混凝土搅拌运输车向混凝土泵卸料时,应符合下列规定:

1)卸料前应高速旋转搅拌筒,使混凝土拌和均匀;

2)卸料时,应配合泵送过程均匀反向旋转拌筒向集料斗内卸料,且应使混凝土保持在集料斗内高度标志线以上;

3)中断卸料作业时,应保持搅拌筒低转速搅拌混凝土;

4)泵送混凝土卸料作业应由具备相应能力的专职人员操作。

9 混凝土搅拌运输车的施工现场行驶道路,应符合下列规定:

1)宜设置环形车道,并应满足重车行驶要求;

2)车辆出入口处,宜设交通安全指挥人员;

3)夜间施工时,现场交通出入口和运输道路上应有良好照明,危险区域应设安全标志。

16.4.5 泵送设备及管道的选择与布置

1 混凝土泵的选型,应根据混凝土输送管路系统布置方案及浇筑工程量、浇筑进度以及混凝土坍落度、设备状况等施工技术条件确定。

2 混凝土泵设置处，应场地平整坚实，道路畅通，供料方便，距离浇筑地点近，便于配管，接近排水设施和供水、供电方便。在混凝土泵车或布料设备的水平旋转范围内，不得有任何障碍物和高压线等危险物。

3 混凝土泵不宜采用接力输送的方式。当必须采用接力泵输送混凝土时，接力泵的设置位置应使上、下泵的输送能力匹配。对设置接力泵的结构部位应进行承载力验算，必要时应采取加固措施。

4 混凝土泵集料斗应设置网筛。

5 混凝土输送管应根据工程特点、施工现场条件、混凝土浇筑方案等进行合理选型和布置。输送管布置宜平直，宜减少管道弯头用量。混凝土输送管应有出厂合格证。

6 混凝土输送管规格应根据粗骨料最大粒径、混凝土输出量和输送距离以及拌和物性能等进行选择，宜符合表 16.4.5 的规定，并应符合现行国家标准《无缝钢管尺寸、外形、重量及允许偏差》GB/T 17395 的有关规定。

表 16.4.5　混凝土输送管最小内径要求

粗骨料最大粒径/mm	输送管最小内径/mm
25	125
40	150

7 混凝土输送管强度应满足泵送要求，不得有龟裂、孔洞、凹凸损伤和弯折等缺陷。应根据最大泵送压力计算出最小壁厚值。

8 输送管接头应具有足够的强度，并能快速装拆，其密封结构应严密可靠。

9 同一管路宜采用相同管径的输送管，除终端出口处外，不得采用软管。

10 垂直向上配管时，地面水平管折算长度不宜小于垂直管长度的 1/5，且不宜小于 15 m；垂直泵送高度超过 100 m 时，混凝土泵机出料口处应设置截止阀。

11 倾斜或垂直向下泵送施工时，且高差大于 20 m 时，应在倾斜或垂直管下端设置弯管或水平管，弯管和水平管折算长度不宜小于 1.5 倍高差。

12 混凝土输送管的固定应可靠稳定。用于水平输送的管路应采用支架固定；用于垂直输送的管路支架应与结构牢固连接。支架不得支承在脚手架或模板支架上，并应符合下列规定：

1）水平管的固定支撑宜具有一定离地高度；

2）每根垂直管应有两个或两个以上固定点；

3）如现场条件受限，可另搭设专用支承架；

4）垂直管下端的弯管不应作为支承点使用，宜设钢支撑承受垂直管重量；

5）应严格按要求安装接口密封圈，管道接头处不得漏浆。

13 布料设备的选择与布置应根据浇筑混凝土的平面尺寸、配管、布料半径等要求确定，并应与混凝土输送泵相匹配。

14 布料设备的输送管最小内径应符合本规程表 16.4.5 的规定。

15 布料设备的作业半径宜覆盖整个混凝土浇筑范围。

16 布料设备不得支承在脚手架或模板支架上，宜设置钢支撑将其架空。

16.4.6 混凝土的泵送

1 混凝土泵送施工现场，应配备通信联络设备，并应设专门的指挥和组织施工的调度人员。

2 当多台混凝土泵同时泵送或与其他输送方法组合输送混凝土时，应分工明确、互相配合、统一指挥。

3 炎热季节或冬期施工时，应采取专门技术措施。冬期施工尚应符合国家现行标准《建筑工程冬期施工规程》JGJ/T 104的有关规定。

4 混凝土泵的操作应严格按照使用说明书和操作规程进行。

5 泵送混凝土时，混凝土泵的支腿应伸出调平并插好安全销，支腿支撑应牢固。

6 混凝土泵与输送管连通后，应对其进行全面检查。混凝土泵送前应进行空载试运转。

7 混凝土泵送施工前应检查混凝土送料单，核对配合比，检查坍落度，必要时还应检测混凝土扩展度。在确认无误后方可进行混凝土泵送。

8 泵送混凝土的入泵坍落度不宜小于 100 mm，对强度等级超过 C60 的泵送混凝土，其入泵坍落度不宜小于 180 mm。

9 混凝土泵启动后，应先泵送适量清水以湿润混凝土泵的料斗、活塞及输送管的内壁等直接与混凝土接触部位。泵送完毕后，应清除泵内积水。

10 经泵送清水检查，确认混凝土泵和输送管中无异物后，应选用下列浆液中的一种润滑混凝土泵和输送管内壁：

1）水泥净浆；

2）1：2水泥砂浆；

3）与混凝土内除粗骨料外的其他成分相同配合比的水泥砂浆。

润滑用浆料泵出后应妥善回收，不得作为结构混凝土用。

11 开始泵送时，混凝土泵应处于匀速缓慢运行并随时可反泵的状态。泵送速度应先慢后快，逐步加速。同时，应观察混凝土泵的压力和各系统的工作情况，待各系统运转正常后，方可以正常速度进行泵送。

12 泵送混凝土时，应保证水箱或活塞清洗室中水量充足。

13 混凝土泵送宜连续进行。混凝土运输、输送、浇筑及间歇的全部时间不应超过国家现行标准的有关规定；如超过规定时间，应临时设置施工缝，继续浇筑混凝土，应按施工缝要求处理。

14 在混凝土泵送过程中，如需加接输送管，应预先对新接管道内壁进行湿润。

15 当混凝土泵出现压力升高且不稳定、油温升高、输送管明显振动等现象而泵送困难时，不得强行泵送，并应立即查明原因，采取措施排除故障。

16 当输送管堵塞时，应及时拆除管道，排除堵塞物。拆除的管道重新安装前应湿润。

17 当混凝土供应不及时，宜采取间歇泵送方式，放慢泵送速度。间歇泵送可采用每隔 4~5 min 进行两个行程反泵，再进行两个行程正泵的泵送方式。

18 向下泵送混凝土时，应采取措施排除管内空气。

19 泵送完毕时，应及时将混凝土泵和输送管清洗干净。

16.4.7 泵送混凝土的浇筑

1 当多台混凝土泵同时泵送或与其他输送方法组合输送混凝土时，应根据各自的输送能力，规定浇筑区域和浇筑顺序。

2 应有效控制混凝土的均匀性和密实性，混凝土应连续浇筑使其成为连续的整体。

3 泵送浇筑应预先采取措施避免造成模板内钢筋、预埋件及其定位件移动。

4 混凝土的浇筑顺序，应符合下列规定：

1）当采用输送管输送混凝土时，宜由远而近浇筑，并在浇筑中逐渐卸管；当采用混凝土泵车浇筑时，可由中间向两端或两端向中间对称浇筑。

2）同一区域的混凝土，应按先竖向结构后水平结构的顺序分层连续浇筑；当浇筑不同标高平面的混凝土时，应先浇筑标高低的混凝土，后浇筑标高高的混凝土；当浇筑不同强度等级混凝土时，应先浇筑高强度等级混凝土，后浇筑低强度等级混凝土。

5 混凝土的布料方法，应符合下列规定：

1）混凝土输送管末端出料口宜接近浇筑位置。浇筑竖向结构混凝土，布料设备的出口离模板内侧面不应小于 50 mm。应采取减缓混凝土下料冲击的措施，保证混凝土不发生离析。

2）浇筑水平结构混凝土，不应在同一处连续布料，应水平移动分散布料。

6 混凝土浇筑分层厚度，宜为 300~500 mm。当水平结构的混凝土浇筑厚度超过 500 mm 时，可按 1:6~1:10 坡度分层浇筑，且上层混凝土，应超前覆盖下层混凝土 500 mm 以上。在浇筑楼板混凝土时，其堆料厚度宜为 200～300 mm；浇筑梁混凝土时，其堆料厚度宜为 300～500 mm。

7 振捣混凝土时，振动棒移动间距宜为 400 mm 左右，振捣时间宜为 15～30 s，如有必要应根据现场情况隔 20～30 min 后，进行第二次复振。

8 对于有预留洞、预埋件和钢筋太密的部位，应预先制定技术措施，确保顺利布料和振捣密实。当发现混凝土有不密实现象，应立即采取措施予以补救。

9 梁、板混凝土每振捣完一段，应随即用木抹子压实、抹平（必要时，可用铁滚筒滚压）。泵送混凝土收面宜采用二次收面，防止泵送混凝土表面龟裂。

10 泵送和清洗过程中产生的废弃混凝土或清洗残余物不得用于结构部位。

16.4.8 混凝土养护

泵送混凝土养护除应符合本规程第 14.3.11 条的规定外，对于大体积混凝土和寒冷地区施工的混凝土养护还应符合国家现行有关标准的规定。

16.5 质 量 标 准

16.5.1 泵送混凝土施工应建立质量控制保证体系，制定保证质量的技术措施。

16.5.2 泵送混凝土的原材料及其储存、计量应符合现行国家标准《预拌混凝土》GB/T 14902 的有关规定，原材料的储备量应满足泵送要求。

16.5.3 泵送混凝土质量应符合现行国家标准《混凝土结构工程施工质量验收规范》GB 50204 和《预拌混凝土》GB/T 14902 的有关规定。

16.5.4 泵送混凝土的质量控制除应符合现行国家标准《预拌混凝土》GB/T 14902 的相关规定外，尚应符合下列规定：

1 泵送混凝土的可泵性试验，可按现行国家标准《普通混凝土拌和物性能试验方法标准》GB/T 50080 有关压力泌水试验的方法进行检测，10 s 时的相对压力泌水率不宜大于 40%。

2 混凝土强度的检验评定，应符合现行国家标准《混凝土强度检验评定标准》GB/T 50107 的规定。

16.5.5 出泵混凝土的质量检查，应按现行国家标准《混凝土结构工程施工质量验收规范》GB 50204 的有关规定进行。用作评定结构或构件混凝土强度质量的试件，应在浇筑地点取样、制作，且混凝土的取样、试件制作、养护和试验均应符合现行国家标准《混凝土强度检验评定标准》GB/T 50107 的规定。

16.5.6 预拌混凝土检验规则

1 预拌混凝土质量检验分出厂检验和交货检验。出厂检验的取样和试验工作应由供方承担；交货检验的取样和试验工作应由需方承担，当需方不具备试验和人员的技术资质时，供需双方可协商确定并委托有检验资质的单位承担，并应在合同中予以明确。

2 交货检验的试验结果应在试验结束后 10 d 内通知供方。

3 预拌混凝土质量验收应以交货检验结果作为依据。

4 预拌混凝土检验项目：常规品应检验混凝土强度、拌和物坍落度和设计要求的耐久性能；掺有引气型外加剂的混凝土还应检验拌和物的含气量。特制品除应检验常规品所应检验的项目外，还应按国家现行有关标准和合同规定检验其他项目。

注：常规品是指除特制品以外的普通混凝土（代号 A），强度等级代号 C。特制品（代号 B），包括混凝土的种类及其代号为：高强混凝土（代号 H），强度等级代号 C；自密实混凝土（代号 S），强度等级代号 C；纤维混凝土（代号 F），强度等级代号 C（合成纤维混凝土）、CF（钢纤维混凝土）；轻骨料混凝土（代号 L），强度等级代号 LC；重混凝土（代号 W），强度等级代号 C。

5 取样与检验频率：

1）混凝土出厂检验应在搅拌地点取样；混凝土交货检验应在交货地点取样，交货检验试样应随机从同一运输车卸料量的 1/4 至 3/4 之间抽取。

2）混凝土交货检验取样及坍落度试验应在混凝土运到交货地点时开始算起 20 min 内完成，试件制作应在混凝土运到交货地点时开始算起 40 min 内完成。

3）出厂检验时，每 100 盘相同配合比的混凝土取样不应少于 1 次；每一个工作班相同配合比的混凝土不足 100 盘时，取样不得少于 1 次；每次取样应至少进行一组试验。

4）交货检验的取样频率应符合《混凝土强度检验评定标准》GB/T 50107 的规定。

5）混凝土坍落度检验的取样频率应与强度检验的取样频率相同。

6）同一配合比混凝土拌和物中的水溶性氯离子含量检验应至少取样检验 1 次。

7）混凝土耐久性能检验的取样频率应符合《混凝土耐久性检验评定标准》JGJ/T 193 的规定。

8）混凝土的含气量、扩展度及其他项目检验的取样频率应符合国家现行有关标准和合同的规定。

16.6 安全环保措施

16.6.1 安全措施

1 混凝土输送泵及布料设备在转移、安装固定、使用时，应严格按照安装使用说明书和国家现行有关标准的规定进行安装和操作。

2 对安装于垂直管下端钢支撑、布料设备及接力泵的结构部位应进行承载力验算，必要时应采取加固措施。布料设备尚应验算其使用状态的抗倾覆稳定性。

3 在有人员通过之处的高压管段、距混凝土泵出口较近的弯管，宜设置安全防护设施。

4 当输送管发生堵塞而需拆卸管夹时，应先对堵塞部位混凝土进行卸压，混凝土彻底卸压后方可进行拆卸。为防止混凝土突然喷射伤人，拆卸人员不应直接面对输送管管夹进行拆卸。

5 排除堵塞后重新泵送或清洗混凝土泵时，末端输送管的出口应固定，并应朝向安全方向。

6 应定期检查输送管道和布料管道的磨损情况，弯头部位应重点检查，对磨损较大、不符合使用要求的管道应及时更换。

7 在布料设备的作业范围内，不得有高压线或影响作业的障碍物。布料设备与塔吊和升降机械设备不得在同一范围内作业，施工过程中应进行监护。

8 应控制布料设备出料口位置，避免超出施工区域，必要时应采取安全防护设施，防止出料口混凝土坠落。

9 布料设备在出现雷雨、风力大于 6 级等恶劣天气时，不得作业。

16.6.2 环境保护措施

1 施工现场的混凝土运输通道，或现场拌制混凝土区域，宜采取有效的扬尘控制措施。

2 设备油液不能直接泄漏在地面上，应使用容器收集并妥善处理。

3 废旧油品、更换的油液过滤器滤芯等废物应集中清理，不得随地丢弃。

4 设备废弃的电池、塑料制品、轮胎等对环境有害的零部件，应分类回收，依据相关规定处理。

5 设备在居民区施工作业时，应采取降噪措施。搅拌、泵送、振捣等作业的允许噪声，昼间为 70 dB(A 声级)，夜间为 55 dB (A 声级)。

6 输送管的清洗，应采用有利于节水节能、减少排污量的清洗方法。

7 泵送和清洗过程中产生的废弃混凝土或清洗残余物，应按预先确定的处理方法和场所，及时进行妥善处理，并不得将其用于未浇筑的结构部位中。

16.7 质量记录

16.7.1 泵送混凝土施工质量验收时，应按本规程第 14.12.1 条的相应规定提供有关文件和记录。

16.7.2 泵送混凝土施工质量验收时，应按《四川省工程建设统一用表》的规定提供有关质量验收记录。

17 高强混凝土

17.1 一般规定

17.1.1 适用范围

适用于配制和浇筑强度等级为 C60 及其以上的混凝土。

17.1.2 高强混凝土的拌和物性能、力学性能、耐久性能和长期性能应满足设计和施工的要求。

17.1.3 高强混凝土应采用预拌混凝土，其标记应符合现行国家标准《预拌混凝土》GB/T 14902 的规定。

17.1.4 强度等级不小于 C60 的纤维混凝土、补偿收缩混凝土、清水混凝土和大体积混凝土除应符合国家现行标准《高强混凝土应用技术规程》JGJ/T 281 的规定外，还应分别符合国家现行标准《纤维混凝土应用技术规程》JGJ/T 221、《补偿收缩混凝土应用技术规程》JGJ/T 178、《清水混凝土应用技术规程》JGJ 169 和《大体积混凝土施工规范》GB 50496 的规定。

17.1.5 当施工难度大的重要工程结构采用高强混凝土时，生产和施工前宜进行实体模拟试验。

17.1.6 对有预防混凝土碱骨料反应设计要求的高强混凝土工程结构，尚应符合现行国家标准《预防混凝土碱骨料反应技术规范》GB/T 50733 的规定。

17.1.7 材料要求

1 水泥：

1）配制高强混凝土宜选用硅酸盐水泥或普通硅酸盐水泥。水泥应符合现行国家标准《通用硅酸盐水泥》GB 175 的规定。

2）配制 C80 及以上强度等级的混凝土时，水泥 28 d 胶砂强度不宜低于 50 MPa。

3）对于有预防混凝土碱骨料反应设计要求的高强混凝土工程，宜采用碱含量低于 0.6% 的水泥。

4）水泥中氯离子含量不应大于 0.03%。

5）配制高强混凝土不得采用结块的水泥，也不宜采用出厂超过 3 个月的水泥。

6）生产高强混凝土时，水泥温度不宜高于 60 ℃。

2　细骨料：

1）细骨料应符合国家现行标准《普通混凝土用砂、石质量及检验方法标准》JGJ 52 和《人工砂混凝土应用技术规程》JGJ/T 241 的规定。

2）细骨料宜采用质地坚硬、级配良好的河砂，细度模数为 2.6~3.0 的 Ⅱ 区中砂，含泥量不应大于 2.0%，泥块含量不应大于 0.5%。

3）当采用人工砂时，石粉亚甲蓝（MB）值应小于 1.4，石粉含量不应大于 5%，压碎指标值应小于 25%。

4）高强混凝土用砂宜为非碱活性。

5）高强混凝土不宜采用再生细骨料。

3　粗骨料：

1）粗骨料应符合国家现行标准《普通混凝土用砂、石质量及检验方法标准》JGJ 52 的规定。

2）岩石抗压强度应比混凝土强度等级标准值高 30%。

3）粗骨料应采用质地坚硬、级配良好的石灰岩、花岗岩、辉绿岩等碎石。粗骨料应连续级配，最大公称粒径不宜大于 25 mm，含泥量不应大于 0.5%，泥块含量不应大于 0.2%。针片状颗粒含量不宜大于 5%，且不应大于 8%。

4）高强混凝土用粗骨料宜为非碱活性。

5）高强混凝土不宜采用再生粗骨料。

4 拌和用水：

1）高强混凝土拌合用水应符合国家现行标准《混凝土用水标准》JGJ 63 的规定。

2）混凝土搅拌与运输设备洗刷水不宜用于高强混凝土。

5 外加剂：

1）外加剂应符合现行国家标准《混凝土外加剂》GB 8076和《混凝土外加剂应用技术规范》GB 50119 的规定。

2）配制高强混凝土宜采用高性能减水剂；配制 C80 及以上强度等级混凝土时，高性能减水剂的减水率不宜小于 28%。

3）外加剂应与水泥和矿物掺合料有良好的适应性，并应经试验验证。

4）补偿收缩高强混凝土宜采用膨胀剂，膨胀剂及其应用应符合国家现行标准《混凝土膨胀剂》GB 23439 和《补偿收缩混凝土应用技术规程》JGJ/T 178 的规定。

5）高强混凝土冬期施工可采用防冻剂，防冻剂应符合国家现行标准《混凝土防冻剂》JC 475 的规定。

6）高强混凝土不应采用受潮结块的粉状外加剂，液态外加剂应储存在密闭容器内，并应防晒和防冻，当有沉淀等异常现象时，应经检验合格后使用。

6 矿物掺合料：

1）用于高强混凝土的矿物掺合料可包括粉煤灰、粒化高炉矿渣粉、硅灰、钢渣粉和磷渣粉。粉煤灰应符合现行国家标准《用于水泥和混凝土中的粉煤灰》GB/T 1596 的规定，粒化高炉矿渣粉应符合现行国家标准《用于水泥和混凝土中的粒化高炉矿渣粉》GB/T 18046 的规定，钢渣粉应符合现行国家标准《用于水泥和混凝土中的钢渣粉》GB/T 20491 的规定，磷渣粉应符合国家现行标准《混凝土用粒化电炉磷渣粉》JG/T 317 的规定，硅灰应符合现行国家标准《高强高性能混凝土用矿物外加剂》GB/T 18736 的规定。

2）配制高强混凝土宜采用Ⅰ级或Ⅱ级的 F 类粉煤灰。

3）配制 C80 及以上强度等级的高强混凝土掺用粒化高炉矿渣粉时，粒化高炉矿渣粉不宜低于 S95 级。

4）配制 C80 及以上强度等级的高强混凝土掺用硅灰时，硅灰的 SiO_2 含量宜大于 90%，比表面积不宜小于 $15 \times 10^3 \ m^2/kg$。

5）钢渣粉和粒化电炉磷渣粉宜用于强度等级不大于 C80 的高强混凝土，并应经过试验验证。

6）矿物掺合料的放射性应符合现行国家标准《建筑材料放射性核素限量》GB 6566 的有关规定。

17.2 高强混凝土性能要求

17.2.1 拌和物性能要求

1 泵送高强混凝土拌和物的坍落度、扩展度、倒置坍落度筒排空时间和坍落度经时损失宜符合表 17.2.1-1 的规定。

表 17.2.1-1 泵送高强混凝土拌和物的坍落度、扩展度、倒置坍落度筒排空时间和坍落度经时损失

项　　目	技　术　要　求
坍落度/mm	≥220
扩展度/mm	≥500
倒置坍落度筒排空时间/s	>5 且 <20
坍落度经时损失/mm·h^{-1}	≤10

2 非泵送高强混凝土拌和物的坍落度宜符合表 17.2.1-2 的规定。

表 17.2.1-2　非泵送高强混凝土拌和物的坍落度

项　目	技术要求	
	搅拌罐车运送	翻斗车运送
坍落度/mm	110～160	50～90

3 高强混凝土拌和物不应离析和泌水，凝结时间应满足施工要求。

4 高强混凝土拌和物的坍落度、扩展度和凝结时间的试验方法应符合现行国家标准《普通混凝土拌和物性能试验方法标准》GB/T 50080 的规定；坍落度经时损失试验方法应符合现行国家标准《混凝土质量控制标准》GB 50164 的规定；倒置坍落度筒排空试验方法应符合本规程附录 H 的规定。

17.2.2　力学性能要求

1 高强混凝土的强度等级应按立方体抗压强度标准值划分为 C60、C65、C70、C75、C80、C85、C90、C95 和 C100。

2 高强混凝土力学性能试验方法应符合现行国家标准《普通混凝土力学性能试验方法标准》GB/T 50081 的规定。

17.2.3　长期性能和耐久性能要求

1 高强混凝土的抗冻、抗硫酸盐侵蚀、抗氯离子渗透、抗碳化和抗裂等耐久性能等级划分应符合国家现行标准《混凝土质量控制标准》GB 50164 和《混凝土耐久性检验评定标准》JGJ/T 193 的规定。

2 高强混凝土早期抗裂试验的单位面积的总开裂面积不宜大于 700 mm²/m²。

3 用于受氯离子侵蚀环境条件的高强混凝土的抗氯离子渗

透性能宜满足电通量不大于 1 000C 或氯离子迁移系数（D_{RCM}）不大于 1.5×10^{-12} m²/s 的要求；用于盐冻环境条件的高强混凝土的抗冻等级不宜小于 F350。

4 高强混凝土长期性能与耐久性能的试验方法应符合现行国家标准《普通混凝土长期性能和耐久性能试验方法标准》GB/T 50082 的规定。

17.3 施 工 准 备

17.3.1 技术准备

1 熟悉图纸，编制高强混凝土专项施工技术方案，对施工班组进行详细的安全技术交底。

2 委托有资质的试验室进行混凝土配合比设计和试配，高强混凝土应进行模拟生产试验，经重复验证后，方可应用于工程。

17.3.2 材料准备

1 各种原材料贮存应符合下列规定：

1）水泥应按品种、强度等级和生产厂家分别贮存，不得与矿物掺合料等其他粉状料相混、并应防止受潮；

2）骨料应按品种、规格分别堆放，堆场应采用能排水的硬质地面，并应有遮雨防尘措施；

3）矿物掺合料应按品种、质量等级和产地分别贮存，不得与水泥等其他粉状料相混，并应有防雨防潮措施；

4）外加剂应按品种和生产厂家分别贮存。粉状外加剂应防止受潮结块；液态外加剂应贮存在密闭容器内，并应防晒和防冻，使用前应搅拌均匀。

2 各种原材料贮存处应有明显标识。

17.3.3 作业条件

可参照本规程第 14.2.4 条的相应规定执行。

17.4 施工工艺

17.4.1 工艺流程

混凝土配合比设计、试配与调整→混凝土搅拌→混凝土运输→混凝土浇筑→混凝土养护

17.4.2 混凝土配合比设计、试配与调整

1 高强混凝土必须由有资质的试验室进行配合比设计和试配，并按混凝土试验任务委托单的要求下达配合比通知单。

2 高强混凝土配合比设计应符合国家现行标准《普通混凝土配合比设计规程》JGJ 55 的规定，并应满足设计和施工要求。

3 高强混凝土配制强度应按下式确定：

$$f_{cu,0} \geqslant 1.15 f_{cu,k} \qquad (17.4.2)$$

式中　$f_{cu,0}$——混凝土配制强度（MPa）；

　　　$f_{cu,k}$——混凝土立方体抗压强度标准值（MPa）。

4 高强混凝土配合比应经试验确定，在缺乏试验依据的情况下宜符合下列规定：

1）水胶比、胶凝材料用量和砂率可按表 17.4.2 选取，并应经试配确定。

表 17.4.2　水胶比、胶凝材料用量和砂率

强度等级	水胶比	胶凝材料用量 /kg·m^{-3}	砂率/%
≥C60，＜C80	0.28～0.34	480～560	
≥C80，＜C100	0.26～0.28	520～580	35～42
C100	0.24～0.26	550～600	

2）外加剂和矿物掺合料的品种、掺量，应通过试配确定；矿物掺合料掺量宜为 25%～40%；硅灰掺量不宜大于 10%。

5 对于有预防混凝土碱骨料反应设计要求的工程，高强混凝土中最大碱含量不应大于 3.0 kg/m³；粉煤灰的碱含量可取实测值的 1/6，粒化高炉矿渣粉和硅灰的碱含量可分别取实测值的 1/2。

6 配合比试配应采用工程实际使用的原材料，进行混凝土拌和物性能、力学性能和耐久性能试验，试验结果应满足设计和施工要求。

7 大体积高强混凝土配合比试配和调整时，宜控制混凝土绝热温升不大于 50 ℃。

8 高强混凝土设计配合比应在生产和施工前进行适应性调整，应以调整后的配合比作为施工配合比。

9 高强混凝土生产过程中，应及时测定粗、细骨料的含水率，并应根据其变化情况及时调整称量。

17.4.3 混凝土搅拌

1 原材料计量应采用电子计量设备，其精度应符合现行国家标准《混凝土搅拌站（楼）》GB/T 10171 的规定。每一工作班开始前，应对计量设备进行零点校核。

2 原材料的计量允许偏差应符合表 17.4.3-1 的规定，并应每班检查 1 次。

表 17.4.3-1　原材料的计量允许偏差（按质量计，%）

原材料品种	水泥	骨料	水	外加剂	掺合料
每盘计量允许偏差	±2	±3	±1	±1	±2
累计计量允许偏差	±1	±2	±1	±1	±1

注：累计计量允许偏差是指每一运输车中各盘混凝土的每种材料计量和的偏差。

3 在原材料计量过程中，应根据粗、细骨料含水率的变化及时调整水和粗、细骨料的称量。

4 高强混凝土采用的搅拌机应符合现行国家标准《混凝土搅拌站（楼）》GB/T 10171 的规定，宜采用双卧轴强制式搅拌机，搅拌时间宜符合表 17.4.3-2 的规定。

表 17.4.3-2　高强混凝土搅拌时间

混凝土强度等级	施工工艺	搅拌时间/s
C60 ~ C80	泵送	60 ~ 80
	非泵送	90 ~ 120
> C80	泵送	90 ~ 120
	非泵送	≥120

5 当高强混凝土掺用纤维、粉状外加剂时，搅拌时间宜按表 17.4.3-2 的搅拌时间适当延长，延长时间不宜少于 30 s；也可先将纤维、粉状外加剂和其他干料投入搅拌机干拌不少于 30 s，然后再加水按表 17.4.3-2 的搅拌时间进行搅拌。

6 清洁过的搅拌机搅拌第一盘高强混凝土时，宜分别增加 10%水泥用量、10%砂子用量和适量外加剂，相应调整用水量，保持水胶比不变，补偿搅拌机容器挂浆造成的混凝土拌和物中的砂浆损失；未清理过的搅拌高水胶比混凝土的搅拌机用来搅拌高强混凝土时，该盘混凝土宜增加适量水泥和外加剂，且水胶比不应增大。

7 搅拌应保证高强混凝土拌和物质量均匀，同一盘混凝土的搅拌匀质性应符合现行国家标准《混凝土质量控制标准》GB 50164 的有关规定。

17.4.4 混凝土运输

1 运输高强混凝土的搅拌运输车应符合国家现行标准《混凝土搅拌运输车》JG/T 5094 的规定；翻斗车应仅限用于现场运送坍落度小于 90 mm 的混凝土拌和物。

2 搅拌运输车装料前，搅拌罐内应无积水或积浆。

3 高强混凝土从搅拌机装入搅拌运输车至卸料时的时间不宜大于 90 min；当采用翻斗车时，运输时间不宜大于 45 min；运输应保证混凝土浇筑的连续性。

4 搅拌运输车到达浇筑现场时，应使搅拌罐高速旋转 20 ~ 30 s 后再将混凝土拌和物卸出。当混凝土拌和物因稠度原因出罐困难而掺加减水剂时，应符合下列规定：

1）应采用同品种减水剂；

2）减水剂掺量应有经试验确定的预案；

3）减水剂掺入混凝土拌和物后，应使搅拌罐高速旋转不少于 90 s。

5 在高强混凝土拌和物的运输和浇筑过程中，严禁往拌和物中加水。

6 对运至现场的混凝土拌和物的性能应进行严格的测定。

17.4.5 混凝土浇筑

1 高强混凝土浇筑前，应检查模板支撑的稳定性以及接缝的密合情况，并应保证模板在混凝土浇筑过程中不失稳、不跑模、不漏浆。天气炎热时，宜采取遮挡措施避免阳光照射金属模板，或从金属模板外侧进行浇水降温。

2 当夏期施工时，高强混凝土拌和物入模温度不应高于 35 ℃，宜选择温度较低时段浇筑混凝土；当冬期施工时，拌和物入模温度不应低于 5 ℃，并应有保温措施。

3 泵送设备和管道的选择、布置及其泵送操作可按国家现行标准《混凝土泵送施工技术规程》JGJ/T 10 的有关规定执行。

4 当缺乏高强混凝土泵送经验时，施工前宜进行试泵送。

5 当泵送高度超过 100 m 时，宜采用高压泵进行泵送。

6 对于泵送高度超过 100 m 的、强度等级不低于 C80 的高强混凝土，宜采用 150 mm 管径的输送管。

7 当向下泵送高强混凝土时，输送管与垂线的夹角不宜小于 12°。

8 在向上泵送高强混凝土过程中，当泵送间歇时间超过 15 min 时，应每隔 4～5 min 进行四个行程的正、反泵，且最大间歇时间不宜超过 45 min；当向下泵送高强混凝土时，最大间歇时间不宜超过 15 min。

9 当改泵送较高强度等级混凝土时，应清空输送管道中原有的较低强度等级混凝土。

10 当高强混凝土自由倾落高度大于 3 m 时，宜采用导管等辅助设备。

11 高强混凝土浇筑的分层厚度不宜大于 500 mm，上下层同一位置浇筑的间隔时间不宜超过 120 min。

12 不同强度等级混凝土现浇对接处应设在低强度等级混凝土构件中，与高强度等级构件间距不宜小于 500 mm。现浇对接处可设置密孔钢丝网拦截混凝土拌和物，浇筑时应先浇筑高强度等级混凝土，后浇筑低强度等级混凝土，低强度等级混凝土不得流入高强度等级混凝土构件中。

13 高强混凝土可采用插入式振捣器捣实，插入点间距不应大于振动棒振动作用半径，泵送高强混凝土每点振捣时间不宜超过 20 s，当混凝土拌和物表面出现泛浆，基本无气泡逸出，可视为捣实。振捣上层混凝土时，振动棒应插入下层拌和物 50 mm 振捣。

14 浇筑大体积高强混凝土时，应采取温控措施，温控应符合现行国家标准《大体积混凝土施工规范》GB 50496 的规定。

15 混凝土拌和物从搅拌机卸出后到浇筑完毕的延续时间不宜超过表 17.4.5 的规定。

表 17.4.5　混凝土拌和物从搅拌机卸出后到浇筑完毕的延续时间(min)

混凝土施工情况		气　温	
		≤ 25 °C	> 25 °C
泵送高强混凝土		150	120
非泵送高强混凝土	施工现场	120	90
	制品厂	60	45

17.4.6　混凝土养护

1 高强混凝土浇筑成型后，应及时对混凝土暴露面进行覆盖。混凝土终凝前，应用抹子搓压表面至少两遍，平整后再次覆盖。

2 高强混凝土可采取潮湿养护，并可采取蓄水、浇水、喷淋洒水或覆盖保湿等方式养护，养护水温与混凝土表面温度之间的温差不宜大于 20 °C；潮湿养护时间不宜少于 10 d。

3 当采用混凝土养护剂进行养护时，养护剂的有效保水率不应小于 90%，7 d 和 28 d 抗压强度比均不应小于 95%。养护剂有效保水率和抗压强度比的试验方法应符合国家现行标准《公路工程混凝土养护剂》JT/T 522 的规定。

4 在风速较大的环境下养护时，应采取适当的防风措施。

5 当高强混凝土构件或制品进行蒸汽养护时，应包括静停、升温、恒温和降温四个阶段。静停时间不宜小于 2 h，升温速度不宜大于 25 °C/h，恒温温度不应超过 80 °C，恒温时间应通过试验确定，降温速度不宜大于 20 °C/h。构件或制品出池或撤除养护措施时的表面与外界温差不宜大于 20 °C。

6 对于大体积高强混凝土，宜采取保温养护等温控措施，混凝土内部和表面的温差不宜超过 25 °C，表面与外界温差不宜大于 20 °C。

7 冬期施工时，高强混凝土养护应符合下列规定：

1）宜采用带模养护；

2）混凝土受冻前的强度不得低于 10 MPa；

3）模板和保温层应在混凝土冷却到 5 °C 以下再拆除，或在混凝土表面温度与外界温度相差不大于 20 °C 时再拆除，拆模后的混凝土应及时覆盖；

4）混凝土强度达到设计强度等级标准值的 70%时，可撤除养护措施。

17.5 质量标准

17.5.1 高强混凝土的原材料质量检验、拌和物性能检验和硬化混凝土性能检验应符合现行国家标准《混凝土质量控制标准》GB 50164 的规定。

17.5.2 高强混凝土原材料质量应符合本规程第 17.1.7 条的规定；高强混凝土配合比设计、试配与调整应符合本规程第 17.4.2 条的规定；高强混凝土拌和物性能、力学性能、长期性能和耐久性能应符合本规程第 17.2 节的规定。

17.5.3 高强混凝土的外观质量和尺寸偏差应符合本规程第 14.9.3 条的相应规定。

17.6 安全环保措施

17.6.1 安全措施

可参照本规程第 14.11.1 条的相应规定执行。

17.6.2 环境保护措施

可参照本规程第 14.11.2 条的相应规定执行。

17.7 质 量 记 录

17.7.1 高强混凝土施工质量验收时，应按本规程第 14.12.1 条的相应规定提供有关文件和记录。

17.7.2 高强混凝土施工质量验收时，应按《四川省工程建设统一用表》的规定提供有关质量验收记录。

18 大体积混凝土

18.1 一般规定

18.1.1 适用范围

适用于建筑工程大体积混凝土和大体积抗渗混凝土的施工，不适用于环境温度高于 80 ℃；侵蚀性介质对混凝土构成危害的大体积混凝土的施工。

18.1.2 大体积混凝土工程施工除应满足设计规范及生产工艺的要求外，尚应符合下列要求：

1 大体积混凝土宜采用后期强度作为配合比设计、强度评定及验收的依据。基础混凝土，确定混凝土强度时的龄期可取为 60 d（56 d）或 90 d；柱、墙混凝土强度等级不低于 C80 时，确定混凝土强度时的龄期可取为 60 d（56 d）。确定混凝土强度时采用大于 28 d 的龄期时，龄期应经设计单位确认。

2 大体积混凝土的结构配筋除应满足结构强度和构造要求外，还应结合大体积混凝土的施工方法配置控制温度和收缩的构造钢筋。

3 大体积混凝土置于岩石类地基上时，宜在混凝土垫层上设置滑动层。

4 设计中宜采取减少大体积混凝土外部约束的技术措施。

5 设计中宜根据工程情况提出温度场和应变的相关测试要求。

18.1.3 大体积混凝土工程施工前应编制施工技术方案，施工技术方案应包括下列主要内容：

1 工程概况：建筑结构和大体积混凝土的特点——平面尺寸

与划分、大体积混凝土的厚度、混凝土强度与抗渗等级等。

2 温度与应力计算：大体积混凝土浇筑体温度、温度应力与收缩应力的计算，可按现行国家标准《大体积混凝土施工规范》GB 50496 的有关规定计算。

3 对混凝土入模温度、原材料温度调整、保温隔热与养护、温度测量、温度控制、降温速率提出明确要求。

4 原材料选择及配合比设计与试配。

5 根据混凝土浇筑进度和计划，确定混凝土的供应、运输与浇筑方案。

6 保证质量、安全、消防、环保、环卫的措施，以及应急预案保障措施。

18.1.4 大体积混凝土施工技术方案的主要技术措施：

1 混凝土供应：

1）优先选用商品混凝土及混凝土泵送施工方案，必须配备足够的搅拌及运输工具以满足连续浇筑的需要。

2）混凝土浇筑温度宜控制在 30 ℃ 以内，依照运输情况计算混凝土的出厂温度和对原材料的温度要求。

3）选择原材料温度调整方案，当气温高于 30 ℃ 时应采用冷却法降温，当气温低于 5 ℃ 时应采用加热法升温。

4）原材料降温应依次选用：水，加冰屑降温或用制冷机提供低温水；骨料，料场搭棚防烈日暴晒，水淋或浸水降温；水泥和掺合料：贮罐设隔热罩或对贮罐淋水降温，袋装粉料存放于通风库房内降温。

2 基础底板大体积混凝土施工的流水作业：

1）基础底板分块施工时，每段工程量按可保证连续施工的混凝土供应能力和预期工期确定。

2）施工流水段长度不宜超过 40 m；采用补偿收缩混凝土不宜超过 60 m；混凝土宜采用跳仓法浇筑。

3）流水段的划分应与设计的结构缝和后浇带相一致。在征得设计单位同意后，宜以加强带取代后浇带，加强带间距 30 ~ 40 m，加强带的宽度宜为 2 ~ 3 m。

4）超长、超宽一次性浇筑混凝土时，可分条划分区域，各区同向同时相互搭接连续施工。

5）采用补偿收缩混凝土无缝施工的超长底板，50 ~ 60 m 应设加强带一道。

6）加强带衔接面后浇混凝土的间隔时间不应大于 2 h。

3 大体积混凝土硬化期的温控措施：

1）当气温高于 30 °C 时可采用蓄水法养护；当气温低于 30 °C 时优先采用保温保湿法养护；当气温低于 – 15 °C 时应采取特殊温控法施工。

2）蓄水养护应进行周边围挡与分隔，并设供排水和水温调节装备。

3）大体积混凝土的保温养护方案应详细示出基础底板上表面和侧模的保温方式、保温材料、构造和厚度。

4）烈日下施工应采取防晒措施；在深基坑空气流通不良环境下施工宜采取送风措施。

4 大体积混凝土温控指标：

1）混凝土浇筑体在入模温度基础上的温升值不宜大于 50 °C。

2）在覆盖养护或带模养护阶段，混凝土浇筑体表面以内 40 ~ 100 mm 位置处的温度与混凝土浇筑体表面温度差值不应大于 25 °C；结束覆盖养护或拆模后，混凝土浇筑体表面以内 40 ~ 100 mm 位置处的温度与环境温度差值不应大于 25 °C；混凝土浇筑体内部相邻两测温点的温度差值不应大于 25 ℃。

3）混凝土浇筑体的降温速率不宜大于 2.0 ℃/d。

5　基础大体积混凝土测温点设置：

1）宜选择具有代表性的两个交叉竖向剖面进行测温，竖向剖面交叉位置宜通过基础中部区域。

2）每个竖向剖面的周边及内部应设置测温点，两个竖向剖面交叉处应设置测温点；混凝土浇筑体表面测温点应设置在保温覆盖层底部或模板内侧表面，并应与两个剖面上的周边测温点位置及数量对应；环境测温点不应少于 2 处。

3）每个剖面的周边测温点应设置在混凝土浇筑体表面以内 40～100 mm 位置处；每个剖面的测温点宜竖向、横向对齐；每个剖面竖向设置的测温点不应少于 3 处，间距不应小于 0.4 m 且不宜大于 1.0 m；每个剖面横向设置的测温点不应少于 4 处，间距不应小于 0.4 m 且不应大于 10 m。

4）对基础厚度不大于 1.6 m、裂缝控制技术措施完善的工程，可不进行测温。

6　柱、墙、梁大体积混凝土测温点设置：

1）柱、墙、梁结构实体最小尺寸大于 2 m，且混凝土强度等级不低于 C60 时，应进行测温。

2）宜选择沿构件纵向的两个横向剖面进行测温，每个横向剖面的周边及中部区域应设置测温点；混凝土浇筑体表面测温点应设置在模板内侧表面，并应与两个剖面上的周边测温点位置及数量对应；环境测温点不应少于 1 处。

3）每个横向剖面的周边测温点应设置在混凝土浇筑体表面以内 40～100 mm 位置处；每个横向剖面的测温点宜对齐；每个剖面的测温点不应少于 2 处，间距不应小于 0.4 m 且不宜大于 1.0 m。

7 大体积混凝土测温频率：

1）第 1 ~ 4 天，每 4 h 不应少于一次；

2）第 5 ~ 7 天，每 8 h 不应少于一次；

3）第 7 天至测温结束，每 12 h 不应少于一次；

4）混凝土浇筑体表面以内 40 ~ 100 mm 位置的温度与环境温度的差值小于 20 ℃时，可停止测温。

18.1.5 大体积混凝土施工前，应做好各项施工前准备工作，并与当地气象台、站联系，掌握近期气象情况，必要时，应增加相应的技术措施。在冬期施工时，尚应符合国家现行标准《建筑工程冬期施工规程》JGJ/T 104 的有关规定。

18.2 原材料要求、配合比设计

18.2.1 大体积混凝土配合比设计除应符合工程设计所规定的强度等级、耐久性、抗渗性、体积稳定性等要求外，尚应符合大体积混凝土施工工艺特殊的要求，并应符合合理使用材料、降低混凝土绝热温升值的要求。

18.2.2 大体积混凝土的制备和运输，除应符合设计混凝土强度等级的要求外，尚应根据预拌混凝土供应运输距离、运输设备、供应能力、材料批次、环境温度等调整预拌混凝土的有关参数。

18.2.3 配制大体积混凝土所用水泥的选择及质量，应符合下列规定：

1 所用水泥应符合现行国家标准《通用硅酸盐水泥》GB 175 的有关规定，当采用其他品种时，其性能指标必须符合国家现行有关标准的规定。

2 应选用中、低热硅酸盐水泥或低热矿渣硅酸盐水泥，大体积混凝土施工所用水泥其 3 d 的水化热不宜大于 240 kJ/kg，7 d 的水化热不宜大于 270 kJ/kg。

3 当混凝土有抗渗指标要求时，所用水泥的铝酸三钙含量不宜大于 8%。

4 所用水泥在搅拌站的入机温度不宜大于 60 ℃。

18.2.4 水泥进场时应对水泥品种、强度等级、包装或散装仓号、出厂日期等进行检查，并应对其强度、安定性、凝结时间、水化热等性能指标及其他必要的性能指标进行复检。

18.2.5 骨料的选择，除应符合国家现行标准《普通混凝土用砂、石质量及检验方法标准》JGJ 52 的有关规定外，尚应符合下列规定：

1 细骨料宜采用中砂，细度模数宜大于 2.3，含泥量不应大于 3%。

2 粗骨料宜选用粒径 5～31.5 mm 的碎石或卵石，并应连续级配，含泥量不应大于 1%。

3 应选用非碱活性的粗骨料。

4 当采用非泵送施工时，粗骨料的粒径可适当增大。

18.2.6 粉煤灰和粒化高炉矿渣粉，其质量应符合现行国家标准《用于水泥和混凝土中的粉煤灰》GB/T 1596 和《用于水泥和混凝土中的粒化高炉矿渣粉》GB/T 18046 的有关规定。

18.2.7 外加剂的选择及应用，除应符合现行国家标准《混凝土外加剂》GB 8076、《混凝土外加剂应用技术规范》GB 50119 的有关规定外，尚应符合下列要求：

1 外加剂的品种、掺量应根据工程所用胶凝材料经试验确定。

2 应提供外加剂对硬化混凝土收缩等性能的影响。

3 耐久性要求较高或寒冷地区的大体积混凝土，宜采用引气剂或引气型减水剂。

18.2.8 拌和用水的质量应符合国家现行标准《混凝土用水标准》JGJ 63 的有关规定。

18.2.9 大体积混凝土配合比设计，除应符合现行行业标准《普通混凝土配合比设计规程》JGJ 55 的有关规定外，尚应符合下列规定：

1 当采用混凝土 60 d 或 90 d 龄期的设计强度作指标时，应将其作为混凝土配合比的设计依据，宜采用标准尺寸试件进行抗压强度试验。

2 水胶比不宜大于 0.55，用水量不宜大于 175 kg/m³。

3 在保证混凝土性能要求的前提下，宜提高每立方米混凝土中的粗骨料用量；砂率宜为 38% ~ 42%。

4 所配制的混凝土拌和物，到浇筑工作面的坍落度不宜大于 160 mm。

5 大体积混凝土宜掺用矿物掺合料和缓凝型减水剂。

6 粉煤灰掺量不宜超过胶凝材料用量的 40%，矿渣粉的掺量不宜超过胶凝材料用量的 50%，粉煤灰和矿渣粉掺合料的总量不宜大于混凝土中胶凝材料用量的 50%。

7 有抗渗要求的混凝土抗渗水压值应比设计值提高 0.2 MPa。抗渗试验结果应满足下式要求：

$$P_t \geqslant \frac{P}{10} + 0.2 \qquad (18.2.9)$$

式中 P_t——6 个试件中不少于 4 个未出现渗水时的最大水压值（MPa）；

　　　 P——设计要求的抗渗等级值。

8 掺用引气剂或引气型外加剂的抗渗混凝土，应进行含气量试验，含气量宜控制在 3.0% ~ 5.0%。

18.2.10 在配合比试配和调整时，控制混凝土绝热温升不宜大于 50 ℃。

18.2.11 在混凝土制备前，应进行常规配合比试验，并应进行水化热、泌水率、可泵性等对大体积混凝土控制裂缝所需的技术参数的试验；必要时其配合比设计应通过试泵送确定。

18.2.12 在确定混凝土配合比时，应根据混凝土的绝热温升、温控施工方案的要求等，提出混凝土制备时粗细骨料和拌和用水及入模温度控制的技术措施。

18.3 施 工 准 备

18.3.1 技术准备

1 熟悉图纸，与设计沟通：

1）了解混凝土的类型、强度、抗渗等级和允许利用后期强度的龄期。

2）了解大体积混凝土的平面尺寸、各部位厚度、设计预留的结构缝、后浇带或加强带的位置、构造和技术要求。

3）了解消除或减少混凝土变形约束所采取的措施，了解超长结构一次施工或分块施工所采取的措施。

4）了解使用条件对混凝土结构的特殊要求和采取的措施。

2 依据施工合同和施工条件与建设单位、监理沟通：

1）采用现场搅拌混凝土时，建设单位应具备足够的施工场地以满足设置混凝土搅拌站和堆料的需要，同时尚应具备足够的电源和水源，设置发电设备等应急措施。采用商品混凝土时，应在交通管理方面保证混凝土连续供应和施工。

2）施工单位为保证工程质量采取的技术措施应征得监理、设计单位和建设单位的同意。

3 委托有资质的试验室进行混凝土配合比设计和试配，委托单位应提供混凝土的类型、强度、抗渗等级、混凝土场内外输送方式与耗时、混凝土的浇筑坍落度、施工期平均气温、混凝土的入模温度及其他要求，委托单位尚应提供混凝土试配所需原材料。

4 大体积混凝土施工前，施工单位应按本规程第 18.1.3 条和第 18.1.4 条的规定编制切实可行的施工技术方案并报监理工程师审批后实施。

18.3.2 材料准备

1 大体积混凝土的供应能力应满足混凝土连续施工的需要，不宜低于单位时间所需量的 1.2 倍。

2 混凝土的测温监控设备应按施工技术方案配置和布设，标定调试应正常，保温用材料应齐备，并应派专人负责测温作业管理。

18.3.3 主要机械及工具准备

1 机械设备和仪表：

1）混凝土输送设备：包括混凝土搅拌运输车、混凝土泵车、混凝土泵、布料设备及钢、软泵管。

2）混凝土浇筑设备：包括流动配电箱、插入式振捣器、平板式振动器、抹平机、小型水泵等。

3）专用设备和仪表：包括发电机、空压机、制冷机、电子测温仪和测温元件或温度计和测温埋管。

2 主要工具：串筒、溜槽、胶管、铁锹、钢钎、刮杠、抹子等。

18.3.4 作业条件

1 按施工方案所确定的施工工艺流程，流水作业段划分，浇筑程序与方法，混凝土运输与布料方式，质量标准及安全施工等，做好施工前安全技术交底。

2 铺设好施工道路，敷设好施工现场水、电、照明线路。

3 搭设好施工脚手架、安全防护设施。

4 做好输送泵及泵管布设与试车工作。

5 混凝土浇筑前应进行钢筋、模板、预埋件隐蔽验收工作。做好伸缩缝、后浇带或加强带的支挡，测温元件或测温埋管，标高线等检查验收工作。

6 模板内已清理干净，模板及垫层或防水保护层已于前一天喷水润湿并排除积水。

7 准备好保温保湿养护材料。

8 抗渗混凝土的抗压、抗渗试模已备齐；振捣设备试运转合格；钢、木模板已涂刷隔离剂。

9 现场调整坍落度的外加剂或水泥、砂、石等原材已备齐，专业人员到位。

10 联络、指挥器具已准备就绪。

11 需持证上岗人员已经培训，证件完备。

12 与社区、城管、交通、环境监管部门已协调并办理必要的手续。

18.4 施 工 工 艺

18.4.1 工艺流程

混凝土搅拌→混凝土运输→测温元件或测温孔布置→混凝土浇筑→表面处理→保温养护、测温→拆模、撤保温

18.4.2 大体积混凝土的制备与运输

1 大体积混凝土的制备量与运输能力应满足混凝土浇筑工艺的要求，并应选用具有生产资质的商品混凝土生产单位，其质

量应符合现行国家标准《预拌混凝土》GB/T 14902 的有关规定，并应满足施工工艺对坍落度损失、入模坍落度、入模温度等的技术要求。

2 选用多厂家商品混凝土的工程，应符合原材料、配合比、材料计量等相同，以及制备工艺和质量检验水平基本相同的要求。

3 混凝土拌和物的运输应采用混凝土搅拌运输车，运输车应具有防风、防晒、防雨和防寒设施。

4 搅拌运输车在装料前应将罐内的积水排尽。

5 搅拌运输车的数量应满足混凝土泵输出量和混凝土浇筑的工艺要求，其计算方法应符合下列规定：

1）混凝土泵的实际平均输出量，可根据混凝土泵的最大输出量、配管情况和作业效率，按下式计算：

$$Q_1 = \eta \cdot \alpha_1 \cdot Q_{max} \qquad (18.4.2-1)$$

式中 Q_1——每台混凝土泵的实际平均输出量（m^3/h）；

      Q_{max}——每台混凝土泵的最大输出量（m^3/h）；

      α_1——配管条件系数，可取 0.8~0.9；

      η——作业效率，根据混凝土搅拌运输车向混凝土泵供料的间断时间、拆装混凝土输送管和布料停歇等情况，可取 0.5~0.7。

2）当混凝土泵连续作业时，每台混凝土泵所需配备的混凝土搅拌运输车数量，可按下式计算：

$$N_1 = \frac{Q_1}{60V_1\eta_v}\left(\frac{60L_1}{S_0} + T_1\right) \qquad (18.4.2-2)$$

式中 N_1——混凝土搅拌运输车台数，按计算结果取整数，小数点以后的部分应进位；

Q_1——每台混凝土泵的实际平均输出量（m^3/h），按本规程公式（18.4.2-1）计算；

V_1——每台混凝土搅拌运输车容量（m^3）；

η_v——搅拌运输车容量折减系数，可取 0.90~0.95；

S_0——混凝土搅拌运输车平均行车速度（km/h）；

L_1——混凝土搅拌运输车往返距离（km）；

T_1——每台混凝土搅拌运输车总计停车时间（min）。

6 混凝土的运送时间系指从混凝土由搅拌机卸入运输车开始至该运输车开始卸料为止。运送时间应满足合同规定，当合同未作规定时，采用搅拌运输车运送的混凝土，宜在 1.5 h 内卸料；当最高气温低于 25 ℃ 时，运送时间可延长 0.5 h。如需延长运送时间，则应采取相应的技术措施，并应通过试验验证。

7 搅拌运输过程中需补充外加剂或调整拌和物质量时，宜符合下列规定：

1）运输过程中出现离析或使用外加剂进行调整时，搅拌运输车应进行快速搅拌，搅拌时间不应少于 120 s；

2）运输过程中严禁向拌和物中加水。

8 运输过程中，坍落度损失或离析严重，经补充外加剂或快速搅拌已无法恢复混凝土拌和物的工艺性能时，不得浇筑入模。

9 汽车泵行走及作业应有足够的场地，汽车泵应靠近浇筑区并应有两台罐车能同时就位卸混凝土。

10 汽车泵就位后应按要求撑开支腿，加垫枕木，汽车泵稳固后方可开始工作。汽车泵就位与基坑上口的距离视基坑护坡情况而定，一般应取得现场技术负责人的同意。

18.4.3 大体积混凝土的模板工程

1 大体积混凝土的模板和支架系统应按国家现行有关标准的规定进行强度、刚度和稳定性验算，同时还应结合大体积混凝土的养护方法进行保温构造设计。

2 模板和支架系统在安装、使用和拆除过程中，必须采取防倾覆的临时固定措施。

3 后浇带或跳仓法留置的竖向施工缝，宜用钢板网、铁丝网或小板条拼接支模，也可用快易收口网进行支挡。后浇带的垂直支架系统宜与其他部位分开。

4 大体积混凝土的拆模时间，应满足国家现行有关标准对混凝土的强度要求，混凝土浇筑体表面与大气温差不应大于20 ℃；当模板作为保温养护措施的一部分时，其拆模时间应根据温控要求确定。

5 大体积混凝土宜适当延迟拆模时间，拆模后，应采取预防寒流袭击、突然降温和剧烈干燥等措施。

18.4.4 大体积混凝土的浇筑

1 混凝土浇筑可根据面积大小和混凝土供应能力采取全面分层、分段分层或斜面分层连续浇筑（见图 18.4.4），分层厚度 300～500 mm，且不大于振动棒作用部分长度的 1.25 倍。分段分层多采取踏步式分层推进，一般踏步宽为 1.5～2.5 m。斜面分层每层厚度 300～500 mm，坡度一般取 1∶6～1∶7。

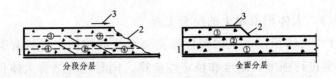

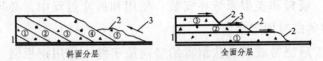

图 18.4.4 大体积混凝土浇筑方式

1—分层线；2—新浇筑的混凝土；3—浇灌方向

2 全面分层连续浇筑、分层分段或斜面分层连续浇筑，应缩短间歇时间，并应在前层混凝土初凝前将次层混凝土浇筑完毕，层间的间歇时间不应大于混凝土的初凝时间。混凝土的初凝时间应通过试验确定，当层间间歇时间超过混凝土的初凝时间，层面应按施工缝处理。

3 混凝土浇筑宜从低处开始，沿长边方向自一端向另一端推进，逐层上升。当混凝土供应量有保证时，亦可多点同时浇筑。

4 混凝土宜采用二次振捣法加强振捣，以增加混凝土的密实性和均匀性。二次振捣后按标高线用刮尺刮平并轻轻抹压。

5 大体积混凝土施工采取分层间歇浇筑混凝土时，水平施工缝的处理应符合下列规定：

1） 在已硬化的混凝土表面，应清除混凝土浮浆、松动的石子及软弱混凝土层；

2） 在上层混凝土浇筑前，应用清水冲洗混凝土表面的污物，并应充分润湿，但不得有积水；

3） 新浇筑的混凝土应振捣密实，并应使新旧混凝土紧密结合。

6 大体积混凝土底板与侧墙相连接的施工缝，当有防水要求时，应采用钢板止水带作防水处理。

7 在厚大无筋或少筋的大体积混凝土中，宜掺加总量不超过混凝土体积 20%的大石块（石块的粒径宜大于 150 mm，但最大尺寸不宜超过 300 mm），以达到节省水泥和降低水化热的目的。

8 大体积混凝土浇筑过程中，应采取防止受力钢筋、定位筋、预埋件等移位和变形的措施。

9 混凝土表面处理应符合下列规定：

1）处理程序：

初凝前一次抹压→临时覆盖塑料薄膜→混凝土终凝前 1 ~ 2 h 掀膜二次抹压→覆膜养护

2）混凝土表面泌水应及时引导集中排除；

3）混凝土表面浮浆较厚时，应在混凝土初凝前加粒径为 20 ~ 40 mm 的石子浆，均匀撒布在混凝土表面用抹子轻轻拍平；

4）当施工面积较大时可分段进行表面处理；

5）混凝土硬化后的表面塑性收缩裂缝可灌注水泥素浆刮平。

10 超长大体积混凝土施工，应选用下列方法控制结构不出现有害裂缝：

1）留置变形缝：变形缝的设置和施工应符合国家现行有关标准的规定；

2）后浇带施工：后浇带的设置和施工应符合国家现行有关标准的规定；

3）跳仓法施工：跳仓的最大分块尺寸不宜大于 40 m，跳仓间隔施工的时间不宜少于 7 d，跳仓接缝处应按施工缝的要求设置和处理。

18.4.5 大体积混凝土的养护

1 大体积混凝土应进行保温保湿养护，除应按普通混凝土

进行常规养护外,尚应及时按温控技术措施的要求进行保温养护,并应符合下列规定:

1)应专人负责保温养护工作,同时应做好测试记录;

2)保湿养护的持续时间不得少于 14 d,并应经常检查塑料薄膜或养护剂涂层的完整情况,保持混凝土表面湿润;

3)保温覆盖层的拆除应分层逐步进行,当混凝土的表面温度与环境温差小于 20 ℃ 时,可全部拆除。

2 塑料薄膜、麻袋、阻燃保温被等,可作为保温材料覆盖混凝土和模板,必要时,可搭设挡风保温棚或遮阳降温棚。在保温养护中,应对混凝土浇筑体的里表温差和降温速率进行现场监测,当实测结果不满足温控指标的要求时,应及时调整保温养护措施。

3 高层建筑转换层的大体积混凝土施工,应加强养护,其侧模、底模的保温构造应在支模设计时确定。

4 混凝土侧面钢木模板在高温季节和寒冷季节施工均应设置保温层,基础底板大体积混凝土采用砖侧模时在混凝土浇筑前宜回填完毕。

5 采用蓄水养护时,混凝土表面在初凝后覆盖塑料薄膜,终凝后注水,蓄水深度不少于 80 mm。

7 混凝土养护期间需进行其他作业时,应掀开保温层尽快完成,完成后随即恢复保温层。

18.4.6 特殊气候条件下的施工

1 大体积混凝土施工遇高温、冬期、大风或雨雪天气时,必须采取保证混凝土浇筑质量的技术措施。

2 高温天气浇筑混凝土时,宜采用遮盖、洒水、拌冰屑等降低混凝土原材料温度的措施,混凝土入模温度宜控制在 30 ℃

以下。混凝土浇筑后，应及时进行保温保湿养护，条件许可时，应避开高温时段浇筑混凝土。

3 冬期浇筑混凝土时，宜采用热水拌和，加热骨料等提高混凝土原材料温度的措施，混凝土入模温度不宜低于 5 ℃。当气温不低于 – 15 ℃ 时应优先选用蓄热法施工，当蓄热法不能满足要求时应采用综合蓄热法施工。

4 大风天气浇筑混凝土时，在作业面应采取挡风措施，并应增加混凝土表面的抹压次数，应及时覆盖塑料薄膜和保温材料。

5 雨雪天气不宜露天浇筑混凝土，当需要施工时，应采取确保混凝土质量的措施。浇筑过程中突遇大雨或大雪天气时，应及时在结构合理部位留置施工缝，并应尽快中止混凝土浇筑；对已浇筑还未硬化的混凝土应立即进行覆盖，严禁雨水直接冲刷新浇筑的混凝土。

18.4.7 温控施工的现场监测

1 大体积混凝土施工应在温控监测数据指导下进行，及时调整温控技术措施，监测系统宜具有实时在线和自动记录功能。部分地区实现该系统功能有一定困难，亦可采用手动方式进行温控测量。

2 温控测温点应在平面图上编号，并在现场挂编号标志，测温应作详细记录并整理绘制温度曲线图，温度变化情况应及时反馈，当各种温差达到 18 ℃ 时应预警，22 ℃ 时应报警。

3 大体积混凝土温控指标应符合本规程第 18.1.4 条第 4 款的规定。

4 基础大体积混凝土测温点设置应符合本规程第 18.1.4 条第 5 款的规定。

5 柱、墙、梁大体积混凝土测温点设置应符合本规程第 18.1.4 条第 6 款的规定。

6 大体积混凝土测温频率应符合本规程第 18.1.4 条第 7 款的规定。

7 温度测试元件的安装与保护，应符合下列规定：

1）测试元件安装前，必须在水下 1 m 处经过浸泡 24 h 不损坏；

2）测试元件接头安装位置应准确，固定应牢固，并应与结构钢筋及固定架金属体绝热；

3）测试元件的引出线宜集中布置，并应加以保护；

4）测试元件周围应进行保护，浇筑混凝土下料时不得直接冲击测试测温元件及其引出线；振捣时振捣器不得触及测温元件及引出线。

8 采用手动方式进行温控测量时应符合下列规定：

1）使用玻璃温度计测温时，测温管可使用水管或铁皮卷焊管，下端封闭，上端开口，管口高于保温层 50～100 mm；测温管端应用软木塞封堵，软木塞应在放置或取出温度计时打开。温度计应系线绳垂吊到管底，停留不少于 3 min 后取出迅速查看温度。

2）使用建筑电子测温仪测温时，附着于钢筋上的半导体传感器应与钢筋隔离，保护测温探头不受污染，不受水浸，插入测温仪前应擦拭干净，保持干燥以防短路。也可事先埋管，管内插入可周转使用的传感器测温。

18.5 质 量 标 准

18.5.1 主控项目

1 大体积抗渗混凝土的原材料、配合比及坍落度必须符合设计要求。

检验方法：检查出厂合格证、质量检验报告、计量措施和现场抽样试验报告。

2 大体积抗渗混凝土的抗压强度和抗渗压力必须符合设计要求。

检验方法：检查混凝土抗压、抗渗试验报告。

3 大体积抗渗混凝土的变形缝、施工缝、后浇带、加强带等设置和构造应符合设计要求，严禁有渗漏现象。

检验方法：观察检查，检查隐蔽工程验收记录。

4 补偿收缩混凝土的抗压强度、抗渗压力与混凝土的膨胀率必须符合设计要求。

检验方法：检查试件的膨胀率、抗渗试验报告。

5 大体积混凝土的含碱量应符合现行国家标准《混凝土结构设计规范》GB 50010 的有关规定。

检验方法：检查各种原材料试验报告，配合比及总含碱量计算书。

18.5.2 一般项目

1 混凝土中掺用矿物掺合料的质量应符合现行国家标准《用于水泥和混凝土中的粉煤灰》GB/T 1596、《用于水泥和混凝土中的粒化高炉矿渣粉》GB/T 18046 的有关规定，矿物掺合料的掺量应通过试验确定。

2 大体积抗渗混凝土结构表面应坚实、平整，不得有露筋、蜂窝等缺陷，埋设件位置应正确。

检验方法：观察，钢尺检查。

3 抗渗混凝土结构表面的裂缝宽度不应大于 0.2 mm，并不得贯通。

检验方法：用刻度放大镜检查。

4 抗渗混凝土结构厚度，其允许偏差为+15 mm、−10 mm；迎水面钢筋保护层厚度不应小于 50 mm，其允许偏差为 ± 10 mm。

检验方法：钢尺检查，检查隐蔽工程验收记录。

18.5.3 抗渗混凝土的抗渗性能检验，应采用标准方法制作的在标准条件下养护的混凝土抗渗试件的试验结果评定，试件应在浇筑地点制作。

连续浇筑混凝土每 500 m^3 应留置一组(一组 6 个)抗渗试件，且每项工程不得少于 2 组。采用预拌混凝土的抗渗试件，留置组数应视结构的规模和要求而定。

抗渗性能试验应符合现行国家标准《普通混凝土长期性能和耐久性能试验方法》GB/T 50082 的有关规定。

18.5.4 混凝土外观质量检验应按混凝土外露面积每 100 m^2 抽查一处，每处 10 m^2，且不得少于 3 处。细部构造应全数检查。

18.6 成 品 保 护

18.6.1 跨越模板及钢筋应搭设马道。

18.6.2 混凝土振捣时，振动棒不应触及钢筋、预埋件和测温元件。

18.6.3 测温元件导线或测温管应妥善保护，防止损坏。

18.6.4 混凝土强度达到 1.2 N/mm^2 之前不应踩踏。

18.6.5 基础大体积混凝土拆模后应立即回填土。

18.6.6 混凝土表面出现宽度大于 0.2 mm 的非贯穿裂缝时，可将表面凿开 30～50 mm 的三角凹槽，用掺有膨胀剂的水泥浆或水泥砂浆修补，贯穿性或深裂缝宜采用改性环氧压力灌浆法进行修补。

18.7 安全环保措施

18.7.1 安全措施

1 设立安全生产管理机构，制定安全生产规章制度，做好安全检查记录。

2 所有机械设备应设置漏电保护，按规定进行试运转，试运转正常后方可投入使用。

3 基坑周边应设置防护栏杆。

4 现场应有足够的照明，动力、照明线应埋地或设专用电杆架空敷设。

5 马道应牢固、稳定，具有足够的承载力。

6 使用泵车浇筑混凝土的安全措施应符合下列规定：

1）泵车外伸支腿底部应设木板或钢板支垫，泵车离未护壁基坑的安全距离应为基坑深加 1 m。布料杆伸长时，其端头到高压电缆之间的最小安全距离应不小于 8 m。

2）泵车布料杆侧向伸出布料时，应进行稳定性验算，使倾覆力矩小于稳定力矩。严禁利用布料杆作起重使用。

3）泵送混凝土作业过程中，软管末端出口与浇筑面应保持 0.5～1 m，防止埋入混凝土内，造成管内瞬时压力增高爆管伤人。

4）泵车应避免经常处于高压下工作，泵车停歇后再启动时，应注意表压是否正常，预防堵管瞬时压力增高爆管伤人。

7 使用地泵浇筑混凝土的安全措施：

1）使用地泵浇筑混凝土时泵管应敷设在牢固的专用支架上，转弯处应设有支撑的井式架固定。

2）泵受料斗的高度应保证混凝土压力，防止吸入空气发生气锤现象。

3）发生堵管现象应将泵机反转使混凝土退回料斗后再正转小行程泵送，无效时应拆管排堵。

4）检修设备时必须先行卸压。

5）拆除管道接头应先行多次反抽卸除管内压力。

6）清洗管道不准压力水与压缩空气同时使用，水洗中途可改气洗，但气洗中途严禁改用水洗，在最后 10 m 应缓慢减压。

7）清管时，管端应设安全挡板并严禁管端前方站人，以防射伤。

18.7.2 环境保护措施

1 禁止混凝土搅拌运输车高速运行，停车待卸料时应熄火。

2 混凝土泵应设于隔音棚内。

3 汽车出场应经冲洗，冲洗水澄清再用或排入市政污水管网。

4 其余环境保护措施可参照本规程第 14.11.2 条的相应规定执行。

18.8 质 量 记 录

18.8.1 大体积混凝土施工质量验收时，应提供下列文件和记录：

1 抗渗混凝土试验和验收记录；

2 其余文件和记录的提供应符合本规程第 14.12.1 条的相应规定。

18.8.2 质量验收记录

1 大体积混凝土施工质量验收时，应按《四川省工程建设统一用表》的规定提供有关质量验收记录。

2 大体积混凝土应按表 18.8.2 和图 18.8.2 提供测温记录表和测温曲线图。

表 18.8.2　测温记录表　　日期　　　年　　月　　日

时间 测点										
I-1										
I-2										
I-3										

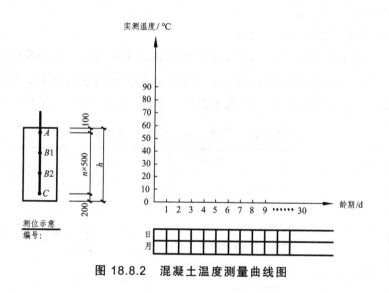

图 18.8.2　混凝土温度测量曲线图

———— A；　————— B（平均值）；　----- C；　-·-·- D（气温）

19 清水混凝土

19.1 一般规定

19.1.1 适用范围

适用于建筑物、构筑物结构表面有清水混凝土装饰效果要求的混凝土工程施工。

19.1.2 清水混凝土分类

清水混凝土根据混凝土表面的装饰效果和施工质量验收标准分为三类：普通清水混凝土、无装饰图案饰面清水混凝土、有装饰图案饰面清水混凝土。清水混凝土分类和做法要求见表 19.1.2。

表 19.1.2　清水混凝土分类和做法要求

清水混凝土分类	清水混凝土表面做法要求	备　注
普通清水混凝土	拆模后的混凝土本身自然质感	混凝土硬化干燥后表面的颜色均匀、且其平整度及光洁度均高于国家验收规范
无装饰图案饰面清水混凝土	混凝土表面自然质感	蝉缝、明缝、孔眼、假眼排列整齐，具有规律性
	混凝土表面上直接做保护透明涂料	孔眼、假眼按需要设置
	混凝土表面砂磨平整	蝉缝、明缝、孔眼、假眼按需要设置，具有规律性
有装饰图案饰面清水混凝土	混凝土本身的自然质感以及表面形成装饰图案或预留预埋装饰物	装饰物按需要设置

19.1.3 有防水和人防等要求的清水混凝土构件，必须采取防裂、防渗、防污染及密闭等措施，其措施不得影响混凝土饰面效果。

19.1.4 处于潮湿环境和干湿交替环境的混凝土，应选用非碱活性骨料。

19.1.5 为了保证清水混凝土表面观感一致，相邻清水混凝土结构构件的混凝土强度等级宜一致，且相差不宜大于2个强度等级。

19.1.6 清水混凝土关键工序应编制专项施工方案。

19.1.7 清水混凝土不宜冬期施工。

19.1.8 清水混凝土工程施工应符合国家现行标准《清水混凝土应用技术规程》JGJ 169 的规定。

19.2 施 工 准 备

19.2.1 技术准备

1 根据设计要求、合同约定以及施工质量验收规范要求，通过样板墙，确定清水混凝土的施工标准。

2 进行图纸会审，综合结构、建筑、设备、电气、水暖等设计要求，进行深化设计。深化设计应考虑装修预埋件以及设备管线的预留预埋，避免专业施工和装修施工的剔凿。

3 与建设、监理、设计单位就钢筋保护层、影响对拉螺栓的钢筋位置、构造配筋、施工缝与明缝的一致性、楼梯间、梁、后浇带、高级装修之间的衔接等可能对清水混凝土饰面效果产生影响的部位进行协商，确定出既满足施工需要，又满足结构安全及耐久性的方案。

4 各专业分包对清水混凝土工程的影响，应在分包合同中提出专项技术要求，并进行详细的技术交底。

5 编制清水混凝土专项施工方案，制定钢筋、模板、混凝土专项施工措施，季节性施工措施以及成品保护措施等。

6 熟悉设计图纸，按照设计要求，确定清水混凝土分类及其施工范围。当设计有明缝和蝉缝要求时，检查各部位的明缝和蝉缝是否交圈，注意与阳台、窗台、柱、梁及突出线条相交处的协调与处理。

7 工程开工前，应对现场测量所用的全站仪、经纬仪、水准仪、钢尺等仪器进行校验，保证其精度准确一致。

19.2.2 材料要求

清水混凝土工程所用混凝土原材料除应符合《混凝土结构工程施工质量验收规范》GB 50204 的规定外，尚应满足下列要求：

1 水泥：宜选用硅酸盐水泥、普通硅酸盐水泥和矿渣硅酸盐水泥，其强度等级不宜低于 42.5 级。宜采用同一厂家生产、同一品种、同批号、同强度等级，且同一熟料磨制、颜色均匀的水泥。

2 细骨料：细骨料应采用中粗砂，细度模数在 2.3 以上，同一工程使用的细骨料应采用同一生产厂家产品。

当混凝土强度等级小于 C50 时，含泥量不大于 3%，泥块含量不大于 1%；当混凝土强度等级大于等于 C50 时，含泥量不大于 2%，泥块含量不大于 0.5%。

3 粗骨料：粗骨料选用级配良好、颜色均匀、洁净的卵石和碎石，最大粒径为 25 mm，同一工程使用的粗骨料应采用同一生产厂家产品。

当混凝土强度等级小于 C50 时，含泥量不大于 1%，泥块含量不大于 0.5%，针片状颗粒含量不大于 15%；当混凝土强度等级大于等于 C50 时，含泥量不大于 0.5%，泥块含量不大于 0.2%，针片状颗粒含量不大于 8%。

4 掺合料：常用的掺合料为硅粉、粉煤灰、磨细矿渣粉、天然沸石粉等。同一工程使用的掺合料应采用同一厂家的同一品种。

5 外加剂：外加剂应与水泥品种相适应，并具有明显的减水效果，能够改善混凝土的各项工作性能。使用的外加剂应符合现行国家标准《混凝土外加剂应用技术规范》GB 50119 的规定。

19.2.3 配合比设计：

1 清水混凝土配合比设计应满足混凝土强度、抗渗等级和碱-集料反应要求，并应具有良好的施工性能、耐久性和清水混凝土施工的特殊要求。

2 混凝土配制强度、配合比的设计、试配与调整，应符合国家现行标准《普通混凝土配合比设计规程》JGJ 55 的有关规定。

3 清水混凝土的混凝土强度等级不宜低于 C25。

19.2.4 钢筋要求

1 对于处于露天环境的清水混凝土结构，其纵向受力钢筋的混凝土保护层最小厚度应符合表 19.2.4 的规定。

表 19.2.4 纵向受力钢筋的混凝土保护层最小厚度

部　位	保护层最小厚度/mm
板、墙、壳	25
梁	35
柱	35

注：钢筋的混凝土保护层厚度为钢筋外边缘至混凝土表面的距离。

2 为保证拆除模板后无露筋、保护层过薄出现钢筋锈蚀现象，对钢筋的保护层除按表 19.2.4 施工外，还应从翻样、制作、绑扎三个环节层层控制。

3 钢筋表面应清洁无浮锈；钢筋保护层垫块不应用钢筋头、小石块，必须用水泥砂浆垫块，垫块颜色应与混凝土表面颜色接近，位置、间距应准确；钢筋绑扎钢丝扎扣和尾端应弯向构件截面内侧。

19.2.5 涂料要求

1 涂料选用要求：

1）涂料宜选用具有耐久性涂料，保护混凝土不受中性化破坏，避免混凝土受到侵害而产生裂缝；

2）涂料应具有防污染性能、憎水性能，保持清水混凝土表面长久洁净；

3）选用对混凝土颜色具有调整作用的透明涂料，提高混凝土观感效果。

2 涂料品种：清水混凝土常用涂料品种见表 19.2.5。

表 19.2.5 清水混凝土常用涂料品种

序号	种 类	类 别		备 注
1	涂膜型涂料	热塑型涂料	丙烯树脂涂料	着色透明
		热硬化性合成树脂	聚氨酯树脂涂料	着色透明
		混合型合成树脂	干燥型氟树脂涂料	着色透明
			丙烯硅酮树脂涂料	着色透明
		氟碳树脂涂料	水性氟碳树脂涂料	完全透明、着色透明
			油性氟碳树脂涂料	完全透明、着色透明
2	渗透防水性涂料	非硅酮类	丙烯树脂单体类	着色透明
			丙烯树脂齐聚物类	着色透明
			聚氨酯树脂齐聚物类	着色透明
		硅酮类	硅网类	着色透明
			硅烷化合物类	着色透明
			硅酮类	着色透明

3 涂料调配：

清水混凝土基面差，需用调配涂料把基面的色差修补均匀，保持混凝土本色。可用界面剂（筛去细砂）和白水泥、普通硅酸盐水泥按一定的比例调出和基面颜色相近的砂浆，薄薄的批一层，盖住缺陷。施工前应按不同比例做样板，确定最佳比例后施工，然后全面打磨，上一层永凝液。

19.2.6 主要机械及工具准备

1 混凝土工程：混凝土搅拌运输车、混凝土输送泵、布料设备、铁锹、标尺杆、振动棒、抹子等，混凝土工程使用的工具、设备均应准备 1~2 套备用。

2 涂料工程：喷枪、空压机、抹子、刮刀、堵孔工具、砂纸、高压水枪、角磨机、滚筒、毛刷等。

3 其他设备：塔吊、施工吊篮、激光经纬仪、水准仪、钢卷尺、试验检测设备等。

19.2.7 作业条件

1 混凝土配合比通过试配确定后，按照施工方案做样板墙，对施工工艺进行验证；积累相关经验后进行详细的技能培训和技术交底。

2 混凝土搅拌、运输路线应充分保证混凝土连续均匀供应，避免造成施工冷缝。

3 所有物资、机具、人员准备完毕，现场具备清水混凝土施工条件。

4 建立精确的平面控制网和标高控制点；确保轴线通顺垂直，墙、柱、梁截面尺寸准确，楼面标高一致。

5 预检、隐检等各种验收全部完成。

19.3 施 工 工 艺

19.3.1 工艺流程

混凝土搅拌与运输→混凝土浇筑→混凝土养护→对拉螺栓孔眼封堵→表面处理→涂料施工→混凝土保护

19.3.2 混凝土搅拌与运输

1 清水混凝土的搅拌应采用强制式搅拌机，且搅拌时间比普通混凝土延长 20~30 s。

2 混凝土搅拌站应根据气温条件、运输时间(白天或夜晚)、运输距离、砂石含水率、混凝土坍落度损失等情况，及时对配合比进行调整，以确保混凝土浇筑时的坍落度满足施工需要。

3 同一视觉范围内所用清水混凝土拌和物的制备环境、技术参数应一致。

4 清水混凝土拌和物工作性能应稳定，且无泌水离析现象，90 min 的坍落度经时损失值宜小于 30 mm。

5 清水混凝土拌和物入泵坍落度值：柱混凝土宜为(150 ± 20) mm，墙、梁、板的混凝土宜为(17 ± 20) mm。

6 清水混凝土拌和物的运输宜采用专用运输车，装料前容器内应清洁、无积水。

7 清水混凝土拌和物从搅拌结束到入模前不宜超过 90 min，严禁添加配合比以外用水或外加剂。

8 为保证混凝土浇筑不出现冷缝，混凝土初凝时间宜为 6~8 h。浇筑混凝土时，应派专人现场调配车辆，以便根据混凝土浇筑情况随时调整混凝土罐车的频率。

9 严格执行混凝土进场交货检验制度，进入施工现场的清水混凝土应逐车检查坍落度，不得有分层、离析等现象。

19.3.3 混凝土浇筑

1 混凝土泵送浇筑时，局部可采用塔吊配合。混凝土泵送施工时，统一指挥和调度，应用无线通讯设备进行混凝土搅拌运输车与浇筑地点的联络，把握好浇筑与泵送的时间。

2 混凝土浇筑过程中应设专人对钢筋、模板、支撑系统进行检查，出现移位、变形或者松动现象应及时修复。

3 关注天气预报，在不良天气施工应做好防雨措施，准备足够的防雨布，遮盖工作面，防止雨水对新浇混凝土的冲刷。

4 墙体混凝土浇筑之前将模板下口用海绵条封堵密实，并用砂浆封堵模板根部，防止漏浆。

5 第一车砂浆润管完毕之后倒掉，不得用来接浆；混凝土接缝处采用专用配合比砂浆。

6 墙体混凝土浇筑方向以角部为起点，先在根部浇筑 10~20 mm 厚与混凝土配合比相同的水泥砂浆，用串筒、溜管或溜管均匀下料，不应用吊斗或泵管直接倾入模板内，以免砂浆溅到模板上凝固，导致拆模后混凝土表面形成小斑点。砂浆不应铺得太早或太开，以免在砂浆和混凝土之间形成冷缝，影响观感，应随铺砂浆随下料。砂浆投放点与混凝土浇筑点距离宜控制在 3 m 左右。

7 墙体混凝土浇筑时采用标尺杆控制分层厚度，分层下料、分层振捣（夜间施工用手把灯照亮模板内壁），每层混凝土浇筑厚度控制在 300~400 mm。振捣时注意快插慢拔，并使振动棒在振捣过程中上下略有抽动，上下混凝土振动均匀。

8 振动棒移动间距宜为 400 mm，在钢筋较密的情况下移动间距可控制在 300 mm。浇筑门窗洞口时，沿洞口两侧均匀对称下料，振动棒距洞边 300 mm 以上，宜从两侧同时振捣，防止洞口变形。大洞口（大于 1.5 m）下部模板应开洞，补充浇灌混凝土及振捣。浇筑过程中可用小锤敲击模板侧面检查，钢筋密集及洞口部位不得出现漏振、欠振或过振。

19.3.4　混凝土养护

　　1　清水混凝土墙、柱拆模后应立即养护，采用定制的塑料薄膜套包裹，外挂阻燃草帘，洒水养护。不得用草帘直接覆盖，避免污染墙面，覆盖塑料薄膜前和养护过程中洒水保持湿润。混凝土养护时间不应少于 7 d。

　　2　梁、板混凝土浇筑完毕后，分片分段抹平，及时用塑料布覆盖，塑料布覆盖完毕后，若发现塑料布内无凝结水时，应及时浇水保持表面湿润。混凝土硬化后，可采用蓄水养护，严防楼板出现裂缝。养护时间不应少于 7 d。

19.3.5　冬期施工

　　1　掺入混凝土的防冻剂，应经试验对比，混凝土表面不得产生明显色差。

　　2　混凝土采用加热水、骨料加热等蓄热法养护法时，其温度应根据施工条件和当地气候进行热工计算确定，混凝土拌和物出机温度不应低于 15 ℃。混凝土罐车和输送泵应有保温措施，混凝土入模温度不应低于 5 ℃。

　　3　混凝土浇筑前，在模板背面贴聚苯板，拆除模板后，立即涂刷养护剂，覆盖塑料薄膜，加盖阻燃草帘，混凝土养护时间不应少于 14 d。养护剂宜采用水乳型养护剂，避免混凝土表面变黄。

　　4　加强对混凝土强度增长情况的监控，做好同条件养护试件的留置工作和混凝土的测温工作。

19.4　混凝土表面处理

　　19.4.1　清水混凝土的表面处理应编制施工方案，做样板，经监理（建设）单位、设计单位同意后实施。

19.4.2 对拉螺栓孔眼修复与封堵

1 对拉螺栓孔眼修复：堵孔前对孔眼变形和漏浆严重的对拉螺栓孔眼应修复。首先清理孔眼表面浮渣及松动混凝土，将堵头放回孔中，用界面剂的稀释液（约50%）调配成同配合比砂浆（砂浆稠度为10~30 mm），用刮刀取调配砂浆补平尼龙堵头周边混凝土面，并刮平，待砂浆终凝后擦拭表面，轻轻取出堵头。

2 对拉螺栓孔眼封堵：首先清理螺栓孔，并洒水润湿，用特制工具堵住墙外侧，将界面剂调配的砂浆填补、捣实，轻轻旋转出特制工具并取出，砂浆终凝后喷水养护7 d。

3 对拉螺栓孔眼封堵见图19.4.2-1、图19.4.2-2。

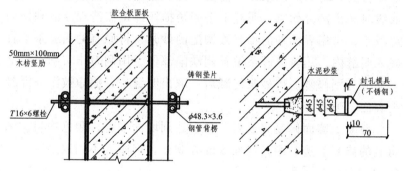

图 19.4.2-1 三节头对拉螺栓堵孔方法

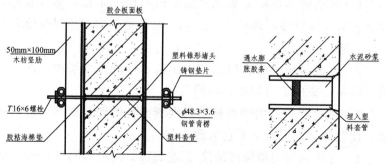

图 19.4.2-2 直通型对拉螺栓堵孔方法

19.4.3 缺陷修复

1 气泡修复：清理混凝土表面，用与原混凝土相同品种、相同强度等级的水泥拌制成水泥浆体刮补墙面，待硬化后，用细砂纸均匀打磨，用水冲洗洁净，确保表面无色差。

2 墙根、阴阳角漏浆部位修复：清理混凝土表面松动砂子，用铲刀铲平，用刮刀取腻子（界面剂的稀释液调配成与混凝土表面颜色基本相同的水泥腻子）批刮于修复部位。待腻子终凝后用砂纸打磨至表面平整，阴阳角顺直，喷水养护。

3 明缝处胀模、错台修复：错台修复时，先用铲刀铲平，如需打磨，打磨后用水泥浆修复平整。明缝处胀模修复时，先拉通线对超出部分切割，明缝上下阳角损坏部位需清理浮渣和松动混凝土，再用界面剂的稀释液调配的砂浆，将原有的明缝条平直嵌入明缝内，用修复砂浆填补到缺陷部位，用刮刀压实刮平，上下部分分别修复。待砂浆终凝后，取出明缝条，擦净被污染混凝土表面，喷水养护。

混凝土墙面修复完成后，要求达到墙面平整，颜色均匀，无明显的修复痕迹，距离墙面 5 m 处观察，肉眼看不到缺陷。

19.4.4 涂料工程

1 普通清水混凝土表面宜涂刷透明保护涂料；饰面清水混凝土表面应涂刷透明保护涂料。同一视觉范围内的涂料及施工工艺应一致。

2 墙面清理：涂料施工前，用清水清洗整个墙面，保持干燥，容易污染的部位用塑料薄膜保护。

3 颜色调整：用调整材料将混凝土色差明显的部位进行调整，使整体墙面混凝土颜色大致均匀。

4 底涂：均匀喷涂或滚涂 2 遍底漆，间隔时间 30 min，底涂必须完全覆盖墙面，无遗漏，涂后墙体颜色稍稍加深。

5 中间涂层：底涂施工完成 3 h 后，均匀喷涂水性中层涂层，无遗漏。

6 罩面涂层：中间涂层施工完成 3 h 后，均匀喷涂罩面涂层 2 遍，间隔时间 3 h 以上。喷涂采用无气喷涂，喷涂时必须压力稳定，喷枪与墙体距离一致，保证喷涂均匀。对于颜色较深的混凝土墙面可增加喷涂遍数，使墙面质感趋于一致。

19.5 质 量 标 准

19.5.1 外观质量

1 主控项目：

清水混凝土的外观质量不应有严重缺陷。对已经出现的严重缺陷，应由施工单位提出技术处理方案，经监理（建设）单位、设计单位认可后进行处理。对经处理的部位，应重新检查验收。

检查数量，全数检查。

检验方法：观察，检查技术处理方案。

2 一般项目：表面观感质量，以样板墙为标准，要求如下：

1）颜色：灰色，要求色泽均匀无明显色差。

2）表面：混凝土密实整洁，面层平整，阴阳角整齐顺直，梁柱节点或楼板与墙体交角、线、面清晰，起拱线、面平顺。无油迹、锈斑、粉化物、流淌和冲刷痕迹；无明显裂缝、漏浆、跑模和胀模、烂根、错台、冷缝、夹杂物、蜂窝、麻面和孔洞等。

3）缺陷修复后保持拆除模板的原貌，无剔凿、磨、抹或涂刷修补处理痕迹。

4）穿墙螺栓孔眼整齐，孔洞封堵平整，颜色同墙面一致。

5）混凝土保护层准确，无露筋；受力钢筋保护层厚度偏差不应大于 3 mm。

3 清水混凝土的外观质量与检验方法应符合表 19.5.1 的规定。

检查数量：抽查各检验批的 30%，且不应少于 5 件。

表 19.5.1　清水混凝土外观质量与检验方法

项次	检查项目	普通清水混凝土	饰面清水混凝土	装饰清水混凝土	检查方法
1	颜色	无明显色差	颜色基本一致，无明显色差	颜色基本一致，无明显色差	距离墙面 5 m 观察
2	修补	少量修补痕迹	基本无修补痕迹	基本无修补痕迹，图案及装饰片整齐无缺陷	距离墙面 5 m 观察
3	气泡	气泡分散	最大直径不大于 8 mm，深度不大于 2 mm，每平方米气泡面积不大于 20 cm^2	最大直径不大于 8 mm，深度不大于 2 mm，每平方米气泡面积不大于 20 cm^2	尺量
4	裂缝	宽度小于 0.2 mm	宽度小于 0.2 mm 且长度不大于 1 000 mm	宽度不大于 0.2 mm 且长度不大于 1 000 mm	尺量、刻度放大镜
5	光洁度	无明显的漏浆、流淌及冲刷痕迹	无漏浆、流淌及冲刷痕迹，无油迹、墨迹及锈斑，无粉化物	无漏浆、流淌及冲刷痕迹，无油迹、墨迹及锈斑，无粉化物	观察
6	对拉螺栓孔眼	—	排列整齐，孔洞封堵密实，颜色同墙面基本一致，凹孔棱角清晰圆滑	排列整齐，孔洞封堵密实，颜色同墙面基本一致，凹孔棱角、图案及装饰物清晰圆滑	观察、尺量
7	明缝	—	位置规律、整齐，深度一致，水平交圈	位置规律、整齐，深度一致，水平交圈，图案及装饰片一致	观察、尺量
8	蝉缝	—	横平竖直，均匀一致，水平交圈，竖向成线	横平竖直，均匀一致，水平交圈，竖向成线，图案及装饰物一致	观察、尺量

19.5.2 尺寸偏差

1 主控项目：

清水混凝土结构不应有影响结构性能和使用功能的尺寸偏差，对超过尺寸允许偏差且影响结构性能和安装、使用功能的部位，应由施工单位提出处理方案，并经监理（建设）单位、设计单位认可后进行处理。对经处理的部位，应重新检查验收。

检查数量：全数检查。

检验方法：量测，检查技术处理方案。

2 一般项目： 清水混凝土结构允许偏差与检验方法应符合表 19.5.2 的规定。

检查数量：抽查各检验批的 30%，且不应少于 5 件。

表 19.5.2　清水混凝土结构允许偏差与检验方法

项次	检查项目		允许偏差/mm			检验方法
			普通清水混凝土	饰面清水混凝土	装饰清水混凝土	
1	轴线位移	墙、柱、梁	5	5	5	尺量
2	截面尺寸	墙、柱、梁	±5	±3	±3	尺量
3	垂直度	层高	8	5	5	经纬仪、线坠、尺量
		全高（H）	$H/1\,000$，且 ≤30	$H/1\,000$ 且 ≤30	$H/1\,000$ 且 ≤30	
4	表面平整度		4	3	3	2 m 靠尺、塞尺
5	角、线顺直		4	3	3	拉线、尺量
6	预留孔、洞口中心线位移		10	8	8	尺量

项次	检查项目		允许偏差/mm			检验方法
			普通清水混凝土	饰面清水混凝土	装饰清水混凝土	
7	标高	层　高	±8	±5	±5	水准仪、尺量
		全　高	±30	±30	±30	
8	阴阳角	方　正	4	3	3	尺量
		顺　直	4	3	3	
9	阳台、雨罩位置		±8	±5	±5	尺量
10	明缝直线度		—	3	3	拉5m线,不足5m拉通线,钢尺检查
11	蝉缝错台		—	2	2	塞尺
12	蝉缝交圈		—	5	5	拉5m线,不足5m拉通线,钢尺检查

3 几何尺寸准确、阴阳角的棱角整齐、角度方正；外檐阴阳大角垂直整齐，折线、腰线平顺；各层门窗边线顺直，不偏斜；各层阳台边角线顺直，无明显凹凸错位；滴水槽（檐）顺直整齐。

19.6 成品保护

19.6.1 钢筋工程

1 钢筋半成品检查验收合格后，按规格、品种及使用顺序，分类挂牌堆放；存放的环境应干燥，避免因钢筋锈蚀影响清水混凝土表面效果。

2 楼板底筋绑扎完毕后必须先搭设人行通道方可绑扎面

筋，严禁在板筋或梁筋上行走，严禁攀爬柱、墙箍筋，预埋管线、线盒时，严禁任意敲打和割断结构钢筋。

3 泵管必须搭设支架，严禁直接放在梁、板钢筋上；严禁踩在板负筋上振捣混凝土。

4 浇筑混凝土时，派专人检查钢筋、预埋件及钢筋保护层的限位卡，发现移位及时纠正。

5 浇筑完毕，及时清理墙、柱钢筋表面的混凝土。

19.6.2 混凝土工程

1 每次浇筑混凝土前，在下口处用层板做一个 50～100 mm 的檐口，防止水泥浆污染下层墙面。浇筑时对偶尔出现的流淌砂浆及时擦洗干净。

2 模板拆除应先退出对拉螺栓的两端配件再拆模，模板应轻拆轻放。拆模时，不得碰撞清水混凝土结构。

3 拆模后应对易磕碰的阳角部位采用多层板、塑料等硬质材料进行保护。

4 当挂架、脚手架、吊篮等与成品清水混凝土表面接触时，应使用衬垫保护。

5 按要求做好预埋、预留，严禁随意剔凿成品清水混凝土表面。确需剔凿时，应制定专项施工方案。

19.7 安全环保措施

19.7.1 安全措施

1 浇筑梁、柱混凝土时应设操作台，不得站在模板或支撑上操作。

2 输送管堵塞时，应立即处理，不得继续送料，避免输送管爆裂伤人。

3 竖立的输送管必须单独与主体结构连接牢固,不得与外脚手架或支模架连接。

19.7.2 环境保护措施

应符合本规程第 14.11.2 条的有关规定。

19.8 质量记录

19.8.1 清水混凝土结构工程施工质量验收时,应按本规程第 14.12.1 条的相应规定提供有关文件和记录。

19.8.2 清水混凝土结构工程施工质量验收时,应按《四川省工程建设统一用表》的规定提供有关质量验收记录。

19.8.3 清水混凝土结构工程施工过程专项控制验收应按表 19.8.3 做好记录。

表 19.8.3 混凝土施工过程专项控制验收记录

施工部位			施工时间	
施工班组			混凝土等级、数量	
项次	检查内容	要求	检查情况及处理结果	检查人
1	上道工序检查情况,隐蔽记录	验收通过,有书面记录		
2	施工班组技术交底	已经按要求交底		
3	混凝土供应通知单	符合施工方案要求		
4	开盘鉴定等资料	符合施工方案要求		
5	混凝土小票与浇筑部位情况	相符、一致,符合施工方案要求		

续表 19.8.3

项次	检查内容	要 求	检查情况及处理结果	检查人
6	混凝土外观检查	符合施工方案要求		
7	坍落度测试	符合施工方案要求		
8	混凝土浇筑速度	符合施工方案要求		
9	混凝土浇筑时间间隔	符合施工方案要求		
10	润管砂浆情况	符合施工方案要求		
11	混凝土每点振捣时间	符合施工方案要求		
12	混凝土振捣间距	符合施工方案要求		
13	收口处浮浆的处理	符合施工方案要求		
14	混凝土浇筑时模板情况	符合施工方案要求		
15	混凝土浇筑时钢筋情况	无扰动、位置准确		
16	混凝土的养护	符合施工方案要求		
17	混凝土上口剔凿后标高	符合施工方案要求		
18	混凝土拆模后成品保护	符合施工方案要求		

20 预应力混凝土

20.1 一般规定

20.1.1 适用范围

适用于工业与民用建筑工程中的预应力混凝土分项工程施工。

20.1.2 后张法预应力混凝土工程的施工应由具有相应资质等级的预应力专业施工单位承担。

20.1.3 预应力混凝土工程应编制专项施工方案，必要时，施工单位应根据设计文件进行深化设计。

20.1.4 材料要求

1 预应力混凝土用钢丝、钢绞线应符合现行国家标准《预应力混凝土用钢丝》GB/T 5223、《预应力混凝土用钢绞线》GB/T 5224 的规定。

2 预应力混凝土结构中，严禁使用含氯化物的外加剂。

20.1.5 预应力筋用锚具、夹具和连接器的性能应符合现行国家标准《预应力筋用锚具、夹具和连接器》GB/T 14370 和现行国家标准《预应力筋用锚具、夹具和连接器应用技术规程》JGJ 85 的规定。

20.1.6 锚具的静载锚固性能，应由预应力筋-锚具组装件静载试验测定的锚具效率系数（η_a）和达到实测极限拉力时组装件中预应力筋的总应变（ε_{apu}）确定。锚具效率系数（η_a）不应小于 0.95，预应力筋总应变(ε_{apu})不应小于 2.0%。锚具效率系数应根据试验结果并按下式计算确定：

$$\eta_a = \frac{F_{apu}}{\eta_p \cdot F_{pm}} \qquad （20.1.6）$$

式中　η_a——由预应力筋-锚具组装件静载试验测定的锚具效率系数；

　　　F_{apu}——预应力筋-锚具组装件的实测极限拉力（N）；

　　　F_{pu}——预应力筋的实际平均极限抗拉力（N），由预应力筋试件实测破断力平均值计算确定；

　　　η_p——预应力筋的效率系数，其值应按下列规定取用：预力筋-锚具组装件中预应力筋为 1～5 根时，$\eta_p=1$；6～12 根时，$\eta_p=0.99$；13～19 根时，$\eta_p=0.98$；20根及以上时，$\eta_p=0.97$。

预应力筋-锚具组装件的破坏形式应是预应力筋的破断，锚具零件不应碎裂。夹片式锚具的夹片在预应力筋拉应力未超过 $0.8f_{ptk}$ 时不应出现裂纹。

20.1.7 在后张预应力混凝土结构构件中的永久性预应力筋连接器，应符合锚具的性能要求。

20.1.8 预应力筋的张拉机具、设备及仪表，应定期维护和校验。张拉设备应配套标定，并配套使用。张拉设备的标定期限不应超过半年。当在使用过程中出现反常现象时或在千斤顶检修后，应重新标定。

　1　压力表的量程应大于张拉工作压力读数，压力表的精确度等级不应低于 1.6 级；

2 标定张拉设备用的试验机或测力计的测力示值不确定度，不应大于 1.0%；

3 张拉设备标定时，千斤顶活塞的运行方向应与实际张拉工作状态一致。

20.1.9 在后张预应力混凝土结构构件中，预应力束（或孔道）曲线末端的切线应与锚垫板垂直。

20.1.10 在浇筑混凝土之前，应进行预应力隐蔽工程验收，其内容包括：

1 预应力筋的品种、规格、数量、位置等；

2 预应力筋锚具和连接器的品种、规格、数量、位置等；

3 预留孔道的规格、数量、位置、形状及灌浆孔、排气兼泌水管等；

4 锚固区局部加强构造等。

20.2 施 工 准 备

20.2.1 技术准备

1 根据设计文件，编制详细的预应力混凝土工程专项施工方案。

2 根据设计文件及专项施工方案的要求，选定预应力筋、锚具（或夹具）、锚垫板等；在专项施工方案中应包括预应力筋的埋设高度坐标位置，预应力筋的张拉伸长值等内容。

3 做好预应力筋、锚具等的验收及复验。

20.2.2 材料准备

1 预应力筋：

1）预应力混凝土用钢丝应按设计要求采用，并应符合现行国家标准《预应力混凝土用钢丝》GB/T 5223 的规定。

外观要求：成品钢丝展开后应平顺，不得有弯折，表面不得带有润滑剂；允许有浮绣，但不得锈蚀成目视可见的麻坑；表面不应有裂纹、机械损伤和氧化铁皮等。

力学性能：从每检验批中任意抽取 3 盘，每盘抽取一根试件进行检验，检验项目包括其抗拉强度、总伸长率。如有一项不合格，对应盘报废；再从未试验过的盘中抽取双倍数量试样进行检验，若仍不合格，此批报废。

检查数量：每 60 t 为一批。

检验方法：检查产品合格证、出厂检验报告和进场复验报告。

常用预应力钢丝的规格、力学性能见表 20.2.2-1、表 20.2.2-2。

表 20.2.2-1　光圆钢丝尺寸及允许偏差、每米参考质量

公称直径 d_n/mm	直径允许偏差 /mm	公称横截面积 S_n/mm²	每米参考质量 /(g/m)
3.00	± 0.04	7.07	55.5
4.00		12.57	98.6
5.00	± 0.05	19.63	154
6.00		28.27	222
6.25		30.68	241
7.00		38.48	302
8.00	± 0.06	50.26	394
9.00		63.62	499
10.00		78.54	616
12.00		113.1	888

表 20.2.2-2　消除应力光圆钢丝（φ^P）的力学性能

公称直径 d_n/mm	抗拉强度 σ_b/MPa 不小于	规定非比例伸长应力 $\sigma_{p0.2}$/MPa 不小于		最大力下总伸长率 L_0=200 mm δ_{gt}/% 不小于	弯曲次数 /（次/180°）不小于	弯曲半径 R/mm	应力松弛性能 初始应力相当于公称抗拉强度的百分数/%	1000 h后应力松弛率 r/%，不大于	
		WLR	WNR				对所有规格	WLR	WNR
4.00	1 470	1 290	1 250		3	10			
4.80	1 570	1 380	1 330						
	1 670	1 470	1 410		4	15			
5.00	1 770	1 560	1 500				60	1.0	4.5
	1 860	1 640	1 580						
6.00	1 470	1 290	1 250		4	15			
6.25	1 570	1 380	1 330	3.5	4	20	70	2.0	8
7.00	1 670	1 470	1 410		4	20			
	1 770	1 560	1 500						
8.00	1 470	1 290	1 250		4	20			
9.00	1 570	1 380	1 330		4	25	80	4.5	12
10.00					4	25			
12.00	1 470	1 290	1 250		4	30			

2）预应力混凝土用钢绞线应按设计要求采用，并应符合现行国家标准《预应力混凝土用钢绞线》GB/T 5224 的规定。

外观要求：成品钢绞线的表面不得带有润滑剂；允许有浮锈，但不得锈蚀成目视可见的麻坑；表面不应有裂纹、小刺、机械损伤和氧化铁皮等。

力学性能：从每检验批中任意抽取 3 盘，每盘抽取一根试件进行检验，检验项目包括其抗拉强度、总伸长率。如有一项不合格，对应盘报废；再从未试验过的盘中抽取双倍数量试样进行检验，若仍不合格，此批报废。

检查数量：每 60 t 为一批。

检验方法：检查产品合格证、出厂检验报告和进场复验报告。

常用预应力钢绞线的规格、力学性能见表 20.2.2-3、表 20.2.2-4。

表 20.2.2-3　1×7 结构钢绞线的尺寸及允许偏差、每米参考质量

钢绞线结构	公称直径 D_n/mm	直径允许偏差/mm	钢绞线参考截面面积 S_n/mm²	每米钢绞线参考质量 /（g/m）	中心钢丝直径 d_0 加大范围/%，不小于
1×7	9.50	+ 0.30 − 0.15	54.8	430	
	12.70	+ 0.40 − 0.20	98.7	775	2.5
	15.20		140	1 102	
	17.80		191	1 500	
	21.6		285	2 237	
（1×7）C	12.70	+ 0.40 − 0.20	112	890	
	15.20		165	1 295	

表 20.2.2-4　1×7 结构钢绞线（ϕ^s）力学性能

钢绞线结构	钢绞线公称直径 D_n/mm	抗拉强度 R_m/MPa 不小于	整根钢绞线的最大力 F_m/kN 不小于	规定非比例延伸力 $F_{p0.2}$/kN 不小于	最大力总伸长率 $L_0 \geqslant$ 500 mm A_{gt}/% 不小于	应力松弛性能	
						初始负荷相当于公称最大力的百分数/%	1 000 h 后应力松弛率 r/% 不大于
						对所有规格	
1×7	9.50	1 720	94.3	84.9	3.5	60	1.0
		1 860	102	91.8			
		1 960	107	96.3			
	12.70	1 720	170	153			
		1 860	184	166			
		1 960	193	174			
	15.20	1 470	206	185		70	2.5
		1 570	220	198			
		1 670	234	211			
		1 720	241	217			
		1 860	260	234			
		1 960	274	247			
	17.80	1 720	327	294		80	4.5
		1 860	353	318			
	21.6	1 770	504	454			
		1 860	530	477			
(1×7)C	12.70	1 860	208	187			
	15.20	1 820	300	270			

注：规定非比例延伸力 $F_{p0.2}$ 值不小于整根钢绞线公称最大力 F_m 的 90%。

　　3）预应力混凝土用螺纹钢筋应按设计要求采用，并应符合现行国家标准《预应力混凝土用螺纹钢筋》GB/T 20065 的规定。

外观要求：钢筋表面不得有横向裂纹、结疤和折叠。允许有不影响钢筋力学性能和连接的其他缺陷。

力学性能：从每检验批中任意抽取 2 根试件进行检验，检验项目包括其抗拉强度、总伸长率。

检查数量：每 60 t 为一批。

检验方法：检查产品合格证、出厂检验报告和进场复验报告。

常用预应力螺纹钢筋的规格、力学性能见表 20.2.2-5、表 20.2.2-6。

表 20.2.2-5　预应力螺纹钢筋规格、质量

公称直径/mm	公称截面面积 /mm²	有效截面系数	理论截面面积 /mm²	理论质量/(kg/m)
18	254.5	0.95	267.9	2.11
25	490.9	0.94	522.2	4.10
32	804.2	0.95	846.5	6.65
40	1 256.6	0.95	1 322.7	10.34
50	1 963.5	0.95	2 066.8	16.28

表 20.2.2-6　预应力螺纹钢筋力学性能

级别	屈服强度 R_{eL}/MPa	抗拉强度 R_m/MPa	断后伸长率 A/%	最大力下总伸长率 A_{gt}/%	应力松弛性能	
					初始应力	1 000 h 后应力松弛率 V_r/%
	不小于					
PSB785	785	980	7	3.5	0.8R_{eL}	≤3
PSB830	830	1 030	6			
PSB930	930	1 080	6			
PSB1080	1 080	1 230	6			

注：无明显屈服时，用规定非比例延伸强度（$R_{P0.2}$）代替。

445

4）无黏结预应力筋应按设计要求采用，并应符合国家现行标准《钢绞线、钢丝束无粘结预应力筋》JG 3006 的规定。涂包质量应符合国家现行标准《无粘结预应力筋专用防腐润滑脂》JG 3007 的规定，其塑料外套宜采用高密度聚乙烯，护套应光滑、无裂缝，无明显褶皱。

检查数量：每 60 t 为一批，每批抽取一组试件作力学性能检验和涂包质量检验。

检验方法：观察，检查产品合格证、出厂检验报告和进场复验报告。

常用无黏结预应力筋的规格、力学性能、护套厚度及油脂用量见表 20.2.2-7。

表 20.2.2-7　常用无黏结预应力筋规格及主要技术性能

预应力筋		钢绞线		钢丝束
钢材	公称直径/mm	φ15.2	φ12.7	7-φ5
	抗拉强度/(N/mm^2)	1 860	1 860	1570
	截面面积/mm^2	140.0	98.7	137.4
	公称重量/(kg/m)	1.102	0.775	1.08
	延伸率/%，≥	3.5	3.5	3.5
	弹性模量/(N/mm^2)	1.95×10^5	1.95×10^5	2.05×10^5
	松弛率/%，≤	2.5	2.5	8.0
护套	护套厚度/mm	0.8～1.2	0.8～1.2	0.8～1.2
	油脂用量/(g/m)	50	43	50

2　锚具、夹具、连接器：

外观检查：从每批中各种不同类型抽取 2%，且不少于 10 套，检查其外观质量和外形尺寸，表面应无污物、锈蚀、机械损伤和裂纹。

硬度检验：从每批中各种不同类型的锚具抽取 3%，且不少于 5 套做硬度检验。

静载锚固性能试验：经过上述两项检验合格后，从同批中抽取锚具组成 3 个预应力筋-锚具组装件，进行静载锚固性能试验。

检查数量：按进场批次和产品的抽样检验方案确定。一般每检验批锚具不应超过 2 000 套。对用量较少的一般工程，当有可靠依据时，可不做进场静载锚固性能试验。

检验方法：检查产品合格证、出厂检验报告和进场复验报告。

常用预应力筋锚具和连接器见表 20.2.2-8。

表 20.2.2-8　常用预应力筋锚具和连接器

预应力筋品种	张　拉　端	锚　固　端	
		安装在结构外部	安装在结构内部
钢 绞 线	夹片锚具 压接锚具	夹片锚具 压接锚具 挤压锚具	压花锚具 挤压锚具
单根钢丝	镦头锚具 夹片锚具	镦头锚具 夹片锚具	镦头锚具
钢丝束	镦头锚具 冷（热）铸锚	冷（热）铸锚	镦头锚具
预应力螺纹钢筋	螺母锚具	螺母锚具	螺母锚具

3　预应力用波纹管：

孔道留设常用金属螺旋管、塑料波纹管两种，应按设计要求规格采用。其尺寸和性能应符合国家现行标准《预应力混凝土用金属波纹管》JG 225、《预应力混凝土桥梁用塑料波纹管》JT/T 529 等的规定。

后张法预应力构件的预留孔道通常采用预埋管道的方式，即在预应力混凝土构件中根据设计要求在混凝土浇筑前预先将管道留设材料埋入，从而形成预留孔道。最常采用的预留孔道材料为金属波纹管。金属波纹管的性能除外观尺寸外，主要有径向刚度和抗渗漏性能。圆形金属波纹管所采用的钢带厚度与圆管内径的关系应符合表 20.2.2-9 规定。

表 20.2.2-9　波纹管钢带厚度

圆管内径		40，45	50，55 60，65	70，75	80	85，90	96，102，108 114，120，126	132
最小钢带 厚度	标准型	0.28	0.30	0.30	0.35	0.35	0.40	0.40
	增强型	0.30	0.35	0.40	0.40	0.45	0.50	0.60

外观检查：其内外表面应清洁，无锈蚀，不应有油污、孔洞和不规则的褶皱，咬口或连接处不应有开裂或脱扣现象。

检查数量：按进场批次和产品的抽样检验方案确定。应在每一进场批次中选取数量最多的规格，进行外观、径向刚度和抗渗性能的抽检，抽样数量不少于 3 件。对用量较少的一般工程，当有可靠依据时，可不做进场复验。

检验内容：检查产品合格证、出厂检验报告和进场复验报告。

20.2.3　主要机具

1　主要机具见表 20.2.3。

表 20.2.3 主要机具规格、性能

序　号	名　称	型　号	性　能
1	高压电动油泵	ZB4/500	与千斤顶、镦头器、压花机、挤压机配套使用
2	张拉千斤顶	YCWB 系列 YC-60 系列 YZ-38 系列 YZ-85 系列	用于夹片锚 用于螺丝杆镦头锚 用于 ϕ^P5 锥形锚 用于 18~24ϕ^P5 锥形锚
3	钢丝镦头器	LD10 LD20	用于 ϕ^P5 镦粗头 用于 ϕ^P7 镦粗头
4	钢绞线挤压机	JY45	用于 $\phi^S12.7$、$\phi^S15.2$ 挤压锚
5	钢绞线压花机	YH30	用于 $\phi^S12.7$、$\phi^S15.2$ 压花

2 预应力筋成型制作用普通机具和工具：

1）普通机具：380 V 电焊机、焊把线等；380 V/220 V 二级配电箱、电线若干；ϕ400 砂轮切割机；1.0 t 手动葫芦。

2）常用工具：绑钩、卷尺若干、铁皮剪、扳手、50 m 钢卷尺等。

3 灌浆设备：UB3 型灌浆泵、搅拌机、储浆筒；螺杆式灌浆泵、压力灌浆管；ϕ100、ϕ150 手提切割机。

20.2.4 作业条件

1 预应力筋下料、铺设：

1）预应力筋、螺旋管、压花锚、墩头锚制作完毕；

2）预应力筋及挤压锚组装完毕；

3）现场安全防护到位；

4）监理工程师、质检员、安全员到位。

2 张拉、灌浆：

1）张拉前应检查张拉设备是否正常运行，千斤顶与压力表是否已配套标定；

2）锚夹具、连接器准备齐全，并经检查验收；

3）灌浆用水泥浆以及封端混凝土的配合比已经试验确定；

4）搭设张拉操作平台，张拉端应有安全防护设施，张拉通道畅通；

5）准备好预应力筋张拉锚固记录表；

6）监理工程师、质检员、安全员到位。

20.3 施 工 工 艺

20.3.1 工艺流程

1 后张法有黏结预应力工艺流程：

预应力筋复验合格、加工制作→支设模板→绑扎非预应力筋、安放预留管预留孔道、穿预应力筋→安装端部节点→浇筑构件混凝土、养护→拆除侧模板→混凝土试件试压→安装锚具及张拉设备→预应力筋张拉锚固→孔道灌浆、同时制作水泥浆试件→封闭锚具

2 后张法无黏结预应力工艺流程：

预应力筋复验合格→预应力筋加工制作→张拉机具、挤压锚具复验合格→支设模板→非预应力筋绑扎→布设无黏结预应力筋→安装端部节点→浇筑混凝土、养护→拆除侧模板→混凝土试件试压→预应力筋张拉锚固→切除端部多余预应力筋→锚具防护

20.3.2 作业规定

1 预应力筋制束：

1） 在预应力筋制作或组装时，应防止预应力筋受焊接火花或接地电流的影响。

2） 预应力筋下料应在平坦、洁净的场地上进行。钢丝下料时，对表面有电接头或机械损伤的预应力筋应剔除。

3） 钢丝束镦头前，应首先确认该批预应力钢丝的可镦性。头型应圆整端正。钢丝束采用镦头锚具时，下料的切断面应垂直钢丝。两端为镦头锚具时，应采用等长下料法。

ϕ^P5 钢丝用 LD10 型钢丝液压冷镦机制作，ϕ^P7 钢丝用 LD20 型钢丝液压冷镦机制作。正式镦头前，先用 100～200 mm 的短钢丝 4～6 根进行试镦，头型合格后，确定油压。正式镦头过程中随时检查，发现不合格者及时剪除重镦。常用镦头压力与头型见表 20.3.2。

表 20.3.2　常用镦头压力与头型

钢丝直径/mm	镦头压力/（N/mm²）	头型直径/mm	头型高度/mm
ϕ^P5	32～36	7～7.5	4.7～5.2
ϕ^P7	40～43	10～11	6.7～7.3

4） 钢丝编束、张拉端镦头锚具安装及钢丝镦头宜同时进行。钢丝的一端先穿入锚具并镦头，另一端用细铁丝将内外圈钢丝按锚具处相同的顺序分别编扎，端头扎紧，并沿束长适当编扎几道。

5） 钢绞线挤压锚具挤压前，在钢绞线端头安装挤压套，并在挤压套外表面涂润滑油，钢绞线、挤压模与活塞杆应在同一轴心线上。液压挤压机的压力表读数按生产厂家提供的参数控制，钢绞线端头应露出成型后挤压锚具的外端。挤压锚具应与锚垫板固定可靠。

6）钢绞线压花锚具成型时，表面应清洁、无污染。液压压花机的压力表读数按生产厂家提供的参数控制；成型后的梨形头尺寸：对 $\phi^S 15.2$ 钢绞线为 $\phi 95$ mm × 150 mm；对 $\phi^S 12.7$ 钢绞线为 $\phi 80$ mm × 130 mm。

2 有黏结预应力筋孔道成型：

1）后张预应力孔道成型，宜采用预埋管法。

2）在框架梁中，预留孔道在竖直方向的净距不应小于孔道外径，水平方向的净距不应小于 1.5 倍孔道外径；从孔壁算起的混凝土保护层厚度，梁底不宜小于 50 mm，梁侧不宜小于 40 mm。

3）金属螺旋管的接长，可采用大一号同型号波纹管作为接头管。接头管的长度：管径为 $\phi 40 \sim 60$ mm 时不小于 200 mm，$\phi 65 \sim 80$ mm 时不小于 250 mm，$\phi 85 \sim 100$ mm 时不小于 300 mm。接头管的两端应采用胶带密封，不得漏浆。

塑料波纹管的接长，可采用电热板加热接口至热塑状态压接。

4）金属螺旋管或塑料波纹管安装前，应按设计要求在箍筋上标出预应力筋的曲线坐标位置，点焊 $\phi 8 \sim 10$ 钢筋支托，间距不宜大于 1 m。波纹管安装时接头位置错开。波纹管安装后，必须用铁丝与钢筋支托扎牢。

5）灌浆孔间距不宜大于 30 m，不应大于 45 m；对抽芯成形孔道不宜大于 12 m。真空灌浆不受此限制。排气兼泌水孔应设置在波峰部位。对于梁面变角张拉曲线束，宜在最低点设排水孔。灌浆孔及泌水孔的孔径应能保证浆液畅通。

6）灌浆孔（泌水孔）与波纹管的连接是在波纹管上开洞，

覆盖海绵垫片和塑料弧形压板并用铁丝扎牢，用增强塑料管插在接口上并将其引至构件顶面以上 400～500 mm。

7）波纹管安装后，应检查波纹管的位置与曲线形状是否符合设计要求、波纹管的固定是否牢靠、接头处是否密封、管壁有无破损等。如有破损，应及时用黏胶带修补。

8）竖向预应力结构采用薄壁钢管成孔时应采用定位支架固定，每段成孔钢管的长度应根据施工分层浇筑高度确定。接头处宜高于混凝土浇筑面 500～800 mm，并用螺纹堵头临时封口。

3 混凝土浇筑及振捣：

1）混凝土浇筑时，严禁踩踏马凳，防止触动锚具，确保预应力筋及锚具的位置准确。

2）张拉端及锚固端混凝土应认真振捣，严禁漏振，保证混凝土的密实性。对于无黏结预应力混凝土振捣时，严禁触碰张拉端穴模，避免由于穴模脱落而影响预应力筋的张拉工作。

3）预应力梁的底模起拱按设计要求进行；当设计无具体要求时，宜按 0.5/1 000 起拱。

4）用插入式振捣器振捣时，振动棒不得正对着波纹管振捣。

4 对后张法预应力混凝土结构构件，侧模宜在预应力筋张拉前拆除，底模拆除应符合设计要求；当设计无具体要求时，应在张拉灌浆后拆除。

5 预应力筋穿束：

1）预应力筋可在浇筑混凝土前（先穿束法）或浇筑混凝土后（后穿束法）穿入孔道，应根据结构特点、施工条件和工期要求等确定。采用先穿束法时，严禁电火花烧伤管道内的预应力筋，同时应在外露端头裹塑料纸防锈。

2）穿束方法，可采用人力、卷扬机或穿束机单根穿或整束穿。人力穿束可用于直线束或 1~2 跨的曲线束。对超长束、特重束、多波曲线束等,宜采用卷扬机整体穿束。束的前端应装有穿束网套或特制的牵引头。穿束机适用于单根穿大批量的钢绞线,穿束时钢绞线前头宜套上一个弹头形壳帽。

3)竖向孔道的穿束,宜采用整束由下向上牵引工艺,也可单根由上向下控制放盘速度引入孔道。

6 无黏结预应力筋铺设:

1)平板无黏结预应力筋铺设前,应按其布置图在底模上划出位置线,并在张拉端模板上按其坐标高度钻孔。

2)平板无黏结预应力筋铺设时,曲线坐标可用钢筋马凳控制。马凳间距为 1~2 m,用铁丝将无黏结预应力筋与马凳扎牢。

3)在双向预应力筋平板中,应事先根据无黏结预应力筋的各纵横筋交叉点的标高绘制铺放顺序图,进行编束。当某一无黏结预应力筋的各点标高均分别低于与其相交的各筋标高时,该筋应先铺设。

双向无黏结预应力筋的底层筋,宜与同方向板内非预应力筋处在同一水平位置。

4)无黏结预应力筋张拉端的锚垫板可固定在端部模板上或利用短筋与四周钢筋焊牢,且应保持张拉作用线与锚垫板相垂直。

当张拉端采用凹入式做法时,可采用塑料穴模或其他形式穴模。

5)无黏结预应力筋固定端,应事先组装好,按设计要求的位置绑扎牢固,不得相互重叠放置。

6)在梁、筒壁等构件中,集束配置无黏结预应力筋时,应采用钢筋支托、定位支架或其他构造措施控制其位置。集束筋应保持平行走向,防止相互扭绞。

集束无黏结预应力筋在张拉端宜处理为单孔夹片锚的分散布

置方式，但其合力线的位置应不变。若需处理为多孔群锚的集中布置方式，应布置成锚垫板后的喇叭形过渡段，颈部作封闭处理。张拉后，喇叭管内注入防腐油脂。

20.4 预应力筋张拉和放张

20.4.1 准备工作

1 锚具安装前，应清理锚垫板端面和喇叭孔内的杂物，且应检查并保证锚垫板后的混凝土密实度，同时应清理预应力筋表面的浮锈和渣土。

2 锚具安装应保证锚板对中，夹片应击紧，夹片缝隙均匀。

3 预应力筋张拉前，应计算施工张拉力值、相应压力表读数和张拉伸长值，并填写张拉申请单。

20.4.2 预应力筋张拉

1 预应力筋的张拉顺序，应根据结构受力特点、施工方便、操作安全等因素确定。在现浇预应力混凝土楼面结构中，宜先张拉楼板、次梁，后张拉主梁。在构件平面顺序和截面预应力筋顺序上都应遵循对称张拉原则。

2 预应力筋张拉方法，应根据设计要求采取一端张拉或两端张拉。采用两端张拉时，宜两端同时张拉，也可一端先张拉，另端补张拉。

3 对同一束预应力筋，应采用相应吨位的千斤顶整束张拉。对直线束或平行排放的单跨曲线束，也可采用小型千斤顶单根张拉工艺。

4 预应力筋的张拉步骤，应从零应力加载至初应力测量伸长值，再以均匀速度分级加载测量伸长值至终应力，然后持荷 2 分钟锚固。

5 对特殊预应力构件或预应力筋，应根据设计要求采取专门的张拉工艺，如采用分阶段张拉、分批张拉、分级张拉、变角张拉等工艺。

6 无黏结预应力筋的张拉控制应力不应大于钢绞线抗拉强度的 80%。

7 预应力筋张拉时，应对张拉过程作详细记录。

20.4.3 预应力筋放张

1 后张法预应力筋张拉锚固后，如遇到特殊情况需要放张，应由专业人员采用专门技术进行。

2 后张预应力结构拆除或开洞时，无黏结预应力筋的放张应由专业队伍采用专门技术进行。

3 预应力筋放张应有详细记录。

20.5 预应力筋孔道灌浆及锚具封闭

20.5.1 准备工作

1 后张法有黏结预应力筋张拉完毕并经检查合格后，应尽早进行灌浆，以减少预应力损失及锈蚀。

2 灌浆前应全面检查构件孔道及灌浆孔（泌水孔）、排气孔是否畅通。预埋管成型的孔道一般不用水冲洗孔道，必要时采用压缩空气清孔。

3 灌浆设备的配备必须确保其连续工作条件，根据灌浆高度、长度、形态等条件选用合适的灌浆泵。灌浆泵应配备计量检验合适的压力表。灌浆前应检查配套设备、输浆管道及阀门的可靠性，注入泵体的水泥浆应筛滤，滤网孔径不宜大于 5 mm，输浆管连接的出浆孔孔径不宜小于 10 mm。

4 为确保孔道灌浆压力，灌浆前对锚具夹片空隙和其他可能漏浆处需采用高标号水泥浆封堵，封堵材料抗压强度大于 10 MPa 时方可灌浆。

20.5.2 制浆要求

1 孔道灌浆用水泥浆应采用通用硅酸盐水泥，其质量应符合现行国家标准《通用硅酸盐水泥》GB 175 的规定。

2 水泥浆可掺入适量外加剂，其掺量应经试验确定，严禁掺入各种含氯盐或对预应力筋有腐蚀作用的外加剂。

3 水泥浆的可灌性以流动度控制，采用流淌法测定时为 130 ~ 150 mm，采用流锥法测定时为 12 ~ 18 s。

4 水泥浆宜采用机械拌制，应确保灌浆材料拌和均匀。运输和间歇时间过长产生沉淀离析时，应进行二次拌和。

5 稠度、泌水率及自由膨胀率的试验方法应符合现行国家标准《预应力孔道灌浆剂》GB/T 25182 的规定。

20.5.3 灌浆工艺

1 灌浆顺序宜先灌下层孔道，后灌上层孔道。灌浆应缓慢进行，不得中断，并应排气通顺，在灌满孔道封闭排气孔后，宜再继续加压至 0.5 ~ 0.7 MPa，稳压 2 min，稍后封闭灌浆孔。

2 采用连接器连接的多跨连续预应力筋孔道灌浆，应在张拉完连接器分段部分随即灌浆，不得在各分段全部张拉完毕后一次连续灌浆。

3 竖向孔道灌浆应自下而上进行，并应设置阀门，阻止水泥浆回流。为确保其灌浆密实性，除掺微膨胀减水剂外，并应采用重力补浆。

4 对超长、超高的预应力筋孔道宜采用多台灌浆泵接力灌浆的方法，但前置灌浆孔必须待后置灌浆孔冒浆时，后置灌浆孔方可续灌。

5 孔道压浆应连续一次完成，不得中断。当发生孔道阻塞、串孔或中断灌浆时，应及时冲洗孔道，采取措施重新灌浆。

6 灌浆应填写施工记录，标明灌浆日期、水泥等级、品种、配合比、构件编号和灌浆情况。

20.5.4 真空辅助压浆

1 真空辅助压浆设备，除传统的压浆设备外，还应配备真空泵、空气滤清器及配件等。

2 真空辅助压浆的孔道，应具有良好的密封性，宜采用塑料波纹管。

3 真空辅助压浆用水泥浆应优化配合比，宜掺入适量的缓凝高效减水剂，其水灰比可降为 0.3 ~ 0.35，制浆时宜采用高速搅拌机。

4 在预应力筋孔道灌浆前，应切除外露的多余钢绞线进行封锚。

5 孔道灌浆时，先将灌浆阀、排气阀全部关闭，启动真空泵，使真空度达到 0.08 ~ 0.1 MPa 并保持稳定，然后启动灌浆泵开始灌浆。在灌浆过程中，真空泵保持连续工作，待抽真空端的空气滤清器有浆体经过时关闭。灌浆工作按常规方法完成。

20.5.5 锚具封闭保护

1 无黏结预应力筋锚固区封闭前应进行防腐处理；锚具夹片和无黏结筋端部，应涂满防腐油脂，并套上塑料罩；也可采用涂刷环氧树脂达到全密封效果。

2 锚固区封闭前应将周围混凝土冲洗干净，并凿毛，必要时配置 1～2 片钢筋网和在槽壁涂刷环氧树脂类黏结剂，然后封闭锚具。

3 锚具宜采用与构件同强度等级的细石混凝土，也可采用微膨胀混凝土、低收缩砂浆等封闭保护。

20.6 质 量 标 准

20.6.1 原材料主控项目

1 预应力筋进场时力学性能检验应符合本规程第 20.2.2 条第 1 款第 1）～3）项的有关规定。

2 无黏结预应力筋的力学性能及涂包质量检验应符合本规程第 20.2.2 条第 1 款第 4）项的有关规定。

3 预应力筋用锚具、夹具和连接器的性能应符合本规程第 20.1.5 条和第 20.2.2 条第 2 款的有关规定。

4 孔道灌浆用水泥和外加剂的质量应符合本规程第 20.5.2 条第 1 款和第 2 款的规定。

20.6.2 原材料一般项目

1 有黏结预应力筋使用前应进行外观检查，其质量应符合本规程第 20.2.2 条第 1 款第 1）～3）项的有关规定。

2 无黏结预应力筋护套外观检查应符合本规程第 20.2.2 条第 1 款第 4）项的有关规定。

3 预应力筋用锚具、夹具和连接器使用前应进行外观检查，其质量应符合本规程第 20.2.2 条第 2 款的有关规定。

4 预应力混凝土用金属螺旋管、塑料波纹管的尺寸和性能、外观质量应符合本规程第 20.2.2 条第 3 款的规定。

20.6.3 制作与安装主控项目

1 预应力筋安装时，其品种、级别、规格、数量必须符合设计要求。

检查数量：全数检查。

检验方法：观察，钢尺检查。

2 施工过程中应避免电火花损伤预应力筋；受损伤的预应力筋应予以更换。

检查数量：全数检查。

检验方法：观察。

20.6.4 制作与安装一般项目

1 预应力筋下料应符合下列要求：

1）预应力筋应采用砂轮锯或切断机切断，不得采用电弧切割；

2）当钢丝束两端采用镦头锚具时，同一束中各根钢丝长度的极差不应大于钢丝长度的 1/5 000，且不应大于 5 mm。当成组张拉长度不大于 10 m 的钢丝时，同组钢丝长度的极差不得大于 2 mm。

检查数量：每工作班抽查预应力筋总数的 3%，且不少于 3 束。

检验方法：观察，钢尺检查。

2 预应力筋端部锚具的制作质量应符合下列要求：

1）挤压锚具制作时压力表油压应符合操作说明书的规定，挤压后预应力筋外端应露出挤压套筒 1 ~ 5 mm；

2）钢绞线压花锚成形时，表面应清洁、无油污，梨形头尺寸和直线段长度应符合设计要求；

3）钢丝镦头的强度不得低于钢丝强度标准值的 98%。

检查数量：对挤压锚，每工作班抽查 5%，且不应少于 5 件；对压花锚，每工作班抽查 3 件；对钢丝镦头强度，每批钢丝检查 6 个镦头试件。

检验方法：观察，钢尺检查，检查镦头强度试验报告。

3 后张法有黏结预应力筋预留孔道的规格、数量、位置和形状除应符合设计要求外，尚应符合下列规定：

1）预留孔道的定位应牢固，浇筑混凝土时不应出现移位和变形；

2）孔道应平顺，端部的预埋锚垫板应垂直于孔道中心线；

3）成孔用管道应密封良好，接头应严密且不得漏浆；

4）灌浆孔的间距：对预埋金属螺旋管不宜大于 30 m；对抽芯成型孔道不宜大于 12 m；

5）在曲线孔道的曲线波峰部位应设置排气兼泌水管，必要时可在最低点设置排水孔；

6）灌浆孔及泌水管的孔径应能保证浆液畅通。

检查数量：全数检查。

检验方法：观察，钢尺检查。

4 预应力筋或成孔管道控制点的竖向位置允许偏差应符合表 20.6.4 的规定。

表 20.6.4 预应力筋或成孔管道控制点的竖向位置允许偏差

截面高（厚）度/mm	$h \leqslant 300$	$300 < h \leqslant 1500$	$h > 1500$
允许偏差/mm	±5	±10	±15

检查数量：在同一检验批内，抽查各类型构件中预应力筋总数的 5%，且对各类型构件均不少于 5 束，每束不应少于 5 处。

检验方法：钢尺检查。

5 无黏结预应力筋的铺设除应符合本规程第 20.6.4 条第 4 款的规定外，尚应符合下列要求：

1）无黏结预应力筋的定位应牢固，浇筑混凝土时不应出现移位和变形；

2）端部的预埋锚垫板应垂直于预应力筋；

3）内埋式固定端垫板不应重叠，锚具与垫板应贴紧；

4）无黏结预应力筋的护套应完整，局部破损处应采用防水胶带缠绕紧密。

检查数量：全数检查。

检验方法：观察。

20.6.5 张拉和放张主控项目

1 预应力筋张拉或放张时，混凝土强度应符合设计要求；当设计无具体要求时，不应低于设计的混凝土立方体抗压强度标准值的 75%。

检查数量：全数检查。

检验方法：检查同条件养护试件试验报告。

2 预应力筋的张拉力、张拉或放张顺序及张拉工艺应符合设计及施工技术方案的要求，并应符合下列规定：

1）当施工需要超张拉时，最大张拉应力不应大于现行国家标准《混凝土结构设计规范》GB 50010 的规定。

2）张拉工艺应能保证同一束中各根预应力筋的应力均匀一致。

3）后张法施工中，当预应力筋是逐根或逐束张拉时，应保证各阶段不出现对结构不利的应力状态；同时宜考虑后批张拉预应力筋所产生的结构构件的弹性压缩对先批张拉预应力筋的影响，确定张拉力。

4）当采用应力控制方法张拉时，应校核预应力筋的伸长值。实际伸长值与设计计算理论伸长值的相对允许偏差为 ±6%。

检查数量：全数检查。

检验方法：检查张拉记录。

3 预应力筋张拉锚固后实际建立的预应力值与工程设计规定检验值的相对允许偏差为 ±5%。

检查数量：对后张法施工，在同一检验批内，抽查预应力筋总数的 3%，且不少于 5 束。

检验方法：对后张法施工，检查见证张拉记录。

4 张拉过程中应避免预应力筋断裂或滑脱；当发生断裂或滑脱时，必须符合下列规定：

对后张法预应力结构构件，断裂或滑脱的数量严禁超过同一截面预应力筋总根数的 3%，且每束钢丝或每根钢绞线不得超过一丝；对多跨双向连续板，其同一截面应按每跨计算。

检查数量：全数检查。

检验方法：观察，检查张拉记录。

20.6.6 张拉和放张一般项目

1 锚固阶段张拉端预应力筋的内缩量应符合设计要求；当设计无具体要求时，应符合表 20.6.6 的规定。

检查数量：每工作班抽查预应力筋总数的 3%，且不少于 3 束。

检验方法：钢尺检查。

表 20.6.6　张拉端预应力筋的内缩量限值

锚具类别		内缩量限值/mm
支承式锚具（镦头锚具等）	螺帽缝隙	1
	每块后加垫板的缝隙	1
锥 塞 式 锚 具		5
夹片式锚具	有顶压	5
	无顶压	6～8

2　后张法预应力筋张拉后，应检查构件有无出现裂缝现象，必要时应测定构件反拱值。如遇到有害裂缝，应会同设计单位处理。

20.6.7　灌浆及封锚主控项目

1　后张法有黏结预应力筋张拉后应尽早进行孔道灌浆，孔道内水泥浆应饱满、密实。

检查数量：全数检查。

检验方法：观察、检查灌浆记录。

2　锚具的封闭保护应符合设计要求；当设计无具体要求时，应符合下列规定：

1）应采取防止锚具腐蚀和遭受机械损伤的有效措施；

2）凸出式锚固端锚具的保护层厚度不应小于 50 mm；

3）外露预应力筋的保护层厚度：处于正常环境时，不应小于 20 mm；处于易受腐蚀环境时，不应小于 50 mm。

检查数量：在同一检验批内，抽查预应力筋总数的 5%，且不少于 5 处。

检验方法：观察，钢尺检查。

20.6.8 灌浆及封锚一般项目

1 后张法预应力筋锚固后的外露部分宜采用机械方法切割，其外露长度不宜小于预应力筋直径的 1.5 倍，且不宜小于 30 mm。

检查数量：在同一检验批内，抽查预应力筋总数的 3%，且不少于 5 束。

检验方法：观察，钢尺检查。

2 灌浆用水泥浆的水灰比不应大于 0.45，搅拌后 3 h 泌水率不宜大于 2%，且不应大于 3%。泌水应能在 24 h 内全部重新被水泥浆吸收。

检查数量：同一配合比检查一次。

检验方法：检查水泥浆性能试验报告。

3 灌浆用水泥浆的抗压强度不应小于 30 N/mm²。

检查数量：每工作班留置一组边长为 70.7 mm 的立方体试件。

检验方法：检查水泥浆试件强度试验报告。

注：1 一组试件由 6 个试件组成，试件应标准养护 28 d；

    2 抗压强度为一组试件的平均值，当一组试件中抗压强度最大值或最小值与平均值相差超过 20% 时，应取中间 4 个试件强度的平均值。

20.7 成 品 保 护

20.7.1 预应力筋、锚夹具、螺旋管在储存、运输、安装过程中，应采取防止锈蚀及损坏措施。钢丝、钢绞线下料后在现场存放时，下面应有垫木，应盖防雨布。锚具、螺旋管应放在库房的架子上，并应保持良好的通风。

20.7.2 现场施工中，各工种应注意保护好螺旋管，不得在上面堆料和踩踏，以免碰破螺旋管。在整个预应力筋的铺设过程中，如周围有电焊施工，应用石棉板遮挡，防止焊渣飞溅损伤螺旋管。

20.7.3 灌浆用水泥及外加剂应有防雨、防潮措施。

20.7.4 整个预应力施工过程中，不得用预应力筋作电焊回路，严防烧伤预应力筋。

20.7.5 预应力筋张拉锚固后，及时对锚具进行全封闭防护处理，严格按要求操作，防止水气浸入使锚具、预应力筋锈蚀。

20.8 安全环保措施

20.8.1 预应力筋加工布设、施工安全措施

1 成盘预应力筋开盘时应采取措施防止尾端弹出伤人。

2 严格防止与电源搭接，电源不准裸露。

3 高处作业时，应有安全防护。

20.8.2 预应力筋张拉安全措施

1 张拉人员必须持证上岗。

2 张拉过程中，操作人员应精力集中，细心操作，给油、回油应平稳。

3 输油路做到"三不用"，即输油管破损不用，接口损伤不用，接口螺母不扭紧、不到位不用。不准带压检修油路。

4 使用油泵不得超过额定油压，千斤顶不得超过规定张拉最大行程。油泵和千斤顶的连接必须到位。

5 预应力筋张拉和高处作业时，操作人员应站在张拉设备作用力方向的两侧，严禁在建筑物边缘、张拉设备之间站人。

6 电器应做到接地良好、电源不裸露，不带电检修，检修工作由电工操作。

20.8.3 灌浆操作时，搅拌人员必须戴上口罩，操作人员必须戴好防护眼镜。

20.8.4 环境保护措施

1 灌浆后清洗设备的余浆应排入沉淀池内，不得直接进入城市污水管网。

2 在千斤顶高压油泵、胶管更换检修时，减少机械油对周围环境的污染。

3 合理安排作业时间，夜间施工时，避免噪音较大的工作。

20.9 质量记录

20.9.1 预应力混凝土分项工程施工质量验收时，应提供下列文件和记录：

1 预应力筋出厂检验报告、质量证明书和进场复验报告；

2 预应力筋用锚具、夹具和连接器的合格证、出厂检验报告和试验报告；

3 预应力筋孔道灌浆用水泥及外加剂的合格证、出厂检验报告和试验报告；

4 金属螺旋管或塑料波纹管的合格证、出厂检验报告；

5 预应力筋张拉设备标定报告；

6 隐蔽工程验收记录；

7 预应力筋安装记录、张拉记录、灌浆记录；

8 分项工程验收记录；

9 预应力筋张拉或放张前混凝土强度试验报告；

10 预应力工程设计变更及重大问题处理文件；

11 其他必要的文件和记录。

20.9.2 预应力混凝土分项工程施工质量验收合格的规定可参照本规程现浇结构章第 14.12.2 条的相应规定执行。

20.9.3 预应力混凝土分项工程施工质量验收时，应按《四川省工程建设统一用表》的规定提供有关质量验收记录。

21 钢管混凝土

21.1 一般规定

21.1.1 适用范围

适用于建筑工程的钢管混凝土工程施工。

21.1.2 钢管混凝土工程的施工应由具备相应资质的企业承担。钢管混凝土工程施工质量检测应由具备工程结构检测资质的机构承担。

21.1.3 钢管混凝土施工图设计文件应经具有施工图设计审查许可证的机构审查通过。施工单位的深化设计文件应经原设计单位确认。

21.1.4 钢管混凝土工程施工前，施工单位应编制专项施工方案，并经监理（建设）单位确认。当冬期、雨期、高温施工时，应制定季节性施工技术措施。

21.1.5 钢管、钢板、钢筋、连接材料、焊接材料及钢管混凝土的材料应符合设计要求和国家现行有关标准的规定。

21.1.6 钢管构件的制作应符合现行国家标准《钢结构工程施工质量验收规范》GB 50205 的有关规定。构件出厂应按规定进行验收检验，并形成出厂验收记录。要求预拼装的应进行预拼装，并形成记录。

21.1.7 焊工必须经考试合格并取得合格证书，持证焊工必须在其考试合格项目及合格证规定的范围内施焊。

21.1.8 设计要求全焊透的一、二级焊缝应采用超声波探伤进行焊缝内部缺陷检验，超声波探伤不能对缺陷作出判断时，应采用射线探伤检验。其内部缺陷分级及探伤应符合现行国家标准《钢焊缝手工超声波探伤方法和探伤结果分级》GB 11345、《金属熔化焊焊接接头射线照相》GB/T 3323 的有关规定。一、二级焊缝的质量等级及缺陷分级应符合表 21.1.8 的规定。

表 21.1.8　一、二级焊缝质量等级及缺陷分级

焊缝质量等级		一　级	二　级
内部缺陷超声波探伤	评定等级	Ⅱ	Ⅲ
	检验等级	B 级	B 级
	探伤比例	100%	20%
内部缺陷射线探伤	评定等级	Ⅱ	Ⅲ
	检验等级	AB 级	AB 级
	探伤比例	100%	20%

注：探伤比例的计数方法应按以下原则：
　　（1）对工厂制作焊缝，应按每条焊缝计算百分比，且探伤长度不应小于 200 mm，当焊缝长度不足 200 mm 时，应对整条焊缝进行探伤；
　　（2）对现场安装焊缝，应按同一类型、同一施焊条件的焊缝条数计算百分比，探伤长度不应小于 200 mm，并不应少于 1 条焊缝。

21.1.9 钢管混凝土构件吊装与钢管内混凝土浇筑顺序应满足结构强度和稳定性的要求。

21.1.10 钢管混凝土宜采用无收缩混凝土或补偿收缩混凝土。钢管内混凝土施工前应进行配合比设计，并宜进行浇筑工艺试验；浇筑方法应与结构形式相适应。

21.1.11 钢管构件安装完成后应按设计要求进行防腐、防火涂

装。其质量要求和检验方法应符合现行国家标准《钢结构工程施工质量验收规范》GB 50205 的有关规定。

21.1.12 钢管混凝土工程施工质量验收，应在施工单位自行检验评定合格的基础上，由监理（建设）单位验收。其程序应按现行国家标准《建筑工程施工质量验收统一标准》GB 50300 的规定进行验收。钢管混凝土子分部应按表 21.1.12 的规定划分分项工程。

表 21.1.12　钢管混凝土子分部工程所含分项工程表

子分部工程	分 项 工 程
钢管混凝土工程	钢管构件进场验收、钢管混凝土构件现场拼装、钢管混凝土柱柱脚锚固、钢管混凝土构件安装、钢管混凝土柱与钢筋混凝土梁连接、钢管内钢筋骨架、钢管内混凝土浇筑

21.2　施　工　工　艺

21.2.1　工艺流程

　　钢管构件进场验收→钢管混凝土构件现场拼装→钢管混凝土柱柱脚锚固→钢管混凝土构件安装→钢管混凝土柱与钢筋混凝土梁连接→钢管内钢筋骨架加工和安装→钢管内混凝土浇筑

21.2.2　钢管柱制作、安装

1　钢管柱应根据施工详图进行放样，放样与号料应预留焊接收缩量和切割、端铣等加工余量。对于高层框架柱尚应预留弹性压缩量，弹性压缩量的取值可由设计和制作单位协商确定。

2　需进行边缘加工的零件，宜采用精密切割；焊接坡口宜采用自动切割、半自动切割、坡口机、刨边机等加工，并应采用样板控制坡口角度和尺寸。

3　在钢管柱组装前，各零部件应经检查合格。

4 钢管柱的焊接应严格按照工艺文件规定的焊接方法、工艺参数、施焊顺序进行，并应符合设计文件和国家现行标准《建筑钢结构焊接技术规程》JGJ 81 的规定。

5 钢管柱的除锈和涂装应在制作质量检验合格后进行。构件表面的除锈方法和除锈等级应符合设计规定，其质量要求应符合现行国家标准《涂装前钢材表面锈蚀等级和除锈等级》GB 8923 的规定。

6 钢管柱制作完成后，应按照施工图和现行国家标准《钢结构工程施工质量验收规范》GB 50205 的规定进行验收。

7 钢管柱制作完毕后应仔细清除钢管内的杂物，并应采取措施保持管内清洁。

8 钢管柱在吊装时应控制吊装荷载作用下的变形。吊点的设置应根据钢管构件本身的承载力和稳定性经验算后确定。

9 钢管柱在运输、吊装以及吊装完毕浇筑混凝土之前，应将其管口包封，防止异物和雨水落入管内。

10 钢管柱吊装就位后应立即进行校正，并采取可靠的固定措施以保证其稳定性。

11 钢管柱采用现场焊接拼装时，应对施焊工艺进行控制，尽可能减少焊接残余应力和残余变形。

12 钢管构件的安装质量应符合国家现行标准《钢结构工程施工质量验收规范》GB 50205、《钢管混凝土工程施工质量验收规范》GB 50628、《高层民用建筑钢结构技术规程》JGJ 99 的规定。

13 当高层建筑设有地下室时，可采用外包混凝土式柱脚。

地下室中的钢管混凝土柱全部采用钢筋混凝土外包，在外包部分的柱身上应设置栓钉，保证外包混凝土与钢管柱共同工作。

21.2.3 钢管内混凝土浇筑

1 管内混凝土浇筑之前，应将管内异物、积水清除干净。管内混凝土浇筑应在钢构件安装完毕并验收合格后进行。

2 钢管内混凝土浇筑宜采用自密实混凝土浇筑。管内混凝土的浇筑可采用导管浇筑法，也可采用泵送顶升浇筑法、人工逐段浇筑法或高位抛落无振捣法。混凝土浇筑施工前应根据设计要求进行混凝土配合比设计和必要的浇筑工艺试验，并在此基础上制定浇筑工艺和各项技术措施。

3 钢管截面较小时，应在钢管壁适当位置留有足够的排气孔，排气孔孔径宜为 20 mm；浇筑混凝土应加强排气孔观察，并应确认浆体流出和浇筑密实后再封堵排气孔。

4 当采用导管浇筑法时，应在钢管柱内插入上端装有混凝土料斗的钢制导管，自下而上边退边完成管内混凝土浇筑。浇筑前，导管下口离钢管底部的距离不宜小于 300 mm。导管与柱内水平隔板浇筑孔的侧隙不宜小于 50 mm，以便于插入振动棒。对管径或边长小于 400 mm 的钢管柱，宜采用外壁附着式振捣器进行振捣。

5 当采用泵送顶升浇筑法时，应在钢管底部设置进料管，进料管应设止流阀门，止流阀门可在顶升浇筑的混凝土达到终凝后拆除。应合理选择顶升浇筑设备，控制混凝土顶升速度，钢管直径不宜小于泵管直径的 2 倍。浇筑完毕 30 min 后，应观察管顶混凝土的回落下沉情况，出现下沉时，应人工补浇管顶混凝土。对泵送顶升浇筑的多层超高柱下部入口处的管壁以及矩形钢管柱纵向焊缝，必要时应进行强度验算。

6 当采用人工逐段浇筑法时，混凝土自钢管上口灌入，用振捣器捣实。当管径或管截面最小边长不小于 400 mm 时，可采用插入式振捣器振捣，每次振捣时间为 15～30 s，一次浇筑高度不宜大于 1.5 m。当管径或管截面最小边长小于 400 mm 时，可采用附着在钢管外部的振捣器振捣，外部振捣器的位置应随混凝土的浇筑高度加以调整。

7 当采用高位抛落无振捣法时，利用混凝土下落产生的动能达到振实混凝土的目的。此方法适用于管径不小于 300 mm、高度不小于 4 m 的情况。对于抛落高度不足 4 m 的，应辅以插入式振捣器振实。一次抛落的混凝土量宜在 0.7 m³ 左右，用输送管或料斗下料，输送管端内径或料斗下料口内径应小于钢管内径，且每边应留有不小于 100 mm 的间隙，以便混凝土下落时，管内空气能够排出。

8 当采用粗骨料粒径不大于 25 mm 的高流态混凝土或粗骨料粒径不大于 20 mm 的自密实混凝土时，混凝土最大倾落高度不宜大于 9 m；倾落高度大于 9 m 时，宜采用串筒、溜槽、溜管等辅助装置进行浇筑。

9 钢管内混凝土宜连续浇筑，当必须间歇时，间歇时间不得超过混凝土的终凝时间。需留施工缝时，应将管口封闭，防止水、油和异物等落入。

10 当留施工缝时，在浇筑混凝土前，应先浇灌一层厚度为 100～200 mm 的与混凝土强度等级相同的水泥砂浆，以免自由下落的混凝土骨料产生弹跳现象。

11 混凝土配合比应根据设计强度等级计算，并通过试配确定。对于泵送顶升浇筑法，配合比尚应满足可泵性的要求。

12 钢管内混凝土的浇筑质量，可采用敲击钢管法检查其密实度；有穿心构件者应选取部分构件进行超声波检测。检测构件数不宜少于总构件数的 25%，且不应少于 3 根。对于混凝土不密实部位，应采用局部钻孔压浆法进行补强，然后将钻孔补焊封固。

13 管内混凝土强度应以同条件养护的混凝土试件或芯样的抗压强度评定。

21.3 钢管混凝土分项工程质量验收

21.3.1 钢管构件进场验收主控项目

1 钢管构件进场应进行验收，其加工制作质量应符合设计要求和合同约定。

检查数量：全数检查。

检验方法：检查出厂验收记录。

2 钢管构件进场应按安装工序配套核查构件、配件的数量。

检查数量：全数检查。

检验方法：按照安装工序清单清点构件、配件数量。

3 钢管构件上的钢板翅片、加劲肋板、栓钉及管壁开孔的规格和数量应符合设计要求。

检查数量：同批构件抽查 10%，且不少于 3 件。

检验方法：尺量检查、观察检查及检查出厂验收记录。

注：钢板翅片是在钢管混凝土柱和钢筋混凝土梁节点处钢管柱非贯通型节点中，钢管柱不贯通柱梁节点核心区，用于上下钢管混凝土柱转换链接的钢板肋。

21.3.2 钢管构件进场验收一般项目

1 钢管构件不应有运输、堆放造成的变形、脱漆等现象。

检查数量：同批构件抽查 10%，且不少于 3 件。

检验方法：观察检查。

2 钢管构件进场应抽查构件的尺寸偏差，其允许偏差应符合表 21.3.2 的规定。

检查数量：同批构件抽查 10%，且不少于 3 件。

检验方法：见表 21.3.2。

表 21.3.2　钢管构件进场抽查尺寸允许偏差

项　目		允许偏差/mm	检验方法
直径 D		± D/500，且不应大于 ± 5.0	尺量检查
构件长度 L		± 3.0	
管口圆度		D/500，且不应大于 5.0	
弯曲矢高		L/1 500，且不应大于 5.0	拉线、吊线和尺量检查
钢筋贯穿管柱孔（d 钢筋直径）	孔径偏差范围	中间 1.2d ~ 1.5d 外侧 1.5d ~ 2.0d 长圆孔宽 1.2d ~ 1.5d	尺量检查
	轴线偏差	1.5	
	孔距	任意两孔距离 ± 1.5，两端孔距离 ± 2.0	

21.3.3 钢管混凝土构件现场拼装主控项目

1 钢管混凝土构件现场拼装时，钢管混凝土构件各种缀件的规格、位置和数量应符合设计要求。

检查数量：全数检查。

检验方法：观察检查、尺量检查。

476

2 钢管混凝土构件拼装的方式、程序、施焊方法应符合设计及专项施工方案要求。

检查数量：全数检查。

检验方法：观察检查、检查施工记录。

3 钢管混凝土构件的焊接材料应与母材相匹配，并应符合设计要求和现行国家标准《钢结构工程施工质量验收规范》GB 50205 的有关规定。

检查数量：全数检查。

检验方法：检查施工记录。

4 钢管混凝土构件拼装焊缝质量应符合设计要求和现行国家标准《钢结构工程施工质量验收规范》GB 50205 的有关规定。设计要求的一、二级焊缝应符合本规程第 21.1.8 条的规定。

检查数量：全数检查。

检验方法：检查施工记录及焊缝检测报告。

21.3.4 钢管混凝土构件现场拼装一般项目

1 钢管混凝土构件拼装场地的平整度、控制线等控制措施应符合专项施工方案的要求。

检查数量：全数检查。

检验方法：观感检查、尺量检查。

2 钢管混凝土构件现场拼装焊接，二、三级焊缝外观质量应符合表 21.3.4-1 的规定。

检查数量：同批构件抽查 10%，且不少于 3 件。

检验方法：观察检查、尺量检查。

表 21.3.4-1　二、三级焊缝外观质量标准

项　目	允许偏差/mm	
缺陷类型	二　级	三　级
未焊满（指不足设计要求）	≤0.2+0.02t，且不应大于 1.0	≤0.2+0.04t，且不应大于 2.0
	每 100.0 焊缝内缺陷总长不应大于 25.0	
根部收缩	≤0.2+0.02t，且不应大于 1.0	≤0.2+0.04t，且不应大于 2.0
	长度不限	
咬边	≤0.05t，且不应大于 0.5；连续长度≤100.0，且焊缝两侧咬边总长不大于 10%焊缝全长	≤0.1t，且不应大于 1.0，长度不限
弧坑裂纹	—	允许存在个别长度 ≤5.0 的弧坑裂纹
电弧擦伤	—	允许存在个别电弧擦伤
接头不良	缺口深度 0.05t，且不应大于 0.5	缺口深度 0.1t，且不应大于 1.0
	每 1 000.0 焊缝不应超过 1 处	
表面夹渣	—	深 ≤0.2t，长 ≤0.5t，且不应大于 2.0
表面气孔	—	每 50.0 焊缝长度内允许直径 ≤0.4t，且不应大于 3.0 的气孔 2 个，孔距≥6 倍孔径

注：表内 t 为连接处较薄的板厚。

3　钢管混凝土构件对接焊缝和角焊缝余高及错边允许偏差应符合表 21.3.4-2 的规定。

检查数量：同批构件抽查 10%，且不少于 3 件。

检验方法：焊缝量规检查。

表 21.3.4-2 焊缝余高及错边允许偏差

序号	内容	图例	允许偏差/mm	
			一、二级	三级
1	对接焊缝余高 C		$B < 20$ 时，C 为 0～3.0 $B \geqslant 20$ 时，C 为 0～4.0	$B < 20$ 时，C 为 0～4.0 $B \geqslant 20$ 时，C 为 0～5.0
2	对接焊缝错边 d		$d < 0.15t$，且不应大于 2.0	$d < 0.15t$，且不应大于 3.0
3	角焊缝余高 C		$h_f \leqslant 6$ 时，C 为 0～1.5；$h_f > 6$ 时，C 为 0～3.0	

注：$h_f > 8.0$ mm 的角焊缝其局部焊脚尺寸允许低于设计要求慎 1.0 mm，但总长度不得超过焊缝长度 10%。

21.3.5 钢管混凝土柱柱脚锚固主控项目

1 埋入式钢管混凝土柱柱脚的构造、埋置深度和混凝土强度应符合设计要求。

检查数量：全数检查。

检验方法：观察检查，尺量检查、检查混凝土试件强度报告。

2 端承式钢管混凝土柱柱脚的构造及连接锚固件的品种、规格、数量、位置应符合设计要求。柱脚螺栓连接与焊接的质量应符合设计要求和现行国家标准《钢结构工程施工质量验收规范》GB 50205 的有关规定。

检查数量：全数检查。

检验方法：观察检查，检查柱脚预埋钢板验收记录。

21.3.6 钢管混凝土柱柱脚锚固一般项目

1 埋入式钢管混凝土柱柱脚有管内锚固钢筋时，其锚固钢筋的长度、弯钩应符合设计要求。

检查数量：全数检查。

检验方法：检查施工记录、隐蔽工程验收记录。

2 端承式钢管混凝土柱柱脚安装就位及锚固螺栓拧紧后，端板下应按设计要求及时进行灌浆。

检查数量：全数检查。

检验方法：观察检查，检查施工记录。

3 钢管混凝土柱柱脚安装允许偏差应符合表 21.3.6 的规定。

检查数量：同批构件抽查 10%，且不少于 3 处。

检验方法：尺量检查。

表 21.3.6　钢管混凝土柱柱脚安装允许偏差

项　目		允许偏差/mm
埋入式柱脚	柱轴线位移	5
	柱标高	±5.0
端承式柱脚	支承面标高	±3.0
	支承面水平度	L/1 000，且不应大于 5.0
	地脚螺栓中心线偏移	4.0
	地脚螺栓之间中心距	±2.0
	地脚螺栓露出长度 地脚螺栓露出螺纹长度	0，+30.0 0，+30.0

注：L 为支承面长度。

21.3.7　钢管混凝土构件安装主控项目

1 钢管混凝土构件吊装与混凝土浇筑顺序应符合设计和专项施工方案要求。

检查数量：全数检查。

检验方法：观察检查，检查施工记录。

2 钢管混凝土构件吊装前，基座混凝土强度应符合设计要求。多层结构上节钢管混凝土构件吊装应在下节钢管内混凝土强度达到设计要求后进行。

检查数量：全数检查。

检验方法：检查同条件养护试块报告。

3 钢管混凝土构件吊装前，钢管混凝土构件的中心线、标高基准点等标记应齐全；吊点与临时支撑点的设置应符合设计及专项施工方案要求。

检查数量：全数检查。

检验方法：观察检查。

4 钢管混凝土构件吊装就位后，应及时校正和固定牢固。

检查数量：全数检查。

检验方法：观察检查。

5 钢管混凝土构件焊接与紧固件连接的质量应符合设计要求和现行国家标准《钢结构工程施工质量验收规范》GB 50205的有关规定。

检查数量：全数检查。

检验方法：尺量检查，检查高强度螺栓终拧扭矩记录、施工记录及焊缝检测报告。

6 钢管混凝土构件垂直度允许偏差应符合表 21.3.7 的规定。

检查数量：同批构件抽查 10%，且不少于 3 件。

检验方法：见表 21.3.7。

表 21.3.7　钢管混凝土构件安装垂直度允许偏差

	项　　目	允许偏差/mm	检验方法
单层	单层钢管混凝土构件的垂直度	$h/1\ 000$，且不应大于 10.0	经纬仪、全站仪检查
多层及高层	主体结构钢管混凝土构件的整体垂直度	$H/2\ 500$，且不应大于 30.0	经纬仪、全站仪检查

注：h 为单层钢管混凝土构件的高度，H 为多层及高层钢管混凝土构件全高。

21.3.8　钢管混凝土构件安装一般项目

1　钢管混凝土构件吊装前，应清除钢管内的杂物，钢管口应包封严密。

检查数量：全数检查。

检验方法：观察检查。

2　钢管混凝土构件安装允许偏差应符合表 21.3.8 的规定。

检查数量：同批构件抽查 10%，且不少于 3 件。

检验方法：见表 21.3.8。

表 21.3.8　钢管混凝土构件安装允许偏差

	项　　目	允许偏差/mm	检验方法
单层	柱脚底座中心线对定位轴线的偏移	5.0	吊线和尺量检查
	单层钢管混凝土构件弯曲矢高	$h/1\ 500$，且不应大于 10.0	经纬仪、全站仪检查
多层及高层	上下构件连接处错口	3.0	尺量检查
	同一层构件各构件顶高度差	5.0	水准仪检查
	主体结构钢管混凝土构件总高度差	$\pm H/1\ 000$，且不应大于 30.0	水准仪和尺量检查

注：h 为单层钢管构件的高度；H 为构件全高。

482

21.3.9 钢管混凝土柱与钢筋混凝土梁连接主控项目

1 钢管混凝土柱与钢筋混凝土梁连接节点核心区的构造及钢筋的规格、位置、数量应符合设计要求。

检查数量：全数检查。

检验方法：观察检查，检查施工记录和隐蔽工程验收记录。

2 钢管混凝土柱与钢筋混凝土梁采用钢管贯通型节点连接时，在核心区内的钢管外壁处理应符合设计要求；设计无要求时，钢管外壁应焊接不少于两道闭合的钢筋环箍，环箍钢筋直径、位置及焊接质量应符合专项施工方案要求。

检查数量：全数检查。

检验方法：观察检查，检查施工记录。

注：钢管贯通型节点是指在钢管混凝土柱和钢筋混凝土梁节点
处，上下楼层钢管柱采用直接贯通柱梁节点核心区方式的
钢管混凝土的柱梁交接节点。

3 钢管混凝土柱与钢筋混凝土梁连接采用钢管柱非贯通型节点连接时，钢板翅片、厚壁连接钢管及加劲肋板的规格、数量、位置与焊接质量应符合设计要求。

检查数量：全数检查。

检验方法：观察检查、尺量检查和检查施工记录。

注：钢管非贯通型节点是指在钢管混凝土柱和钢筋混凝土梁节
点处，上下楼层钢管柱采用不直接贯通柱梁节点核心区，
而采用小直径厚壁钢管、钢板翅片等在柱梁节点核心区使
上下钢管混凝土柱连接，达到转换的柱梁交接节点。也称
转换型连接节点。

21.3.10 钢管混凝土柱与钢筋混凝土梁连接一般项目

1 梁纵向钢筋通过钢管混凝土柱核心区应符合下列规定：

1）梁的纵向钢筋位置、间距应符合设计要求；

2）边跨梁的纵向钢筋的锚固长度应符合设计要求；

3）梁的纵向钢筋宜直接贯通核心区，且连接接头不宜设置在核心区。

检查数量：全数检查。

检验方法：观察检查、尺量检查和检查隐蔽工程验收记录。

2 通过梁柱节点核心区的梁纵向钢筋的净距不应小于40 mm，且不小于混凝土骨料粒径的 1.5 倍。绕过钢管布置的纵向钢筋的弯折度应满足设计要求。

检查数量：全数检查。

检验方法：观察检查、尺量检查。

3 钢管混凝土柱与钢筋混凝土梁连接允许偏差应符合表21.3.10 的规定。

检查数量：全数检查。

检验方法：见表 21.3.10。

表 21.3.10　钢管混凝土柱与钢筋混凝土梁连接允许偏差

项　目	允许偏差/mm	检验方法
梁中心线对柱中心线偏移	5	经纬仪、吊线和尺量检查
梁标高	±10	水准仪、尺量检查

21.3.11 钢管内钢筋骨架主控项目

1 钢管内钢筋骨架的钢筋品种、规格、数量应符合设计要求。

检查数量：全数检查。

检验方法：观察检查、卡尺测量、检查产品出厂合格证和检查进场复测报告。

484

2 钢筋加工、钢筋骨架成形和安装质量应符合现行国家标准《混凝土结构工程施工质量验收规范》GB 50204 的规定。

检查数量：按每一工作班同一类加工形式的钢筋抽查不少于3件。

检验方法：观察检查、尺量检查。

3 受力钢筋的位置、锚固长度及与管壁之间的间距应符合设计要求。

检查数量：全数检查。

检验方法：观察检查、尺量检查。

21.3.12 钢管内钢筋骨架一般项目

钢筋骨架尺寸和安装允许偏差应符合表 21.3.12 的规定。

检查数量：同批构件抽查 10%，且不少于 3 件。

检验方法：见表 21.3.12。

表 21.3.12　钢筋骨架尺寸和安装允许偏差

项次	检验项目			允许偏差/mm	检验方法
1	钢筋骨架	长度		±10	尺量检查
		截面	圆形直径	±5	尺量检查
			矩形边长	±5	尺量检查
		钢筋骨架安装中心位置		5	尺量检查
2	受力钢筋	间距		±10	尺量检查，测量两端、中间各一点，取最大值
		保护层厚度		±5	尺量检查
3	箍筋、横筋间距			±20	尺量检查，连续三挡，取最大值
4	钢筋骨架与钢管间距			+5，-10	尺量检查

21.3.13 钢管内混凝土浇筑主控项目

1 钢管内混凝土的强度等级应符合设计要求。

检查数量：全数检查。

检验方法：检查试件强度试验报告。

2 钢管内混凝土的工作性能和收缩性应符合设计要求和国家现行有关标准的规定。

检查数量：全数检查。

检验方法：检查施工记录。

3 钢管内混凝土运输、浇筑及间歇的全部时间不应超过混凝土的初凝时间，同一施工段钢管内混凝土应连续浇筑。当需要留置施工缝时应按专项施工方案留置。

检查数量：全数检查。

检验方法：观察检查、检查施工记录。

4 钢管内混凝土浇筑应密实。

检查数量：全数检查。

检验方法：检查钢管内混凝土浇筑工艺试验报告和混凝土浇筑施工记录。

21.3.14 钢管内混凝土浇筑一般项目

1 钢管内混凝土施工缝的设置应符合设计要求；当设计无要求时，应在专项施工方案中作出规定，且钢管柱对接焊口的钢管应高出混凝土浇筑施工缝面 500 mm 以上，以防钢管焊接时高温影响混凝土质量。施工缝处理应按专项施工方案进行。

检查数量：全数检查。

检验方法：观察检查、检查施工记录。

2 钢管内的混凝土浇筑方法及浇灌孔、顶升孔、排气孔的留置应符合专项施工方案要求。

检查数量：全数检查。

检验方法：观察检查、检查施工记录。

3 钢管内混凝土浇筑前，应对钢管安装质量检查确认，并应清理钢管内壁污物；混凝土浇筑后应对管口进行临时封闭。

检查数量：全数检查。

检验方法：观察检查、检查施工记录。

4 钢管内混凝土浇筑后的养护方法和养护时间应符合专项施工方案要求。

检查数量：全数检查。

检验方法：检查施工记录。

5 钢管内混凝土浇筑后，浇灌孔、顶升孔、排气孔应按设计要求封堵，表面应平整，并进行表面清理和防腐处理。

检查数量：全数检查。

检验方法：观察检查。

21.4 钢管混凝土工程质量验收

21.4.1 钢管混凝土子分部工程质量验收应按检验批、分项工程和子分部工程的程序进行验收。

21.4.2 检验批质量验收合格应符合下列规定：

1 主控项目和一般项目的质量经抽查检验合格；

2 具有完整的施工操作依据，质量检查记录。

21.4.3 分项工程质量验收合格应符合下列规定：

1 分项工程所含的检验批均应符合合格质量的规定；

2 分项工程所含检验批的质量验收记录应完整。

21.4.4 钢管混凝土子分部工程质量验收合格应符合下列规定：

1 子分部工程所含分项工程的质量均应验收合格；

2 质量控制资料应完整；

3 钢管混凝土子分部工程结构检验和抽样检测结果应符合有关规定；

4 钢管混凝土子分部工程观感质量验收应符合要求。

21.4.5 钢管混凝土子分部工程检验批质量验收记录、分项工程质量验收记录、子分部工程质量验收记录可按《钢管混凝土工程施工质量验收规范》GB 50628 的质量验收记录表格的规定进行记录。

附录 A 通用硅酸盐水泥主要技术指标要求

A.0.1 通用硅酸盐水泥的定义、代号、强度等级和组分。

通用硅酸盐水泥是指以硅酸盐水泥熟料和适量的石膏，及规定的混合材料制成的水硬性胶凝材料。按混合材料的品种和掺量分为硅酸盐水泥、普通硅酸盐水泥、矿渣硅酸盐水泥、火山灰质硅酸盐水泥、粉煤灰硅酸盐水泥和复合硅酸盐水泥。通用硅酸盐水泥技术指标应符合现行国家标准《通用硅酸盐水泥》GB 175 的规定。

通用硅酸盐水泥的代号、强度等级和组分见表 A.0.1。

表 A.0.1 通用硅酸盐水泥的代号、强度等级和组分

品 种	代号	强度等级	组 分
硅酸盐水泥	P·Ⅰ P·Ⅱ	42.5 42.5R 52.5 52.5R 62.5 62.5R	P·Ⅰ：熟料 + 石膏（100%）； P·Ⅱ：熟料 + 石膏（≥95%）+ 粒化高炉矿渣（≤5%），熟料 + 石膏（≥95%）+ 石灰石（≤5%）
普通硅酸盐水泥	P·O	42.5 42.5R 52.5 52.5R	P·O：熟料 + 石膏（≥80%且<95%）+ 混合材料（>5%且≤20%）， 其中混合材料可为粒化高炉矿渣、粒化高炉矿渣粉、火山灰质混合材料、粉煤灰
矿渣硅酸盐水泥	P·S·A P·S·B	32.5 32.5R 42.5 42.5R 52.5 52.5R	P·S·A：熟料 + 石膏（≥50%且<80%）+ 粒化高炉矿渣（>20%且≤50%）； P·S·B：熟料 + 石膏（≥30%且<50%）+ 粒化高炉矿渣（>50%且≤70%）
火山灰质硅酸盐水泥	P·P	32.5 32.5R 42.5 42.5R 52.5 52.5R	P·P：熟料 + 石膏（≥60%且<80%）+ 火山灰质混合材料（>20%且≤40%）

品 种	代号	强度等级	组 分
粉煤灰硅酸盐水泥	P·F	32.5 32.5R 42.5 42.5R 52.5 52.5R	P·F：熟料＋石膏（≥60%且＜80%）＋粉煤灰（＞20%且≤40%）
复合硅酸盐水泥	P·C	32.5 32.5R 42.5 42.5R 52.5 52.5R	P·C：熟料＋石膏（≥50%且＜80%）＋混合材料（＞20%且≤50%）， 其中混合材料可为粒化高炉矿渣、粒化高炉矿渣粉、火山灰质混合材料、粉煤灰和石灰石

A.0.2 硅酸盐水泥和普通硅酸盐水泥的技术指标应符合表 A.0.2 的规定。

表 A.0.2 硅酸盐水泥、普通硅酸盐水泥的技术指标

项 目	技 术 指 标
不溶物	P·Ⅰ型硅酸盐水泥中不溶物不得超过 0.75%；P·Ⅱ型硅酸盐水泥中不溶物不得超过 1.50%
MgO 含量	水泥中氧化镁含量不得超过 5.0%，如果水泥经压蒸法安定性试验合格，则水泥中氧化镁含量（质量分数）允许放宽到 6.0%
SO_3 含量	水泥中三氧化硫含量（质量分数）不得超过 3.5%
烧失量	P·Ⅰ型硅酸盐水泥中不得大于 3.0%；P·Ⅱ型硅酸盐水泥中不得大于 3.5%；普通硅酸盐水泥中不得大于 5.0%
细度	硅酸盐水泥、普通硅酸盐水泥的细度以比表面积表示，其比表面积不小于 300 m^2/kg
氯离子	水泥中氯离子（质量分数）不得超过 0.06%

续表 A.0.2

项　目	技　术　指　标
凝结时间	硅酸盐水泥初凝时间不小于 45 min，终凝时间不大于 390 min；普通硅酸盐水泥初凝时间不小于 45 min，终凝时间不大于 600 min
安定性	用沸煮法检验必须合格
碱含量	水泥中碱含量按 Na₂O+0.658K₂O 计算值表示；若使用活性骨料，用户要求提供低碱水泥时，水泥中碱含量应不大于 0.60%或由买卖双方协商确定

水泥中碱含量按 $Na_2O+0.658K_2O$ 计算值表示；若使用活性骨料，用户要求提供低碱水泥时，水泥中碱含量应不大于 0.60%或由买卖双方协商确定

强度 /MPa 不低于	品种与强度等级	龄期与强度	抗压强度		抗折强度	
			3 d	28 d	3 d	28 d
	硅酸盐水泥	42.5	≥17.0	≥42.5	≥3.5	≥6.5
		42.5R	≥22.0		≥4.0	
		52.5	≥23.0	≥52.5	≥4.0	≥7.0
		52.5R	≥27.0		≥5.0	
		62.5	≥28.0	≥62.5	≥5.0	≥8.0
		62.5R	≥32.0		≥5.5	
	普通硅酸盐水泥	42.5	≥17.0	≥42.5	≥3.5	≥6.5
		42.5R	≥22.0		≥4.0	
		52.5	≥23.0	≥52.5	≥4.0	≥7.0
		52.5R	≥27.0		≥5.0	

A. 0.3　矿渣硅酸盐水泥、火山灰质硅酸盐水泥、粉煤灰硅酸盐水泥和复合硅酸盐水泥的技术指标应符合表 A.0.3 的规定。

表 A.0.3 矿渣硅酸盐水泥、火山灰质硅酸盐水泥、粉煤灰硅酸盐水泥、复合硅酸盐水泥的技术指标

项 目	技 术 指 标
MgO 含量	矿渣硅酸盐水泥 P·S·B 不作规定，其余水泥中氧化镁含量（质量分数）不得超过 6.0%，如果水泥中氧化镁的含量（质量分数）大于 6.0%时，需进行水泥压蒸安定性试验并合格
SO₃ 含量	矿渣硅酸盐水泥（P·S·A，P·S·B）中三氧化硫含量（质量分数）不得超过 4.0%；火山灰质硅酸盐水泥、粉煤灰硅酸盐水泥、复合硅酸盐水泥中三氧化硫含量（质量分数）不得超过 3.5%
细度	通过 80 μm 方孔筛筛余量不大于 10%或 45 μm 方孔筛筛余量不大于 30%
凝结时间	初凝时间不小于 45 min，终凝时间不大于 600 min
安定性	用沸煮法检验必须合格
碱含量	水泥中碱含量按 Na₂O+0.658K₂O 计算值表示。若使用活性骨料，用户要求提供低碱水泥时，水泥中碱含量应不大于 0.60%或由买卖双方协商确定

强度 /MPa 不低于	龄期与强度 \ 强度等级	抗压强度		抗折强度	
		3 d	28 d	3 d	28 d
	32.5	≥10.0	≥32.5	≥2.5	≥5.5
	32.5R	≥15.0		≥3.5	
	42.5	≥15.0	≥42.5	≥3.5	≥6.5
	42.5R	≥19.0		≥4.0	
	52.5	≥21.0	≥52.5	≥4.0	≥7.0
	52.5R	≥23.0		≥4.5	

A. 0. 4 包装：水泥可以散装或袋装，袋装水泥每袋净含量为 50 kg，且应不少于标志质量的 99%；随机抽取 20 袋总质量（含包装袋）应不少于 1 000 kg。其他包装形式由供需双方协商确定，但有关袋装质量要求，应符合上述规定。水泥包装袋应符合现行国家标准《水泥包装袋》GB 9774 的规定。

A. 0. 5 标志：水泥包装袋上应清楚标明执行标准、水泥品种、代号、强度等级、生产者名称、生产许可证标志（QS）及编号、出厂编号、包装日期、净含量。包装袋两侧应根据水泥的品种采用不同的颜色印刷水泥名称和强度等级，硅酸盐水泥和普通硅酸盐水泥采用红色，矿渣硅酸盐水泥采用绿色；火山灰质硅酸盐水泥、粉煤灰硅酸盐水泥和复合硅酸盐水泥采用黑色或蓝色。

散装发运时应提交与袋装标志相同内容的卡片。

附录 B 砂的各项主要技术指标要求

B.0.1 砂的粗细程度按细度模数 μ_f 分为粗、中、细、特细四级，其范围应符合下列规定：

粗砂：$\mu_f = 3.7 \sim 3.1$；中砂：$\mu_f = 3.0 \sim 2.3$；细砂：$\mu_f = 2.2 \sim 1.6$；特细砂：$\mu_f = 1.5 \sim 0.7$。

B.0.2 砂筛应采用方孔筛。砂的公称粒径、砂筛筛孔的公称直径和方孔筛筛孔边长应符合表 B.0.2-1 的规定。

表 B.0.2-1 砂的公称粒径、砂筛筛孔的公称直径和方孔筛筛孔边长尺寸

砂的公称粒径	砂筛筛孔的公称直径	方孔筛筛孔边长
5.00 mm	5.00 mm	4.75 mm
2.50 mm	2.50 mm	2.36 mm
1.25 mm	1.25 mm	1.18 mm
630 μm	630 μm	600 μm
315 μm	315 μm	300 μm
160 μm	160 μm	150 μm
80 μm	80 μm	75 μm

除特细砂外，砂的颗粒级配可按公称直径 630 μm 筛孔的累计筛余量（以质量百分率计，下同），分成三个级配区（见表 B.0.2-2），且砂的颗粒级配应处于表 B.0.2-2 中的某一区内。

砂的实际颗粒级配与表 B.0.2-2 中的累计筛余相比，除公称粒径为 5.00 mm 和 630 μm（表 B.0.2-2 粗体所标数值）的累计筛

余外，其余公称粒径的累计筛余可稍有超出分界线，但总超出量不应大于 5%。

当天然砂的实际颗粒级配不符合要求时，宜采取相应的技术措施，并经试验证明能确保混凝土质量后，方允许使用。

表 B.0.2-2　砂颗粒级配区

公称粒径	累计筛余/%		
	Ⅰ 区	Ⅱ 区	Ⅲ 区
5.00 mm	**10 ~ 0**	**10 ~ 0**	**10 ~ 0**
2.50 mm	35 ~ 5	25 ~ 0	15 ~ 0
1.25 mm	65 ~ 35	50 ~ 10	25 ~ 0
630 μm	**85 ~ 71**	**70 ~ 41**	**40 ~ 16**
315 μm	95 ~ 80	92 ~ 70	85 ~ 55
160 μm	100 ~ 90	100 ~ 90	100 ~ 90

配制混凝土时宜优先选用Ⅱ区砂。当采用Ⅰ区砂时，应提高砂率，并保持足够的水泥用量，满足混凝土的和易性；当采用Ⅲ区砂时，宜适当降低砂率，以保证混凝土强度；当采用特细砂时，应符合相应的规定。

配制泵送混凝土，宜选用中砂。

B.0.3　天然砂中含泥量应符合表 B.0.3 的规定。

表 B.0.3　天然砂中含泥量

混凝土强度等级	≥C60	C55 ~ C30	≤C25
含泥量（按质量计，%）	≤2.0	≤3.0	≤5.0

注：对于有抗冻、抗渗或其他特殊要求的小于或等于 C25 混凝土用砂，其含泥量不应大于 3.0%。

B.0.4 砂中的泥块含量应符合表 B.0.4 的规定。

表 B.0.4　砂中泥块含量

混凝土强度等级	≥C60	C55～C30	≤C25
泥块含量（按质量计，%）	≤0.5	≤1.0	≤2.0

注：对于有抗冻、抗渗或其他特殊要求的小于或等于 C25 混凝土用砂，其泥块含量不应大于 1.0%。

B.0.5 人工砂或混合砂中石粉含量应符合表 B.0.5 的规定。

表 B.0.6　人工砂或混合砂中石粉含量

混凝土强度等级		≥C60	C55～C30	≤C25
石粉含量/%	$MB < 1.4$（合格）	≤5.0	≤7.0	≤10.0
	$MB ≥ 1.4$（不合格）	≤2.0	≤3.0	≤5.0

注：MB 为人工砂中亚甲蓝测定值。

B.0.6 砂的坚固性应采用硫酸钠溶液检验，试样经 5 次循环后，其质量损失应符合表 B.0.6 的规定。

表 B.0.6　砂的坚固性指标

混凝土所处的环境条件及其性能要求	5 次循环后的质量损失/%
在严寒及寒冷地区室外使用并经常处于潮湿或干湿交替状态下的混凝土 对于有抗疲劳、耐磨、抗冲击要求的混凝土 有腐蚀介质作用或经常处于水位变化区的地下结构混凝土	≤8
其他条件下使用的混凝土	≤10

B. 0. 7　人工砂的总压碎值指标应小于 30%。

B. 0. 8　当砂中含有云母、轻物质、有机物、硫化物及硫酸盐等有害物质时，其含量应符合表 B.0.8 的规定。

表 B.0.8　砂中的有害物质含量

项　目	质　量　指　标
云母含量（按质量计，%）	≤2.0
轻物质含量（按质量计，%）	≤1.0
硫化物及硫酸盐含量（折算成 SO_3 按质量计，%）	≤1.0
有机物含量（用比色法试验）	颜色不应深于标准色；当颜色深于标准色时，应按水泥胶砂强度试验方法进行强度对比试验，抗压强度比不应低于 0.95

注：1　对于有抗冻、抗渗要求的混凝土用砂，其云母含量不应大于 1.0%；
　　2　当砂中含有颗粒状的硫酸盐或硫化物杂质时，应进行专门检了验，确认能满足混凝土耐久性要求后，方可采用。

B. 0. 9　对于长期处于潮湿环境的重要混凝土结构用砂，应采用砂浆棒（快速法）或砂浆长度法进行骨料的碱活性检验。经上述检验判断为有潜在危害时，应控制混凝土中的碱含量不超过 3 kg/m^3，或采用能抑制碱-骨料反应的有效措施。

B. 0. 10　供货单位应提供砂的产品合格证及质量检验报告。

使用单位应按砂的同产地同规格分批验收。采用大型工具（如火车、货船、汽车）运输的，应以 400 m^3 或 600 t 为一验收批；采用小型工具（如拖拉机等）运输的，应以 200 m^3 或 300 t 为一验收批。不足上述数量者，应按一验收批进行验收。

B. 0. 11　每验收批至少应进行颗粒级配、含泥量、泥块含量检验。对于有氯离子污染的砂，还应检验其氯离子含量；对于人工砂及混合砂，还应检验石粉含量。对于重要工程或特殊工程，应根据工程要求增加检测项目。对其他指标的合格性有怀疑时，应予检验。

当砂的质量比较稳定、进料量又比较大时，可以 1 000 t 为一验收批。

当使用新产源的砂时，供货单位应按砂的技术指标要求进行全面检验。

B. 0. 12 使用单位的质量检验报告内容应包括：委托单位、样品编号、工程名称、样品产地、类别、代表数量、检测依据、检测条件、检测项目、检测结果、结论等。

B. 0. 13 砂在运输、装卸和堆放过程中，应防止颗粒离析、混入杂质，并应按产地、种类和规格分别堆放。

B. 0. 14 每验收批取样方法应按下列规定执行：

1 在料堆上取样时，取样部位应均匀分布。取样前应先将取样部位表层铲除，然后由各部位抽取大致相等的砂 8 份，组成一组样品。

2 从皮带运输机上取样时，应在皮带运输机机尾的出料处用接料器定时抽取砂 4 份，组成一组样品。

3 从火车、汽车、货船上取样时，应从不同部位和深度抽取大致相等的砂 8 份，组成一组样品。

B. 0. 15 除筛分析外，当其余检验项目存在不合格项时，应加倍取样进行复验。当复验仍有一项不满足标准要求时，应按不合格品处理。

注：如经观察，认为各节车皮间（汽车、货船间）所载的砂质量相差甚为悬殊时，应对质量有怀疑的每节列车（汽车、货船）分别取样和验收。

B. 0. 16 对于每一单项检验项目，砂的每组样品取样数量应满足表 B.0.16 的规定。当需要做多项检验时，可在确保样品经一项试验后不致影响其他试验结果的前提下，用同组样品进行多项不同的试验。

B.0.16 每一单项检验项目所需砂的最少取样质量

检 验 项 目	最少取样质量/g
筛分析	4 400
表观密度	2 600
吸水率	4 000
紧密密度和堆积密度	5 000
含水率	1 000
含泥量	4 400
泥块含量	20 000
石粉含量	1 600
人工砂压碎值指标	分成公称粒级 5.00~2.5 mm；2.5~1.25 mm；1.25~630 μm；630~315 μm；315~160 μm，每个粒级各需 1 000 g
有机物含量	2000
云母含量	600
轻物质含量	3 200
坚固性	分成公称粒级 5.00~2.5 mm；2.5~1.25 mm；1.25~630 μm；630~315 μm；315~160 μm，每个粒级各需 100 g
硫化物及硫酸盐含量	50
氯离子含量	2 000
碱活性	20 000

B.0.17 每组样品应妥善包装，避免细料散失，防止污染，并附样品卡片，标明样品的编号、取样时间、代表数量、产地、样品量、要求检验项目及取样方式等。

附录C 碎石或卵石的各项主要技术指标要求

C.0.1 石筛应采用方孔筛。石的公称粒径、石筛筛孔的公称直径与方孔筛筛孔边长应符合表 C.0.1-1 的规定。

表 C.0.1-1 石筛筛孔的公称直径与方孔筛尺寸（mm）

石的公称粒径	石筛筛孔的公称直径	方孔筛筛孔边长
2.50	2.50	2.36
5.00	5.00	4.75
10.0	10.0	9.5
16.0	16.0	16.0
20.0	20.0	19.0
25.0	25.0	26.5
31.5	31.5	31.5
40.0	40.0	37.5
50.0	50.0	53.0
63.0	63.0	63.0
80.0	80.0	75.0
100.0	100.0	90.0

碎石或卵石的颗粒级配，应符合表 C.0.1-2 的要求。混凝土用石应采用连续粒级。

单粒级宜用于组合成满足要求的连续粒级；也可与连续粒级混合使用，以改善其级配或配成较大粒度的连续粒级。

当卵石的颗粒级配不符合表 C.0.1-2 要求时，应采取措施并经试验证实能确保工程质量后，方允许使用。

表 C.0.1-2　碎石或卵石的颗粒级配范围

累计筛余，按质量计/%　方孔筛筛孔边长尺寸/mm

级配情况	公称粒级/mm	2.36	4.75	9.5	16.0	19.0	26.5	31.5	37.5	53.0	63.0	75.0	90.0
连续粒级	5~10	95~100	80~100	0~15	0	—	—	—	—	—	—	—	—
	5~16	95~100	85~100	30~60	0~10	0	—	—	—	—	—	—	—
	5~20	95~100	90~100	40~80	—	0~10	0	—	—	—	—	—	—
	5~25	95~100	90~100	—	30~70	—	0~5	0	—	—	—	—	—
	5~31.5	95~100	90~100	70~90	—	15~45	—	0~5	0	—	—	—	—
	5~40	—	95~100	70~90	—	30~65	—	—	0~5	0	—	—	—
单粒级	10~20	—	95~100	85~100	—	0~15	0	—	—	—	—	—	—
	16~31.5	—	95~100	—	85~100	—	—	0~10	0	—	—	—	—
	20~40	—	—	95~100	—	80~100	—	—	0~10	0	—	—	—
	31.5~63	—	—	—	95~100	—	—	75~100	45~75	—	0~10	0	—
	40~80	—	—	—	—	95~100	—	—	70~100	—	30~60	0~10	0

C.0.2　碎石或卵石中针、片状颗粒含量应符合表 C.0.2 的规定。

表 C.0.2　针、片状颗粒含量

混凝土强度等级	≥C60	C55~C30	≤C25
针、片状颗粒含量（按质量计，%）	≤8	≤15	≤25

C.0.3 碎石或卵石中含泥量应符合表 C.0.3 的规定。

表 C.0.3　碎石或卵石中含泥量

混凝土强度等级	≥C60	C55 ~ C30	≤C25
含泥量（按质量计，%）	≤0.5	≤1.0	≤2.0

注：对于有抗冻、抗渗或其他特殊要求的混凝土，其所用碎石或卵石中含泥量不应大于 1.0%。当碎石或卵石的含泥是非黏土质的石粉时，其含泥量可由表 C.0.3 的 0.5%、1.0%、2.0%分别提高到 1.0%、1.5%、3.0%。

C.0.4 碎石或卵石中泥块含量应符合表 C.0.4 的规定。

表 C.0.4　碎石或卵石中泥块含量

混凝土强度等级	≥C60	C55 ~ C30	≤C25
泥块含量（按质量计，%）	≤0.2	≤0.5	≤0.7

注：对于有抗冻、抗渗或其他特殊要求的强度等级小于 C30 的混凝土，其所用碎石或卵石中泥块含量不应大于 0.5%。

C.0.5 碎石的强度可用岩石的抗压强度和压碎值指标表示。岩石的抗压强度应比所配制的混凝土强度至少高 20%。当混凝土强度等级大于或等于 C60 时，应进行岩石抗压强度检验。岩石强度首先应由生产单位提供，工程中可采用压碎值指标进行质量控制。碎石的压碎值指标宜符合表 C.0.5-1 的规定。

表 C.0.5-1　碎石的压碎值指标

岩　石　品　种	混凝土强度等级	碎石压碎值指标/%
沉积岩	C60 ~ C40	≤10
	≤C35	≤16
变质岩或深成的火成岩	C60 ~ C40	≤12
	≤C35	.≤20
喷出的火成岩	C60 ~ C40	≤13
	≤C35	≤30

注：沉积岩包括石灰岩、砂岩等；变质岩包括片麻岩、石英岩等；深成的火成岩包括花岗岩、正长岩、闪长岩和橄榄岩等；喷出的火成岩包括玄武岩和辉绿岩等。

卵石的强度可用压碎值指标表示。其压碎值指标宜符合表 C.0.5-2 的规定。

表 C.0.5-2　卵石的压碎值指标

混凝土强度等级	C60 ~ C40	≤C35
压碎值指标/%	≤12	≤16

C.0.6　碎石或卵石的坚固性应用硫酸钠溶液法检验，试样经 5 次循环后，其质量损失应符合表 C.0.6 的规定。

表 C.0.6　碎石或卵石的坚固性指标

混凝土所处的环境条件及其性能要求	5 次循环后的质量损失/%
在严寒及寒冷地区室外使用，并经常处于潮湿或干湿交替状态下的混凝土；有腐蚀性介质作用或经常处于水位变化区的地下结构或有抗疲劳、耐磨、抗冲击等要求的混凝土	≤8
在其他条件下使用的混凝土	≤12

C.0.7　碎石或卵石中的硫化物和硫酸盐含量以及卵石中有机物等有害物质含量，应符合表 C.0.7 的规定。

表 C.0.7　碎石或卵石中的有害物质含量

项　　目	质　量　要　求
硫化物及硫酸盐含量（折算成 SO_3，按质量计，%）	≤1.0
卵石中有机物含量（用比色法试验）	颜色应不深于标准色。当颜色深于标准色时，应配制成混凝土进行强度对比试验，抗压强度比应不低于 0.95

注：当碎石或卵石中含有颗粒状硫酸盐或硫化物杂质时，应进行专门检验，确认能满足混凝土耐久性要求后，方可采用。

C. 0. 8 对于长期处于潮湿环境的重要结构混凝土，其所使用的碎石或卵石应进行碱活性检验。

进行碱活性检验时，首先应采用岩相法检验碱活性骨料的品种、类型和数量。当检验出骨料中含有活性二氧化硅时，应采用快速砂浆棒法和砂浆长度法进行碱活性检验；当检验出骨料中含有活性碳酸盐时，应采用岩石柱法进行碱活性检验。

经上述检验，当判定骨料存在潜在碱-碳酸盐反应危害时，不宜用作混凝土骨料；否则，应通过专门的混凝土试验，作最后评定。

当判定骨料存在潜在碱-硅反应危害时，应控制混凝土中的碱含量不超过 3 kg/m³，或采用能抑制碱-骨料反应的有效措施。

C. 0. 9 供货单位应提供石的产品合格证及质量检验报告。

使用单位应按石的同产地同规格分批验收。采用大型工具（如火车、货船、汽车）运输的，应以 400 m³ 或 600 t 为一验收批；采用小型工具（如拖拉机等）运输的，应以 200 m³ 或 300 t 为一验收批。不足上述数量者，应按一验收批进行验收。

C. 0. 10 每验收批至少应进行颗粒级配、含泥量、泥块含量、针片状颗粒含量检验。对于重要工程或特殊工程，应根据工程要求增加检测项目。对其他指标的合格性有怀疑时，应予检验。

当石的质量比较稳定、进料量又比较大时，可以 1 000 为一验收批。

当使用新产源的石时，供货单位应按碎石或卵石的技术指标要求进行全面检验。

C. 0. 11 使用单位的质量检验报告内容应包括：委托单位、样品编号、工程名称、样品产地、类别、代表数量、检测依据、检测条件、检测项目、检测结果、结论等。

C.0.12 石子在运输、装卸和堆放过程中，应防止颗粒离析、混入杂质，并应按产地、种类和规格分别堆放。碎石或卵石的堆料高度不宜超过 5 m，对于单粒级或最大粒径不超过 20 mm 的连续粒级，其堆料高度可增加到 10 m。

C.0.13 每验收批取样方法应按下列规定执行：

1 在料堆上取样时，取样部位应均匀分布。取样前应先将取样部位表层铲除，然后由各部位抽取大致相等的石子 16 份，组成一组样品。

2 从皮带运输机上取样时，应在皮带运输机机尾的出料处用接料器定时抽取石子 8 份，组成一组样品。

3 从火车、汽车、货船上取样时，应从不同部位和深度抽取大致相等的石子 16 份，组成一组样品。

C.0.14 除筛分析外，当其余检验项目存在不合格项时，应加倍取样进行复验。当复验仍有一项不满足标准要求时，应按不合格品处理。

注：如经观察，认为各节车皮间（汽车、货船间）所载的石子质量相差甚为悬殊时，应对质量有怀疑的每节列车（汽车、货船）分别取样和验收。

C.0.15 对于每一单项检验项目，石子的每组样品取样数量应满足表处 C.0.15 的规定。当需要做多项检验时，可在确保样品经一项试验后不致影响其他试验结果的前提下，用同组样品进行多项不同的试验。

表 C.0.15 每一单项检验项目所需碎石或卵石的最少取样质量（kg）

检验项目	最大公称粒径/mm							
	10.0	16.0	20.0	25.0	31.5	40.0	63.0	80.0
筛分析	8	15	16	20	25	32	50	64
表观密度	8	8	8	8	12	16	24	24
含水率	2	2	2	2	3	3	4	6
吸水率	8	8	16	16	16	24	24	32
堆积密度，紧密密度	40	40	40	40	80	80	120	120
含泥量	8	8	24	24	40	40	80	80
泥块含量	8	8	24	24	40	40	80	80
针、片状含量	1.2	4	8	12	20	40	—	—
硫化物及硫酸盐	1.0							

注：有机物含量、坚固性、压碎值指标及碱-骨料反应检验，应按试验要求的粒级及质量取样。

C.0.16 每组样品应妥善包装，防止污染，并附样品卡片，标明样品的编号、取样时间、代表数量、产地、样品量、要求检验项目及取样方式等。

附录 D 砂的含水率试验

D.0.1 主要仪器设备

1 烘箱：温度控制范围为（105±5）℃；

2 天平：称量 1 000 g，感量 1 g；

3 容器：如浅盘等；

4 电炉（或火炉）、炒盘（铁制或铝制）、油灰铲、毛刷等。

D.0.2 试验步骤

1 标准法：

由密封的样品中取各重 500 g 的试样两份，分别放入已知质量的干燥容器 m_1 中称重，记下每盘试样与容器的总重（m_2）。将容器连同试样放入温度为（105±5）℃ 的烘箱中烘干至恒重，称量烘干后的试样与容器的总质量（m_3）。

2 快速法：

向干净的、已知质量为 m_1 的炒盘中加入 500g 试样，称取试样与炒盘的总质量（m_2）；置炒盘于电炉或火炉上，用小铲不断地翻拌试样，至试样表面全部干燥后，切断电源或移出火外，再继续翻拌 1 min，稍予冷却（以免损坏天平）后，称取干燥试样与炒盘的总质量（m_3）。

快速法不适于含泥量过大及有机杂质含量较多砂的含水率测定。

D.0.3 结果评定

1 砂的含水率 ω_{wc} 应按下式计算（精确至 0.1%）：

$$\omega_{wc} = \frac{m_2 - m_3}{m_3 - m_1} \times 100\% \qquad (\text{D.0.3})$$

式中 m_1——容器或炒盘质量（g）；

$\quad$ m_2——未烘干的试样与容器或炒盘的总质量（g）；

$\quad$ m_3——烘干后的试样与容器或炒盘的总质量（g）。

2 以两次试验结果的算术平均值作为测定值。各次试验前来样应予密封，以防止水分散失。

附录 E 碎石或卵石的含水率试验

E.0.1 主要仪器设备

1 烘箱：温度控制范围为（105±5）℃；

2 秤：称量 20 kg，感量 20g；

3 容器：如浅盘等。

E.0.2 试样制备

按表 E.0.2 的要求称取一定质量的试样，分成两份备用。

表 E.0.2 碎石或卵石含水率试验最小取样质量

最大公称粒径/mm	10.0	16.0	20.0	25.0	31.5	40.0	63.0	80.0
最小取样质量/kg	2	2	2	2	3	3	4	6

E.0.3 试验步骤

1 将试样置于质量为 m_3 的干净容器中，称取试样和容器的总质量（m_1），在（105±5）℃的烘箱中烘干至恒重；

2 取出试样，冷却至室温后称取试样与容器的总质量（m_2）。

E.0.4 结果评定

1 碎石或卵石的含水率 ω_{wc} 应按下式计算（精确至 0.1%）：

$$\omega_{wc}=\frac{m_1-m_2}{m_2-m_3}\times100\%\qquad（E.0.4）$$

式中 m_1——烘干前试样与容器的总质量（g）；

m_2——烘干后试样与容器的总质量（g）；

m_3——容器质量（g）。

2 以两次试验结果的算术平均值作为测定值。

注：碎石或卵石含水率简易测定法可采用"烘干法"。

附录 F 混凝土外加剂各项技术指标要求

F.0.1 掺外加剂混凝土的性能指标应符合表 F.0.1 的要求。

表 F.0.1 受检混凝土性能指标

项目	高性能减水剂 HPWR 早强型 HPWR-A	标准型 HPWR-S	缓凝型 HPWR-R	高效减水剂 HWR 标准型 HWR-S	缓凝型 HWR-R	普通减水剂 WR 早强型 WR-A	标准型 WR-S	缓凝型 WR-R	引气减水剂 AEWR	泵送剂 PA	早强剂 Ac	缓凝剂 Re	引气剂 AE
减水率/%，不小于	25	25	25	14	14	8	8	8	10	12	—	—	6
泌水率比/%，不大于	50	60	70	90	100	95	100	100	70	70	100	100	70
含气量/%	≤6.0	≤6.0	≤6.0	≤3.0	≤4.5	≤4.0	≤4.0	≤5.5	≥3.0	≤5.5	—	—	≥3.0
凝结时间之差/min 初凝 终凝	-90~+90	-90~+120	>+90	-90~+120	>+90	-90~+90	-90~+120	>+90	-90~+120	—	-90~+90	>+90	-90~+120
1h经时变化量 坍落度/mm	—	≤80	≤60	—	—	—	—	—	—	≤80	—	—	—
1h经时变化量 含气量/%	—	—	—	—	—	—	—	—	-1.5~+1.5	—	—	—	-1.5~+1.5

续表 F.0.1

项目	高性能减水剂 HPWR			高效减水剂 HWR		普通减水剂 WR			引气减水剂 AEWR	泵送剂 PA	早强剂 Ac	缓凝剂 Re	引气剂 AE
	早强型 HPWR-A	标准型 HPWR-S	缓凝型 HPWR-R	标准型 HWR-S	缓凝型 HWR-R	早强型 WR-A	标准型 WR-S	缓凝型 WR-R					
抗压强度比/% 不小于 1d	180	170	—	140	—	135	—	—	—	—	135	—	—
抗压强度比/% 不小于 3d	170	160	—	130	—	130	115	—	115	—	130	—	95
抗压强度比/% 不小于 7d	145	150	140	125	125	110	115	110	110	115	110	100	95
抗压强度比/% 不小于 28d	130	140	130	120	120	100	110	110	100	110	100	100	90
收缩率比/% 不大于 28d	110	110	110	135	135	135	135	135	135	135	135	135	135
相对耐久性（200次），% 不小于	—	—	—	—	—	—	—	—	80	—	—	—	80

注: 1　表中抗压强度比、相对耐久性、收缩率比，相对耐久性为强制性指标，其余为推荐性指标。

　　2　除含气量外，表中所列数据为掺外加剂混凝土与基准混凝土的差值或比值。

　　3　凝结时间之差性能指标中的"－"号表示提前，"＋"号表示延缓。

　　4　相对耐久性（200次）性能指标中的"≥80"表示将28d龄期的受检混凝土试件快速冻融循环200次后，动弹性模量保留值≥80%。

　　5　1h含气量经时变化量指标中的"－"号表示含气量增加，"＋"号表示含气量减少。

　　6　其他品种的外加剂是否需要测定相对耐久性等指标，由供、需双方协商确定。

　　7　当用户对泵送剂等产品有特殊要求时，需要进行的补充试验项目、试验方法及指标，由供需双方协商决定。

513

F. 0. 2 匀质性指标应符合表 F.0.2 的要求。

表 F.0.2 匀质性指标

试 验 项 目	指 标
氯离子含量/%	不超过生产厂控制值
总碱量/%	不超过生产厂控制值
含固量/%	$S > 25\%$时，应控制在 $0.95S \sim 1.05S$； $S \leqslant 25\%$时，应控制在 $0.90S \sim 1.10S$
含水率/%	$W > 5\%$时，应控制在 $0.90W \sim 1.10W$； $W \leqslant 5\%$时，应控制在 $0.80W \sim 1.20W$
密度/（g/cm³）	$D > 1.1$ 时，应控制在 $D \pm 0.03$； $D \leqslant 1.1$ 时，应控制在 $D \pm 0.02$
细度	应在生产厂控制值范围内
pH 值	应在生产厂控制值范围内
硫酸钠含量/%	不超过生产厂控制值

注: 1 生产厂应在相关的技术资料中明示产品匀质性指标的控制值。
    2 对相同和不同批次之间的匀质性和等效性的其他要求，可由供需双方商定。
    3 表中的 S、W 和 D 分别为含固量、含水率和密度的生产厂控制值。

F. 0. 3 出厂检验：每批号外加剂的出厂检验项目，根据其品种不同按表 F.0.3 规定的项目进行检验。

表 F.0.3　外加剂测定项目

测定项目	高性能减水剂 HPWR			高效减水剂 HWR		普通减水剂 WR			引气减水剂 AEWR	泵送剂 PA	早强剂 Ac	缓凝剂 Re	引气剂 AE	备注
	早强型 HPWR-A	标准型 HPWR-S	缓凝型 HPWR-R	标准型 HWR-S	缓凝型 HWR-R	早强型 WR-A	标准型 WR-S	缓凝型 WR-R	AEWR	PA	Ac	Re	AE	
含固量														液体外加剂必测
含水率														粉状外加剂必测
密度														液体外加剂必测
细度														粉状外加剂必测
pH值	√	√	√	√	√	√	√	√	√	√	√	√	√	每3个月至少一次
氯离子含量	√	√	√	√	√	√	√	√	√	√	√	√	√	每3个月至少一次
硫酸钠含量		√	√	√	√	√	√	√			√			每年至少一次
总碱量	√	√	√	√	√	√	√	√	√	√	√	√	√	每年至少一次

F. 0. 4 复验：复验以封存样进行。如使用单位要求现场取样，应事先在供货合同中规定，并在生产和使用单位人员在场的情况下于现场取混合样，复验按照型式检验项目检验。

F. 0. 5 包装：粉状外加剂可采用有塑料袋衬里的编织袋包装；液体外加剂应采用塑料桶、金属桶包装。包装净质量误差不超过1%。液体外加剂也可采用槽车散装。

所有包装容器上均应在明显位置注明以下内容：产品名称及类型、代号、执行标准、商标、净质量或体积、生产厂名及有效期限。生产日期及产品批号应在产品合格证上予以说明。

F. 0. 6 产品出厂：凡有下列情况之一者，不得出厂：技术文件（产品说明书、合格证、检验报告等）不全、包装不符、质量不足、产品受潮变质，以及超过有效期限。产品匀质性指标的控制值应在相关的技术资料中明示。

生产厂随货提供技术文件的内容应包括：产品名称及型号、出厂日期、特征及主要成分、适用范围及推荐掺量、外加剂总碱量、氯离子含量、安全防护提示、储存条件及有效期等。

F. 0. 7 贮存：外加剂应存放在专用仓库或固定的场所妥善保管，以易于识别、便于检查和提货为原则。搬运时应轻拿轻放，防止破损，运输时避免受潮。

附录 G　混凝土掺合料技术指标要求

G.0.1　粒化高炉矿渣粉

用于混凝土中的粒化高炉矿渣粉，其技术指标应符合表 G.0.1 的规定。

表 G.0.1　用于混凝土中的粒化高炉矿渣粉技术指标

项　　目		级　　别		
		S105	S95	S75
密度/(g/cm³)，不小于		2.8		
比表面积/(m²/kg)，不小于		500	400	300
活性指数/%，不小于	7 d	95	75	55
	28 d	105	95	75
流动度比/%，不小于		95		
含水量(质量分数)/%，不大于		1.0		
三氧化硫(质量分数)/%，不大于		4.0		
氯离子(质量分数)/%，不大于		0.06		
烧失量(质量分数)/%，不大于		3.0		
玻璃体含量(质量分数)/%，不小于		85		
放射性		合格		

G.0.2　粉煤灰

用于混凝土中的粉煤灰，其技术指标应符合表 G.0.2 的规定。

表 G.0.2 用于混凝土中的粉煤灰技术指标

项 目		技术要求		
		Ⅰ级	Ⅱ级	Ⅲ级
细度(45 μm 方孔筛筛余)/%，不大于	F 类粉煤灰	12.0	25.0	45.0
	C 类粉煤灰			
需水量比/%，不大于	F 类粉煤灰	95	105	115
	C 类粉煤灰			
烧失量/%，不大于	F 类粉煤灰	5.0	8.0	15.0
	C 类粉煤灰			
含水量/%，不大于	F 类粉煤灰	1.0		
	C 类粉煤灰			
三氧化硫/%，不大于	F 类粉煤灰	3.0		
	C 类粉煤灰			
游离氧化钙/%，不大于	F 类粉煤灰	1.0		
	C 类粉煤灰	4.0		
安定性 雷氏夹沸煮后增加距离/mm，不大于	C 类粉煤灰	5.0		

G.0.3 火山灰质混合材料

用于混凝土中的火山灰质混合材料，其技术指标应符合表 G.0.3 的规定。

表 G.0.3　用于混凝土中的火山灰质混合材料技术指标

序　号	指　　标	技术要求
1	烧失量/%，不大于	10
2	SO_3/%，不大于	3.5
3	火山灰性	合格
4	水泥胶砂 28 d 抗压强度比/%，不大于	65
5	放射性	合格

附录 H 倒置坍落度筒排空试验方法

H.0.1 本方法适用于倒置坍落度筒中混凝土拌和物排空时间的测定。

H.0.2 倒置坍落度筒排空试验应采用下列设备：

1 倒置坍落度筒：材料、形状和尺寸应符合国家现行标准《混凝土坍落度仪》JG/T 248 的规定，小口端应设置可快速开启的封盖。

2 台架：当倒置坍落度筒支撑在台架上时，其小口端距地面不宜小于 500 mm，且坍落度筒中轴线应垂直于地面；台架应能承受装填混凝土和插捣。

3 捣棒：应符合国家现行标准《混凝土坍落度仪》JG/T 248 的规定。

4 秒表：精度 0.01 s。

5 小铲和抹刀。

H.0.3 混凝土拌和物取样与试样的制备应符合现行国家标准《普通混凝土拌合物性能试验方法标准》GB/T 50080 的有关规定。

H.0.4 倒置坍落度筒排空试验测试应按下列步骤进行：

1 将倒置坍落度筒支撑在台架上，筒内壁应湿润且无明水，关闭封盖。

2 用小铲把混凝土拌和物分两层装入筒内，每层捣实后高度宜为筒高的 1/2。每层用捣棒沿螺旋方向由外向中心插捣 15 次，插捣应在横截面上均匀分布，插捣筒边混凝土时，捣棒可以稍稍倾斜。插捣第一层时，捣棒应贯穿混凝土拌和物整个深度；插捣第二层时，捣棒应插透到第一层表面下 50 mm。插捣完刮去多余的混凝土拌和物，用抹刀抹平。

3 打开封盖，用秒表测量自开盖至坍落度筒内混凝土拌和物全部排空的时间（t_{sf}），精确至 0.01 s。从开始装料到打开封盖的整个过程应在 150 s 内完成。

H.0.5 试验应进行两次，并应取两次试验测得排空时间的平均值作为试验结果，计算应精确至 0.1 s。

H.0.6 倒置坍落度筒排空试验结果应符合下式规定：

$$\left| t_{sf1} - t_{sf2} \right| \leqslant 0.05 t_{sf,m} \qquad （H.0.6）$$

式中 $t_{sf,m}$——两次试验测得的倒置坍落度筒中混凝土拌和物排空时间的平均值（s）；

t_{sf1}，t_{sf2}——两次试验分别测得的倒置坍落度筒中混凝土拌和物排空时间（s）。

引用标准名录

《建筑工程施工质量验收统一标准》GB 50300

《混凝土结构工程施工质量验收规范》GB 50204

《混凝土结构设计规范》GB 50010

《混凝土结构工程施工规范》GB 50666

《钢结构工程施工质量验收规范》GB 50205

《建筑施工模板安全技术规范》JGJ 162

《组合钢模板技术规范》GB 50214

《钢框胶合板模板技术规程》JGJ 96

《混凝土模板用胶合板》GB/T 17656

《建筑工程大模板技术规程》JGJ 74

《碳素结构钢》GB/T 700

《直缝电焊钢管》GB/T 13793

《低压流体输送用焊接钢管》GB/T 3091

《建筑施工扣件式钢管脚手架安全技术规范》JGJ 130

《钢管脚手架扣件》GB 15831

《建筑施工工具式脚手架安全技术规范》JGJ 202

《建筑施工高处作业安全技术规范》JGJ 80

《建筑施工安全检查标准》JGJ 59

《施工现场临时用电安全技术规范》JGJ 46

《钢筋混凝土用钢 第 1 部分：热轧光圆钢筋》GB 1499.1

《钢筋混凝土用钢 第 2 部分：热轧带肋钢筋》GB 1499.2

《钢筋混凝土用钢 第3部分：钢筋焊接网》GB/T 1499.3

《钢筋焊接网混凝土结构技术规程》JGJ 114

《冷轧带肋钢筋》GB 13788

《冷轧带肋钢筋混凝土结构技术规程》JGJ 95

《钢筋焊接及验收规程》JGJ 18

《钢筋机械连接技术规程》JGJ 107

《滚轧直螺纹钢筋连接接头》JG 163

《通用硅酸盐水泥》GB 175

《普通混凝土用砂、石质量及检验方法标准》JGJ 52

《特细砂混凝土应用技术规程》DB 50/5028

《混凝土外加剂》GB 8076

《混凝土外加剂应用技术规范》GB 50119

《混凝土用水标准》JGJ 63

《混凝土质量控制标准》GB 50164

《普通混凝土配合比设计规程》JGJ 55

《混凝土强度检验评定标准》GB/T 50107

《早期推定混凝土强度试验方法标准》JGJ/T 15

《回弹法检测混凝土抗压强度技术规程》JGJ/T 23

《钻芯法检测混凝土强度技术规程》CECS 03

《后锚固法检测混凝土抗压强度技术规程》JGJ/T 208

《普通混凝土拌合物性能试验方法标准》GB/T 50080

《普通混凝土力学性能试验方法标准》GB/T 50081

《补偿收缩混凝土应用技术规程》JGJ/T 178

《用于水泥和混凝土中的粉煤灰》GB/T 1596

《用于水泥和混凝土中的粒化高炉矿渣粉》GB/T 18046

《建筑工程冬期施工规程》JGJ/T 104

《建筑施工现场环境与卫生标准》JGJ 146

《混凝土泵送剂》JC 473

《混凝土泵送施工技术规程》JGJ/T 10

《预拌混凝土》GB/T 14902

《普通混凝土长期性能和耐久性能试验方法标准》GB/T 50082

《混凝土耐久性检验评定标准》JGJ/T 193

《高强混凝土应用技术规程》JGJ/T 281

《高强高性能混凝土用矿物外加剂》GB/T 18736

《大体积混凝土施工规范》GB 50496

《自密实混凝土应用技术规程》JGJ/T 283

《清水混凝土应用技术规程》JGJ 169

《预应力筋用锚具、夹具和连接器应用技术规程》JGJ 85

《预应力筋用锚具、夹具和连接器》GB/T 14370

《无粘结预应力混凝土结构技术规程》JGJ 92

《预应力混凝土用钢绞线》GB/T 5224

《预应力混凝土用钢丝》GB/T 5223

《预应力混凝土用螺纹钢筋》GB/T 20065

《预应力混凝土用金属波纹管》JG 225

《预应力混凝土桥梁用塑料波纹管》JT/T 529

《钢管混凝土工程施工质量验收规范》GB 50628

《钢管混凝土结构技术规程》CECS 28

本规程用词说明

1 为便于在执行本规程条文时区别对待,对要求严格程度不同的用词说明如下:

1)表示很严格,非这样做不可的用词:

正面词采用"必须";

反面词采用"严禁"。

2)表示严格,在正常情况下均应这样做的用词:

正面词采用"应";

反面词采用"不应"或"不得"。

3)表示允许稍有选择,在条件许可时首先应这样做的用词:

正面词采用"宜";反面词采用"不宜"。

4)表示有选择,在一定条件下可以这样做的用词采用"可"。

2 规程中指明应按其他有关标准、规范的规定执行时,写法为"应符合……的规定"或"应按……执行"。